U0288117

地球观测与导航技术丛书

遥感数据智能处理方法与程序设计

（第二版）

马建文 等 著

科　学　出　版　社

北　京

内 容 简 介

本书是作者经过 10 余年在人工智能理论与遥感信息理论学科交叉领域的实践，不断探索所取得的成果总结。其主要内容包括变换与分割、贝叶斯网络、伪二维隐马尔可夫、遗传算法、神经网络、模糊聚类、粗糙集与容差粗糙集、支持向量机、禁忌人工免疫网络算法、粒子滤波等算法和算法组合。本书密切结合遥感应用和图像处理中的问题，在介绍智能算法基本原理的同时，注重阐述算法与应用问题的机理性结合，突出启发性和实用性，培养和提高思考问题和解决问题的能力。本书附有智能算法的软件程序及使用说明书，可在线上下载。

本书适合遥感技术、遥感信息机理和遥感图像应用处理专业的广大研究生使用，同时可供从事智能处理的软件开发技术人员参考。

图书在版编目(CIP)数据

遥感数据智能处理方法与程序设计/马建文等著．—2 版．—北京：科学出版社，2010.1
 ISBN 978-7-03-025932-5

 Ⅰ.①遥… Ⅱ.①马… Ⅲ.①遥感数据－数据处理②遥感数据－程序设计 Ⅳ.①TP751.1

 中国版本图书馆 CIP 数据核字(2009)第 199377 号

责任编辑：韩 鹏 赵 冰/责任校对：李奕萱
责任印制：徐晓晨/封面设计：王 浩

科学出版社 出版
北京东黄城根北街 16 号
邮政编码：100717
http://www.sciencep.com

北京凌奇印刷有限责任公司 印刷
科学出版社发行 各地新华书店经销
*
2010 年 1 月第 一 版 开本：787×1092 1/16
2019 年 2 月第四次印刷 印张：15 插页：6
字数：329 000
定价：88.00 元
(如有印装质量问题，我社负责调换)

《遥感数据智能处理方法与程序设计》（第二版）

作 者 名 单

马建文　陈　雪　李利伟　张　睿　温　奇　李启青

戴　芹　欧阳赟　王瑞瑞　布日古都　哈斯巴干

马超飞　韩秀珍　刘志丽　冯　春　叶发茂　李祖传

秦思娴　王浩玉　苑方艳　王　倩　席小燕　方成荫

《地球观测与导航技术丛书》出版说明

　　地球空间信息科学与生物科学和纳米技术三者被认为是当今世界上最重要、发展最快的三大领域。地球观测与导航技术是获得地球空间信息的重要手段，而与之相关的理论与技术是地球空间信息科学的基础。

　　随着遥感、地理信息、导航定位等空间技术的快速发展和航天、通信和信息科学的有力支撑，地球观测与导航技术相关领域的研究在国家科研中的地位不断提高。我国科技发展中长期规划将高分辨率对地观测系统与新一代卫星导航定位系统列入国家重大专项；国家有关部门高度重视这一领域的发展，国家发展和改革委员会设立产业化专项支持卫星导航产业的发展；工业与信息化部和科学技术部也启动了多个项目支持技术标准化和产业示范；国家高技术研究发展计划（863计划）将早期的信息获取与处理技术（308、103）主题，首次设立为"地球观测与导航技术"领域。

　　目前，"十一五"计划正在积极向前推进，"地球观测与导航技术领域"作为863计划领域的第一个五年计划也将进入科研成果的收获期。在这种情况下，把地球观测与导航技术领域相关的创新成果编著成书，集中发布，以整体面貌推出，当具有重要意义。它既能展示973和863主题的丰硕成果，又能促进领域内相关成果传播和交流，并指导未来学科的发展，同时也对地球观测与导航技术领域在我国科学界中地位的提升具有重要的促进作用。

　　为了适应中国地球观测与导航技术领域的发展，科学出版社依托有关的知名专家支持，凭借科学出版社在学术出版界的品牌启动了《地球观测与导航技术丛书》。

　　丛书中每一本书的选择标准要求作者具有深厚的科学研究功底、实践经验，主持或参加863计划地球观测与导航技术领域的项目、973相关项目以及其他国家重大相关项目，或者所著图书为其在已有科研或教学成果的基础上高水平的原创性总结，或者是相关领域国外经典专著的翻译。

　　我们相信，通过丛书编委会和全国地球观测与导航技术领域专家、科学出版社的通力合作，将会有一大批反映我国地球观测与导航技术领域最新研究成果和实践水平的著作面世，成为我国地球空间信息科学中的一个亮点，以推动我国地球空间信息科学的健康和快速发展！

李德仁

2009年10月

序

  中国科学院遥感应用研究所创新基地研究员马建文，20余年来，从事遥感图像处理研究，密切结合应用需求，跟踪国际前沿，探索遥感图像处理的新途径。继往开来，推陈出新，深入剖析前人的历史经验和教训，夯实基础，终于柳暗花明，另辟蹊径。只有站在巨人的肩上，才能登高望远，更上一层楼。

  遥感图像处理方法与技术的进步，积累了相当丰富的成果，国内外专著、期刊应接不暇。作者旁征博引，着重阐述多波段遥感数据的变换与分割、贝叶斯网络、遗传算法、神经网络、模糊聚类等先进的空间统计分析方法，与计算技术中的智能方法相结合，力图加深对遥感物理信息进行深度的知识挖掘，进行了大量的数学探索和实际验证工作，坚持走系统集成的新路子。内容丰富，层次分明，读来令人耳目一新。作者领导的研究集体新近推出的"遥感图像智能处理系统"，已获国家软件著作权登记，并付诸实施，深受用户欢迎。

  诚如作者所指出的，遥感图像处理问题所面对的是自然、人文这个复杂的、开放的巨系统，遥感器所能获取的信息有很大局限性。遥感图像数据处理早已从全色和三原色延展到数以百计的细分高光谱，乃至远红外和微波，对图像处理的要求不仅仅满足于天然色和假彩色的三波段合成，而是要求成为模式识别、知识挖掘、反演与虚拟的信息流程的智能化工具。也就是说，还将引进地球科学与生命科学、管理科学、人文科学的信息伴随的机理，进行更高层次的系统集成，来研究新的解决方案，设计新的方法。庖丁解牛，迎刃而解，岂能一蹴而就？捧读该书，让我们结识了智能化这位巨人，希望借助他的托举，让我们更迅捷地攀登遥感图像处理、知识挖掘的高峰。

中国科学院院士

2005 年 5 月 11 日

前　言

　　数字遥感卫星技术和地面数字处理技术开始于 20 世纪 60 年代。40 余年过去了，我国在气象卫星、海洋和资源遥感卫星中都实现了传感器数字扫描和地面数字处理。遥感系统处理将数码信号加工成可以辨识的数字图像，遥感应用处理源源不断地将可用的图像信息和知识输送给用户。遥感卫星应用在我国国民经济、社会发展、国防建设的宏观决策中发挥着不可或缺的作用；遥感卫星数据与信息产品也成为国家基础性、战略性信息资源，同时展现出广阔的产业化前景。进入 21 世纪，国家实现小康步伐加快，为了全面落实国民经济与自然全面、协调可持续发展的科学发展观，国家宏观政策、自然灾害监测与管理、小城镇建设、绿色国内生产总值（GDP）、国家安全等对遥感卫星信息和知识的需求与依赖更加强烈，对遥感应用的质量提出了更高的要求，也为遥感处理技术发展提供了前所未有的机遇。

　　遥感数据获取技术与不断扩大的应用需求共同推动着遥感应用处理的发展。遥感卫星应用的前提条件是通过遥感应用处理将遥感数字图像转变成可以使用的信息和知识。随着国内外资源、环境遥感卫星系列的形成和地球系统探测计划的逐步实施，可利用的系列遥感卫星传感器不仅覆盖了整个光谱波段，如 MSS-ETM、SPOT-1～SPOT-5、CBERS1 和 CBERS2 等，还包括高光谱卫星传感器，如 AVIRIS、Hyperion等，高空间分辨率卫星 IKONOS、QuickBird 等，以及 MODIS、GEMS、GRACE 等科学探测卫星，逐步构成了对地球观测的遥感卫星网络，这标志着遥感卫星发展到对地球综合、整体观测的新阶段。在国际地球观测组织（GEOSS）2005～2015 年 10 年计划的推动下，充分利用国际国内遥感卫星数据资源解决实际应用问题，已经成为我国遥感界的时代命题。其中，自动实现规模处理流程、定量反演地表物理生物量和积极引进遥感数据智能处理算法的要求突显出来。在这样一个大背景的推动下，作为长期工作在遥感图像处理研究领域的研究团队，我们敏锐地认识到新需求的到来，同时不断思考在遥感数据智能处理的新领域作出"探路者"的贡献。

　　遥感数据处理技术经历了 20 世纪 70～80 年代优胜劣汰的过程，逐步形成以美国 ENVI 和 ERDAS、加拿大 PCI Geomatica 为代表的通用遥感图像处理软件系统。进入 90 年代，这些软件又补充了微波、高光谱或地理信息系统（GIS）功能，形成了以通用算法和专用算法相结合为特色的遥感图像处理系统。例如，加拿大的 PCI Geomatica 遥感图像处理软件中的雷达模块主要处理 Radarsat 数据，美国的 ENVI 遥感图像处理软件可以读取 HDF 文件格式，高光谱软件处理模块主要是针对 MODIS 数据的处理。这些图像处理软件系统的发展在推动遥感数据的应用方面发挥了重要的作用。

　　但是，在面临应用多星、多传感器和不同尺度卫星综合观测，全面认识地表时空过程规律的地球整体研究使命时，这些软件系统的功能明显不足，如 EOS-Terra 上搭载了 5 种传感器：先进空间热辐射反射仪（ASTER）、云和地球辐射能量系统（CERES）、多角度成像光谱辐射计（MISR）、中分辨率成像光谱仪（MODIS）和对流层污染探测仪（MOPITT），要求借助多种物理、生物参量共同表达地表的物理生物过程，由此发展了四维变分法模型、集合卡尔曼滤波和贝叶斯网络概率推理等同化方法。又如，光学-微波影像观测、中-高分辨率影像观测中，要求多种传感器数据的融合功能，同时要求算法对多星、多传感器和不同尺度卫星综合观测数据具有自学习、自适应、自组织、鲁棒性和对不完整数据的推理能力。人工智能处理方法具有这方面的算法机理，可以帮助解决这些问题。因此，通过人工智能理论与遥感信息理论的交叉，不断筛选和吸纳人工智能成功的算法，解决多星、多传感器和不同尺度卫星应用处理所面临的问题和挑战，已经成为现代遥感图像处理的重要发展方向。

作者根据 30 多年从事遥感图像处理的经验和理论探索，首先根据现在应用处理中的实际需要，如"过分割、提高分类精度、多时相变化检测、变化目标检测、弱目标信息提取"等以及遥感数据智能处理体系建设的需要，做好引入人工智能算法的顶层设计；然后有计划地选择数学基础好、编程能力强的硕士和博士研究生，经过数届学生的潜心研发和努力，攻克一个个技术难关，完成了系列博士论文，在国际和国内专业刊物发表了百余篇论文，《遥感数据智能处理方法与程序设计》就是在这些工作的基础上，通过系统总结和概括编辑完成的。因此，本书具有以下显著的特点：算法软件开发密切结合了在研的遥感项目，具有很强的遥感应用背景；内容的编排体系体现人工智能方法的体系特征，包括变换与分割、贝叶斯网络、伪二维隐马尔可夫、遗传算法、神经网络、模糊聚类、粗糙集与容差粗糙集、支持向量机、禁忌人工免疫网络算法、粒子滤波等算法与算法组合；本书还附带部分算法的软件程序，希望能在此基础上改进和完善，减少同水平重复工作。

第二版的内容上基本上延续了第一版的内容编排体系，增加了第 4 章伪二维隐马尔可夫，第 3 章增加了动态贝叶斯网络和推理，第 6 章增加了脉冲耦合神经网络，第 8 章增加了粗糙集分类算法的内容；另外增加了第 9 章支持向量机和第 10 章禁忌人工免疫网络算法，以及一些算法的执行程序和粒子滤波方法与应用实例。

本书介绍的内容已经编写成"遥感数据智能处理系统"，并且于 2004 年 3 月获得国家"计算机软件著作权登记证书"，登记号 2004RS03738。第二版中申请"计算机软件著作权登记"的算法软件包括伪二维隐马尔可夫、脉冲耦合神经网络、禁忌人工免疫网络算法和贝叶斯网络扩展版。

全书分为 11 章。总体设计和框架由马建文设计完成。第 1 章绪论由马建文完成，从国内外发展现状角度出发，论述了本书的背景、意义、需求和技术定位，明确指出定量化、智能化和自动化是现代遥感图像处理领域发展的三个显著特征和客观发展规律。第 2 章主要由马建文、哈斯巴干和戴芹完成，给出了以专题性弱信息提取为 L_2 空间多维向量旋转分解、投影分解的算法和技术流程设计，以及小波变换高频替代融合等，这些算法都是作者根据特征信息提取和遥感数据特点从线性代数的众多理论中选择出来的，这说明线性代数中许多算法都有可能成为遥感图像处理新算法，这个方向的探索开发空间很大；判别函数与超平面主要是为第 5 章做一个理论铺垫；第 3 章由戴芹、李启青和陈雪完成。1986 年出现的贝叶斯网络为统计学带来新的发展方向，集中讨论了贝叶斯有向无环网络在多空间数据分类、推理和联合概率的表达。在第二版中增加了动态贝叶斯网络和推理部分，该算法突破了当前变化检测算法只能分时段完成的限制，实现了三个时相以上的变化检测和特征变化的因果显示。第 4 章主要由马建文、席小燕、温奇和方成荫完成，伪二维隐马尔可夫模型是在隐马尔可夫模型的基础上发展起来的，为变化目标的跟踪和检测提供了新的数学工具。构建伪二维隐马尔可夫距离的计算构架是本章的难点和重点，书中提供了变化目标的欧氏距离快速检测模式和伪二维隐马尔可夫距离模式及其应用结果分析，并展示了应用结果。第 5 章由李启青完成，主要介绍了遗传算法。遗传算法的全局最优搜索为多参数组合最优化求解提供了强有力的数学工具。书中列举了针对不同应用的技术实现步骤。第 6 章由哈斯巴干完成，在实现 BP 网络程序设计的基础上，完成了 SOFM 拓扑网络的设计和 LVQ 网络微调设计，提高了处理结果的精细程度。第二版中增加了由欧阳赟开发的动态拓扑网络结构，增强网络结构在训练竞争过程中的灵活性，更适合高光谱或复杂背景的分类。另外，还增加了李利伟完成的脉冲耦合神经网络算法。由于网络存在着对一个像元计算时同时激活周围像元的机制，该算法在解决过分割和欠分割方面显示出突出的处理效果。第 7 章由哈斯巴干和马建文完成，主要介绍了 Mahalanobis 距离采用椭球体作为聚类的准则，与 Euclidean 等距球体相比，更适合原始遥感数据的聚类。第 8 章由哈斯巴干完成，粗糙集理论出现在 20 世纪 80 年代，其基本思想是采用内外逼近的方法来确定过渡性边界区，这对于解决遥感图像中地物的过渡性边界和复杂边界的处理提供了数学支持。哈斯巴干利用容差粗糙集预处理复杂边界地表影像，有效地提高了 BP 网络的分类精度。在第二版中增加了由欧阳赟开发的直接用于分类的粗糙集算法。第二版增加了第 9 章支持向量机部分，主要由张睿完成。支持向量机（SVM）是一种新型的机器学习算法，它按照结构风险最小化原则，通过在特征向量的高维空间寻找一个最优超平面的方式来解决分类问题。另外，在该章中引入了一种新型的支持向量机算法 P-SVM，并且展示了这两种算法处理 ASTER 卫星影像和 ADS40 航空数字影像的分类过程和结果验证。第 10 章禁忌人工免疫网络算法也是第二版新增的内容，由马建文、李立伟与叶发茂共同完成，展示了针对实际问题协同发挥人工免疫网络和禁忌搜索各自优势的混合优化算法，尝试了对不同分辨率光学影像的自动融合以及光学与 SAR 影像的自动配准。第 11 章粒子滤波为新增加的内容，由温奇完成，张睿进行了资料整理工作。介绍了粒子滤波的基本原理以及基于粒子滤波的红外弱小目标检测前跟踪框架。为了突出实用性，本书重点介绍算法特点、实现步骤与结果分析，更多的理论基础问题读者可以通过书中提供的参考文献查阅。

马建文和戴芹完成本书的第一版和出版编辑修改稿，马建文、张睿和陈雪完成了第二版内容的增补和修改。

本书在完成期间，童庆禧院士和李小文院士在百忙中给予了关心和支持；感谢北京大学徐希孺教授在研究方向和算法选择方面的热情指导；感谢 *International Journal of Remote Sensing*、*IEEE Transactions on Geosciences and Remote Sensing*、*IGARSS* 等国际遥感期刊及会议论文的编审以及中国科学（D）、遥感学报、武汉大学学报（信息科学版）、电子学报、光学学报、计算机工程等国内多种刊物的编审，在本书的基本引用素材作为论文发表过程中提出修改建议和意见。

书中涉及的遥感数据智能处理局限于模式识别与分类中的具有智能特征或部分智能特征的算法，以及部分视频影像资料的处理算法。这些算法在支撑遥感数据智能处理命题时显得有些粗浅，好在本书介绍的是阶段性的工作成果，我们在不断充实遥感数据智能处理体系框架的同时，安排一些深度研究课题，对算法遗留问题进行深入研究。作者欢迎有兴趣的同事一道完成遥感事业发展赋予我们的任务。

　　本书出版获得国家高技术研究发展计划（"863"计划）地球观测与导航技术领域专题课题"遥感数据智能处理算法与系统集成"（No.2006AA12Z130）与"卫星遥感SAR与光学影像自动配准与融合技术系统研究"（No.2007AA12Z157）资助，在此表示感谢！

马建文

2009 年 8 月 8 日

目　　录

第1章 绪 论

20世纪80年代以来,生命科学与信息科学的结合成就了智能科学与技术的快速发展,引领和带动了智能信息产品的不断更新换代,提高了大众的生活质量。同时,在国外和国内同行的努力下,在智能科学与遥感信息科学的交叉源头创新实践中,注重将智能算法自学习、自适应、自组织的演绎过程、概率推理过程与遥感信息机理和应用目标相结合,在帮助多星、多传感器、多时空过程的遥感数据处理和信息融合以及解决实际问题方面提供了新方法和新工具。遥感信息的智能处理能力,已经成为衡量遥感处理平台先进性的时代标志。

1.1 卫星遥感系统与任务

遥感对地观测系统与资源、环境和地球科学研究与应用密切结合,经历了三个阶段的探测过程。

20世纪70年代初期开始的以探测地球资源为目标的空间计划,以美国Landsat陆地卫星MSS-TM-ETM+、法国SPOT-1~SPOT-5卫星、欧洲地球资源卫星(ERS)、日本地球资源卫星(JERS)为代表,以至后来我国与巴西联合研制的资源卫星(CBERS1和CBERS2)也沿用了资源卫星的传感器有效载荷和指标体系。

20世纪80年代开始了以地球环境和资源为目标的科学实验探测计划,随着工业的发展和生态环境的不断恶化,国际对地观测也逐渐将其注意力从资源勘察转向对生态环境等生命支撑元素体系的了解和变化检测。美国地球观测计划(EOS)[①]、日本的ADEOS计划以及欧洲国家环境卫星(ENVISAT)的发射和运行,其目标旨在解决一系列对人类生存环境和社会发展有重大影响的科学和实际问题。这一系列计划吸引了全球广大科学家的注意和广泛参与。其中,中分辨率成像光谱仪(MODIS)、先进红外辐射仪(ASTER)以及多极化合成孔径雷达(SAR)等仪器为地球环境监测提供了新的观测和分析数据。

进入21世纪,卫星遥感进入了以地球系统天-地-生为观测对象的科学发展阶段。人们越来越认识到地球是一个完整的系统,在地球上所发生的事件和现象均是人、资源、生态环境与发展综合作用的结果。例如,地表森林减少→地球表面温度增加→地表水体蒸发量增加→大气中云和水汽增加→反射太阳能量增加等巨系统因果链的反应。为了科学地指导人与自然的可持续发展,继EOS之后,美国宇航局又提出了地球科学企业计划(ESE)[②],欧洲也制定了全球环境与安全监视计划(GMES)[③]、地球生存计划(Living Planet Programme)[④]、德国重力卫星计划(GOCE)等。这些计划是在已经使用过的遥感

---

① http://www.eospso.gsfc.nasa.gov
② http://www.house.gov/science
③ http://www.gmes.info
④ http://www.eduspace.esa.int

仪器和模型的基础上设计的,具备更强大的对地球生命支撑要素的探测能力,从而将对地观测目标提高到地球系统科学研究的阶段。系列卫星的形成与发展,对遥感应用处理技术的发展方向产生了重要的影响。例如,PCI Geomatica[①] 和 ENVI[②] 等以统计学为主的遥感处理软件系统,增加了具有自适应性、鲁棒性、全局优化以及并行计算等特点的智能处理算法以及针对高光谱和雷达数据的物理模型定量参数反演模块。综合处理能力的提高成为这个阶段图像处理系统发展所追求的目标。

1.2 遥感数据处理任务与方法

遥感数据处理系统是卫星地面系统的一部分,卫星遥感信号只有通过处理才能转换为可以使用的图像信息,包括辐射校正和几何校正的遥感数据系统处理,以及图像产品标准处理等。相对于遥感卫星传感器的数据获取任务,遥感数据处理系统可以划分为系统处理和应用处理两个部分。系统处理的任务是将传感器获取的信号转换成可以辨识的数字图像;应用处理的任务面向不同的用户,将数字图像处理成用户需要的专题信息或知识。对于 Landsat MSS、TM、ETM+、SPOT1~SPOT4 和 CBERS1、CBERS2 等 30-10m 分辨率卫星数据,俗称为"使用量大、应用面广的百家星"数据。例如,卫星遥感提供的植被指数信息(NDVI)是初级生产率的基础数据,也是生态环境变化检测的重要依据。

基于地球大气、海洋和陆地的生物物理特性建立的模型处理,没有上述明显的两阶段界线可以划分,是经过一个模型将遥感信号直接转变为一种物理量。

1.2.1 传统遥感数据处理方法与系统

第一颗以扫描数字记录方式工作的多光谱遥感卫星传感器(MSS)数据于 20 世纪 70 年代初期开始提供使用,美国 I²s 数字图像处理系统同时提供使用。I²s 数字图像处理系统中的基本算法包括校正、匹配、波段运算、对比增强、滤波、分类和变换等七大基本功能。经过30 年的发展,硬件的高性能和小型化,遥感数据量大的硬件"瓶颈"已经不再存在,并且以 PCI Geomatica、ENVI 和 ERDAS[③] 遥感图像处理主流软件为代表,扩展了雷达处理软件模块、高光谱处理模块,增加了空间分析和三维显示模块。目前,传统遥感数据处理系统以其功能齐全、稳定、操作简单的性能优势承担着国家各部门运行系统的图像处理任务。

功能比较齐全的国产遥感图像处理软件出现在 20 世纪 70 年代中期,代表软件是中国科学院遥感应用研究所开发的 IRSA-1。经过国家"863"计划的连续支持与发展,当前代表软件有 IRSA-5[④]、Imageinfo-1[⑤] 和 TITAN-1[⑥],这些软件除了包括遥感图像处理的七种基本功能外,还包括雷达、高光谱处理模块和三维显示模块,实现了功能上的"一步

---

① http://www.pcigeomatics.com
② http://www.ittvis.com/ENVI
③ http://www.erdas.com
④ 中国科学院遥感应用研究所开发
⑤ 中国测绘科学研究院开发
⑥ 北京东方泰坦科技有限公司开发

到位"和开发阶段的"跨越",这些软件系统已经被一些部门使用。

1.2.2 遥感数据智能处理方法

人工智能的核心命题是模式识别。人可以很容易地将发生在周围的各种自然现象、非自然现象鉴别出来,这其中包含了极其复杂的识别行为过程。遥感图像的模式识别要用计算机提取各种传感器获取的光谱信息、空间和时间变化信息以及这些信息所表达的农业、林业、地质调查、测绘、城市规划、资源环境调查和灾害等实体模式的要素集合。传感仪器可以接收可见光以外的电磁波信息,这是视觉能力达不到的电磁范围;另外,遥感图像大范围获取能力和重复观测能力都是视觉系统难以实现的。于是我们希望能够设计出具有自学习、自推理、自适应、鲁棒性能力和提高计算效率的计算机目标识别算法、分类器和变化检测器,弥补视觉系统的不足,并辅助完成科研和生产任务(Castleman, 1996;Schowengerdt,1997;Duda et al.,2003;Russell and Nrvig,2003)。

我国遥感智能信息处理的理论探索和算法开发与国际同步,实验孕育期已经基本完成,形成了较厚实的积累和强烈的研发氛围,已进入梳理思路、筛选算法、整合系统和重点深入的新阶段。随着各类遥感传感器的发展以及高分辨率的发展,多源、多时相、多分辨率的遥感影像数据越来越多,应用的精度要求越来越高,这就使得基于遥感影像的智能信息提取任务变得越来越紧迫。"十一五""863"计划地球观测与导航技术领域高屋建瓴地支持"智能遥感数据处理"的发展,期待着我国科学家和应用专家共同努力,发挥智能算法自学习、自适应、自组织的优良机制,利用智能算法的最优搜索、不确定推理过程的容错、鲁棒等性质,为帮助克服和解决遥感数据—信息—知识的转化所面临的关键与核心问题作出突出贡献(马建文等,2005)。

1.2.3 遥感数据处理的物理模型定量方法

传感器是利用某种转换功能,将物理、化学、生物等外界信号转变成直接测量的信号的器件。要准确地将遥感传感器件接收到的大气、海洋、陆地信号转换成图像信号必须预先知道支配这种转换行为的科学法则和测量目标与传感器件之间的定标,实现生物物理模型的正确反演。

EOS AM1 载荷的传感仪器和主要观测对象,见表 1.1。

表 1.1 EOS AM1 载荷的传感仪器和主要观测对象

地球圈层	探测物理量内容	EOS AM1 传感仪器
大气	云性质	MODIS,MISR,ASTER
	降水	CERES,MODIS,MISR
	平流层化学	MOPITT
	对流层化学	
	气溶胶性质	MISR,MODIS
	大气温度	MODIS
	大气湿度	MODIS

地球圈层	探测物理量内容	EOS AM1 传感仪器
陆地	地表覆盖/变化	
	植被	MODIS,MISA,ASTER
	地表温度	MODIS,MISA,ASTER
	地表湿度	MODIS,ASTER
	火灾	MODIS,ASTER
	火山	MODIS,ASTER
	反照率	
海洋	表面温度	MODIS
	浮游生物和可溶有机物	MODIS,MISR
冰雪圈	陆地冰雪变化	ASTER
	海冰	MODIS,ASTER
太阳辐射	太阳辐射通量	CERES,MODIS,MISR

例如,利用 MODIS 通道比获取水汽透射率。不同下垫面在同一波长的反射率不同,假设地面反射率不随波长变化,那么路径辐射只是太阳直接反射项,在水汽吸收通道中,水汽的透过率就可以通过一个水汽吸收通道和一个窗区通道的比值获得,MODIS 0.94通道的透过率可以表示为

$$T_{obs}(0.94\mu m) = \rho^*(0.94\mu m)/\rho^*(0.865\mu m)$$

如果地面反射率随波长呈线性变化,水汽吸收通道中的水汽透过率就可通过一个吸收通道与两个窗区的比值获得,MODIS 0.94 通道的透过率可以改写为

$$T_{obs}(0.94\mu m) = \rho^*(0.94\mu m)/[C1\rho^*(0.865\mu m) + C2\rho^*(1.24\mu m)]$$

式中:$C1=0.8$;$C2=0.2$。

从 MODIS 水汽通道中反演水汽信息的方法与通过 DN 值模式识别和分类的方法不同的是,通道经过水汽探测能力定标,反演算法也在实验室完成。这种方法有时也被称为遥感数据处理的自然模式。

1.3 本章小结

遥感数字图像处理经历了 40 多年的发展,定量化、智能化和自动化已成为现代遥感图像处理领域发展的三个显著特征和发展趋势。

传统的遥感数据处理系统不断吸收非线性智能算法,扩展了空间分析与处理不确定不完整信息的能力;吸收了基于物理模型的高光谱、雷达等处理模块,体现了通过物理模型将遥感数据直接转变为反应地物特性的物理量、生物量的定量化趋势。为了适应多传感器、多空间和时间尺度遥感数据处理需求,自动匹配融合与同化技术发展迅速,出现了光学与 SAR 自动快速融合技术、四维变分法融合技术。这些技术的发展克服了多时空分辨率遥感数据应用处理中的实际问题,扩大了遥感信息的应用广度和深度。

总之,我们需要进行预处理、模式识别、结果分析和信息反馈等基本操作才能完成一个计算机处理过程。多年来我们一直努力使这个过程与遥感应用信息产生过程的机理

性契合,尽量贴近原理性和本质性处理,无论是定量化、智能化还是自动化都脱离不了这个基本规律。

主要参考文献

马建文,李启青,哈斯巴干等.2005.遥感数据智能处理与程序设计.北京:科学出版社

Castleman K R. 1996. Digital Image Processing. New Jersey:Prentice Hall

Duda R O,Hart P E,Stork D G. 2003. Pattern Classification. 2nd ed. New York:John Wiley & Sons,Inc

Russell S,Nrvig P. 2003. Artificial Intelligence:A Modern Approach. 2nd ed. New Jersey:Prentice Hall

Schowengerdt R A. 1997. Remote Sensing Models and Methods for Image Processing. 2nd ed. St. Louis:Academic Press

第 2 章 变换与分割

2.1 引 言

本章给出了矩阵变换与分解的 GIVENS 算法、向量空间的 Gram-Schmidt 投影变换（张贤达，1997）。当采用主成分变换选择不能从 TM/ETM＋6 个多波段中提取蚀变信息时，设想提取光谱特征信息的变换角度并非是 90°，我们选择 GIVENS 多维向量空间旋转算法取得了比较满意的结果。考虑使用目标的光谱信息，将 TM/ETM＋6 个波段的有用的、但较弱的信息累加起来，使弱信息在图像中从不可见变为可见。我们选择了 Gram-Schmidt 向量空间投影变换，其核心算法是在 L_2 空间中对均方差最小值进行判断，并对信息进行取舍。小波变换由于具有良好的时频局部化特征、尺度变化特征和方向性特征，被用在遥感全色波段和多光谱波段融合中。超平面（hyperplane）是解决在多维空间中寻找线性判别函数的问题，在本章中介绍超平面是为第 5 章遗传超平面做准备。

2.2 GIVENS 旋转变换与分解

数学上，主成分分析就是多维向量空间中的一种线性变换，即 $Y=CX$，其中，X 为原始数据，C 为变换矩阵，Y 为变换后的数据。向量空间线性变换相应于空间域坐标轴的旋转，主成分在原始数据上的载荷因子就是变换后的坐标轴。TM 数据的主成分分析是通过计算波段数据方差协方差矩阵的特征值和特征向量，将特征向量作为主因子轴的方向对坐标轴进行旋转。变换后的各主成分彼此独立，互不相关。在实际的遥感应用中，主成分变换在反映多维向量空间中主要特征的同时，将一些不重要的却是反映岩性特征的信息忽略了。由于在地质找矿中，岩性是成矿的物质条件，因此从遥感图像中提取反映岩性信息的弱信息具有重要的意义。为了充分挖掘和显示遥感数据中的这部分信息，我们开发了逐步正交变换的方法。

多因子逐步正交变换是利用矩阵对角化分解的思想，对多波段遥感数据方差协方差矩阵 A 进行多步旋转，每一步旋转特征轴表示的角度不同，以达到分离目标信息的效果，即

$$C=p_1 p_2 p_3 \cdots p_n \tag{2.1}$$

C 为正交矩阵，$C^T=C^{-1}$。式(2.1)表示 C 可分解为一系列简单正交矩阵的乘积，其中

$$p_i=U_{pq} \tag{2.2}$$

U_{pq} 是单位向量在 (p,q)、(q,p)、(p,p)、(q,q) 位置上替换为正交分量，如下列矩阵所示，即

$$
\begin{array}{cc}
& p \qquad\qquad q \\
\begin{bmatrix}
1 & 0 & \cdots & \cdots & \cdots & \cdots & \cdots & 0 \\
0 & 1 & \cdots & \cdots & \cdots & \cdots & \cdots & \cdots \\
\cdots & \cdots & 1 & \cdots & \cdots & \cdots & \cdots & \cdots \\
\cdots & \cdots & \cdots & \cos\theta & \cdots & \sin\theta & \cdots & \cdots \\
\cdots & \cdots & \cdots & \cdots & 1 & \cdots & \cdots & \cdots \\
\cdots & \cdots & \cdots & -\sin\theta & \cdots & \cos\theta & \cdots & \cdots \\
\cdots & \cdots & \cdots & \cdots & \cdots & \cdots & 1 & 0 \\
0 & \cdots & \cdots & \cdots & \cdots & \cdots & 0 & 1
\end{bmatrix}
\end{array}
\tag{2.3}
$$

上面矩阵中对角线上省略元素为 1,非对角线上省略元素为 0,得到

$$
\begin{aligned}
b_{pp} &= a_{pp}\cos^2\theta - 2a_{pq}\sin\theta\cos\theta + a_{qq}\sin^2\theta \\
b_{qq} &= a_{pp}\sin^2\theta + 2a_{pq}\sin\theta\cos\theta + a_{qq}\cos^2\theta \\
b_{pq} &= b_{qp} = (a_{pp} - a_{qq})\sin\theta\cos\theta + a_{pq}(\cos^2\theta - \sin^2\theta) \\
b_{pj} &= a_{pj}\cos\theta - a_{qj}\sin\theta, j \neq q \\
b_{qj} &= a_{pj}\sin\theta + a_{qj}\sin\theta, j \neq p \\
b_{ij} &= a_{ij}, i,j \neq p,q \\
\boldsymbol{u}_{pp} &= \boldsymbol{u}_{qq} = \cos\theta \\
\boldsymbol{u}_{pq} &= -\boldsymbol{u}_{qp} = \sin\theta \\
\boldsymbol{u}_{ii} &= 1 \\
\boldsymbol{u}_{ij} &= 0, i \neq j \\
B &= \boldsymbol{u}_{pq}^{\mathrm{T}} A \boldsymbol{u}_{pq}
\end{aligned}
\tag{2.4}
$$

为了使得非对角元素为零,即

$$
\begin{aligned}
b_{pq} &= b_{qp} = 0 \\
(a_{pp} - a_{qq})&\sin\theta\cos\theta + a_{pq}(\cos^2\theta - \sin^2\theta) = 0 \\
\cot(2\theta) &= \frac{a_{pp} - a_{qq}}{2a_{pq}}
\end{aligned}
\tag{2.5}
$$

U_{pq} 矩阵的作用就是将主对角线上的元素不断增加,非对角线上元素的值不断降低。每一次旋转,就得到 p 和 q 两个因子方差最大的正交轴,也就是使得 p 和 q 两个新向量之间互相独立,协方差为零。通过两两建立相互正交轴,反复迭代,最终能够获得全部方差最大的正交轴。当方差协方差矩阵旋转成对角矩阵时,得到的特征值和特征向量为主成分分析的结果。通过对旋转过程中变量载荷因子的分析,得到不同旋转位置在原始数据的载荷分配,从而达到突出和提取有用的岩性信息的目的。

迭代变换的另一个重要作用在于它提供了一种能够从角度来分析主成分变换结果的可能性。最终迭代结果如下面矩阵,即

$$
\begin{bmatrix}
0 & A_{1,2} & A_{1,3} & \cdots & A_{1,n} \\
A_{2,1} & 0 & A_{2,3} & \cdots & \vdots \\
A_{3,1} & \vdots & \ddots & \cdots & \vdots \\
\vdots & \vdots & \vdots & \ddots & A_{n-1,n} \\
A_{n,1} & A_{n,2} & \cdots & A_{n,n-1} & 0
\end{bmatrix}
\tag{2.6}
$$

其中每个元素 A_{ij} 为两两坐标轴间旋转的角度。根据旋转角度所在的空间位置,可以分析主成分因子所表示的结果,从而也就解决了主成分分析结果难以解释的问题,为选择面向目标的旋转角度提供了依据。

变换公式为

$$r^2 = x^2 + y^2 + z^2$$
$$\theta = \arctan\left(\frac{z}{\sqrt{x^2 + y^2}}\right) \tag{2.7}$$
$$\phi = \mathrm{arccot}\left(\frac{x}{y}\right)$$

分析结果发现,在角度空间变换中,r 主要为亮度分量;在两个角度分量中,其一和地形相关很大,其二和目标信息相关。

在图像处理中,有用信息往往在处理中占的灰度范围比较小,干扰光谱影响很大,所以为了有效去除干扰因素,掩膜技术是十分有效的。在角度空间中,利用角度的大小代表光谱空间距离的原理,计算像元间的光谱距离,然后二值化,实现掩膜技术。

首先计算待抑制像元灰度的平均值,然后利用向量间的夹角公式计算图像中每个像元和抑制像元的灰度相似度。对相似度结果求反余弦,就得到两个向量间的夹角。相似度大的,交角小;反之,夹角大。反映在图像上,待抑制的像元灰度值低。

两个像元光谱向量分别为 v_1 和 v_2,两者间的夹角 θ 为

$$\cos\theta = \frac{<v_1, v_2>}{\sqrt{\parallel v_1 \parallel_2 \bullet \parallel v_2 \parallel_2}} \tag{2.8}$$

选取某幅遥感影像,选取干河道像元光谱,根据式(2.8)角度的大小形成的掩膜图像如图 2.1 中右图所示。

图 2.1 原始图像与掩膜图像对比

左图:原始彩色合成图像 1(R)4(G)5(B);右图:掩膜图像

图中暗色调为相似度大的待去除信息。在非高山区,利用角度掩膜效果较好;而在高山地区,由于地形的影响,掩膜的效果较差。

2.3 Gram-Schmidt 向量空间投影变换

遥感数据反映传感器接收到的地表能量,是平方可积的离散数据,也就是说,可以利用 L_2 空间中的向量分析方法进行分析。我们对波段数据利用 Gram-Schmidt 方法来构

造互不相关的向量,这样既消除了相关性,又具有明确的物理含义(Ma et al.,2001)。

$\eta_1,\eta_2,\cdots,\eta_n$ 是在 L_2 空间的线性独立随机变量序列,Gram-Schmidt 正交法构造正交数据的 $\beta_1,\beta_2,\cdots,\beta_n$ 的算法为

$$\beta_1 = \frac{\eta_1}{\parallel \eta_1 \parallel},\beta_k = \frac{\eta_k - \hat{\eta}_k}{\parallel \eta_k - \hat{\eta}_k \parallel},k = 2,3,\cdots,n \qquad (2.9)$$

式中:$\hat{\eta}_k$ 为 η_k 在由 $\beta_1,\cdots,\beta_{k-1}$ 组成的线性子空间上的投影,由式(2.10)给出,即

$$\hat{\eta}_k = \sum_{i=1}^{k-1}(\eta_k,\beta_i)\beta_i \qquad (2.10)$$

写成矩阵的形式为

$$\begin{bmatrix} \beta_1 \\ \beta_2 \\ \vdots \\ \beta_n \end{bmatrix} = \begin{bmatrix} \gamma_{11} & 0 & \cdots & 0 \\ \gamma_{21} & \gamma_{22} & 0 & 0 \\ \vdots & \vdots & \ddots & \vdots \\ \gamma_{n1} & \gamma_{n2} & \cdots & \gamma_{nn} \end{bmatrix}\begin{bmatrix} \eta_1 \\ \eta_2 \\ \vdots \\ \eta_n \end{bmatrix} \qquad (2.11)$$

式(2.11)说明,$\beta_1,\beta_2,\cdots,\beta_n$ 具有和 $\eta_1,\eta_2,\cdots,\eta_n$ 包含相同信息的空间,如图 2.2 所示。

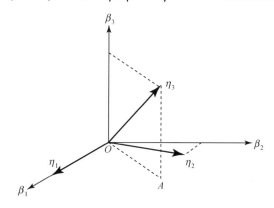

图 2.2 波段正交投影变换

$$\beta_1 \oplus \beta_2 \oplus \cdots \oplus \beta_n = \eta_1 + \eta_2 + \cdots + \eta_n \qquad (2.12)$$

式中:β_i 为 η_i 和 $\eta_1,\eta_2,\cdots,\eta_{i-1}$ 剩余部分的信息。OA 是 η_i 在 $\eta_1,\eta_2,\cdots,\eta_{i-1}$ 上的最优估计。根据该分解,可以估计在多光谱空间中的信息形式,以 4×4 为例,即

$$\begin{bmatrix} \times & \times & \times & \times \\ \times & \times & \times & \times \\ \times & \times & \times & \times \\ \times & \times & \times & \times \end{bmatrix} \xrightarrow{2\downarrow} \begin{bmatrix} \times & 0 & \times & \times \\ 0 & \times & \times & \times \\ \times & \times & \times & \times \\ \times & \times & \times & \times \end{bmatrix} \xrightarrow{3\downarrow}$$

$$\begin{bmatrix} \times & 0 & 0 & \times \\ 0 & \times & 0 & \times \\ 0 & 0 & \times & \times \\ \times & \times & \times & \times \end{bmatrix} \xrightarrow{4\downarrow} \begin{bmatrix} \times & 0 & 0 & 0 \\ 0 & \times & 0 & 0 \\ 0 & 0 & \times & 0 \\ 0 & 0 & 0 & \times \end{bmatrix} \qquad (2.13)$$

行数据的正交化分解和波段之间的方法完全相同,只是处理的向量维数不同。

对于从多光谱遥感数据分离蚀变带中相对较弱的信息,采用正交分解逆运算的方法,可以产生相似性叠加的效果。考虑到该地区为冰雪覆盖的高寒山区,并且山沟中覆

盖的卵石滩具有高反射率、温差大的特点,选择反映地物亮温的 TM 第 6 波段为基向量,正交分解其他 6 个波段影像(图 2.5 至图 2.10)。在生成上述图像过程中,需要计算两个图像向量的内积,反映两个波段间的相关性,作为两幅图像具有相同性质部分的信息量的一种度量。采用 Gram-Schmidt 正交投影方法分解处理多光谱 TM 数据信息时,可以定量化地评价多波段信息相似性程度,同时可以定量化评价多波段信息对处理结果的贡献。挑选相似性最小的变化结果向量图像(图 2.3)、相似性最大的变化结果向量图像(图 2.4)和相似性中等的变化结果向量图像(图 2.8)合成彩色图像,彩图 1 中红色条带反映含矿热液蚀变带。图像中圈定的区域是野外重点工作区,彩图 2 是现场和矿石标本的野外照片,用线段连接了采样图像位置。

图 2.3　TM157 合成图像

图 2.4　TM 波段 6 数据为第 1 向量

图 2.5　TM 波段 2 数据为第 2 向量

图 2.6　TM 波段 3 数据为第 3 向量

图 2.7　TM 波段 4 数据为第 4 向量

图 2.8　TM 波段 5 数据为第 5 向量

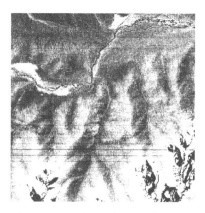

图 2.9　TM 波段 1 数据为第 6 向量　　　图 2.10　TM 波段 7 数据为第 7 向量

暗色带是热液蚀变矿化岩

野外热液蚀变带标本化学分析数据元素组合为 Pb-Cu-Au-Ag,是热液型多金属矿化带。矿化带宽 100m,呈平缓弧状,近东西展布约 1000m。矿化带地表宽 30～50m,根据探矿槽、浅硐揭露的矿化带埋深 4～10m,呈平缓弧状,近东西展布约 1000m。

2.4　小波高频局部高频融合

IHS 变换是图像融合的经典算法,采取 IHS 变换与小波变换结合的融合算法是近年发展起来的遥感数据融合方法。小波变换一般采取基于像素或基于特征的替代后,再进行反变换。本节介绍了小波局部高频替代的融合方法。实验表明,此方法可显著提高融合后图像的分辨率,同时又保持了原来多光谱图像的光谱信息。

2.4.1　小波变换与 IHS 变换结合进行局部替代的方法

小波理论是 20 世纪 80 年代后期发展起来的一种新的信号处理工具。由于它具有良好的时频局部化特征、尺度变化特征和方向性特征,在图像处理、模式识别、计算机视觉、分形分析等研究领域得到了广泛的应用。对信号进行小波分解的有效途径就是利用多分辨率分析(MRA)的 Mallat 算法。多分辨率分析为 Mallat(1989)提出,是为了解决分析图像信息的困难,通过将函数在小波正交基上分解,得到在不同分辨率下的信息差别(即细节),解决了细节间的相关性问题,去除了信息冗余。

平方可积函数空间 $L^2(R)$ 中的一列闭子空间 $\{V_j\}_{j\in\mathbf{z}}$ 若满足一定的条件,称 $\{V_j\}_{j\in\mathbf{z}}$ 为 $L^2(R)$ 的一个多分辨分析(MRA)。利用多分辨率分析可以得到空间 $L^2(R)$ 的正交分解。

设 W_{j+1} 是 V_{j+1} 在 V_j 上的正交补空间,则有 $V_j=V_{j+1}\oplus W_{j+1}$。

对于 $f\in L^2(R)$,已知 $f(x)$ 在 2^{j+1} 和 2^j 分辨率下的逼近分别等于其在 V_{j+1} 和 V_j 中的正交投影,则 $f(x)$ 在 2^j 分辨率下的高频细节部分为空间 W_{j+1} 中的正交投影。

设 $f(x)$ 在 $2^k(k\in\mathbf{Z})$ 分辨率下在 V_k 和 W_k 中的投影分别为 $f_k\in V_k$ 和 $g_k\in W_k$,则 $f_k=f_{k-1}+g_{k-1}$,因此

$$f = f_1 + g_1 = f_2 + g_2 + g_1 = f_N + g_N + \cdots + g_2 + g_1 = f_N + \sum_{i=1}^{N} g_i \quad (2.14)$$

由于 $\{\phi_{k,n} : k, n \in \mathbf{Z}\}$ 是 V_k 的规范正交基，$\{\phi_{k,n} : k, n \in \mathbf{Z}\}$ 是 W_k 的规范正交基，因而 f_k、g_k 可表示为

$$f_k = \sum_n c_n^k \phi(2^k x - n), \{c_n^k\} \in l^2 \quad (2.15)$$

$$g_k = \sum_n d_n^k \varphi(2^k - n), \{d_n^k\} \in l^2 \quad (2.16)$$

式中：ϕ 为尺度函数；φ 为小波函数。

分解算法：由 $\{c_n^k\}$ 求 $\{c_n^{k-1}\}$ 和 $\{d_n^{k-1}\}$，即

$$\begin{cases} c_n^{k-1} = \sum_n a_{l-2n} c_l^k \\ d_n^{k-1} = \sum_n b_{l-2n} c_l^k \end{cases} \quad (2.17)$$

重构算法：由 $\{c_n^{k-1}\}$ 和 $\{d_n^{k-1}\}$ 求 $\{c_n^k\}$，即

$$c_n^k = \sum_n \left[p_{n-2l} c_l^{k-1} + q_{n-2l} d_l^{k-1} \right] \quad (2.18)$$

上述分解算法与重构算法又称为 Mallat 算法。其中 $\{a_n\}$、$\{b_n\}$ 分别称为分解序列，$\{p_n\}$、$\{q_n\}$ 分别称为重构序列。

2.4.2 基于小波变换进行局部替代的融合算法

小波分析的最大特点在于其具有极敏感的变焦特征，它能形成可调时频窗，在低频段采用高频率分辨率和低时间分辨率，而在高频段则采用低频率分辨率和高时间分辨率，从而在不同的分辨率下，反映出不同的图像结构特征，使其在增强图像纹理信息方面具有特殊的能力。

根据影像频谱分析，同一地区不同种遥感影像，信号的低频部分相差小，高频成分相差大。小波变换后，在变换域内有分频特征。基于离散二进小波变换的 Mallat 算法可将两幅待融合的图像分解成多级小波系数图像，然后在每一级小波系数图像上进行融合，最后通过小波逆变换由每一级的融合图像生成最终的融合结果。

本书采取的融合方法融合流程如图 2.11 所示（虚框部分为本书方法）。

首先对多光谱数据进行 IHS 变换，而后对其 I 分量和高分辨率图像进行小波变换，取得其各自的低频图像和不同尺度下的高频细节部分，对 I 分量和高分辨率图像的同级水平、垂直和 $45°$ 三个方向的高频成分依据局部方差最大准则进行融合。组成新的三个方向的高频成分，这样不会丢失高分辨率图像的高频信息和多光谱数据所包含的纹理信息。

其方法如下：设 F 为融合图像的高频部分，A、B 分别为 I 分量和高分辨率图像的高频成分，各高频成分中的点 (i,j) 及其相邻的 8 个点如图 2.12 所示。首先比较 A、B 图中对应的点 (i,j) 的均方差[均方差的计算只取以 (i,j) 为中心的 9 个点]，均方差大的点临时选入 F 中，若 F 中以 (i,j) 为中心的 9 个点中从 A 中选的点占优，则 F 中以 (i,j) 为中心的 9 个点全部取为 A 中相应的点，否则，全部取为 B 中相应的点。然后以 I 分量的低

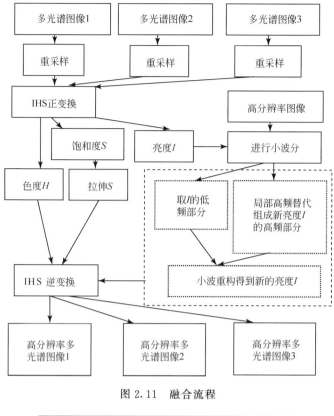

图 2.11　融合流程

$(i-1,j-1)$	$(i-1,j)$	$(i-1,j+1)$
$(i,j-1)$	(i,j)	$(i,j+1)$
$(i+1,j-1)$	$(i+1,j)$	$(i+1,j+1)$

图 2.12　8 邻域示意图

频部分和局部替换后的高频部分(F)进行小波逆变换,最后通过 IHS 逆变换获得融合图像。此方法可以将高空间分辨率图像中的空间信息与多光谱分辨率图像的光谱信息及多光谱图像所包含的纹理信息有效地融合起来。

2.4.3　试验和数据分析

本节采用 2000 年 11 月 23 日岷江地区获取的 ETM＋5、ETM＋4、ETM＋3 三个多光谱波段组合和 ETM＋8 波段(全色波段)进行融合试验。

对图像进行多级小波分解和重建时会造成边界失真,原因之一为正交镜像滤波器的非线性相位特性。滤波器线性相位对于图像的多分辨率分析具有重要意义,只有当分析滤波器满足线性相位条件时,才能解决不同分辨率表达之间的相位补偿,在不同的分辨率之间跟踪函数的特性。为了减小边界失真,选取的滤波器为具有线性相位的对称紧支集近似滤波器,其中滤波器长度 13。考虑到遥感图像的分辨率不高,故选用的分解水平为 3 级。

采用 ETM＋5、ETM＋4、ETM＋3 波段组合和 ETM＋8 波段(全色波段)进行融合的主要步骤如下：

(1)把低分辨率多光谱图像 ETM＋5、ETM＋4、ETM＋3 采样到与全色波段数据相同分辨率。为保持线性地物的边缘,采用双三次多项式内插方法。

(2)把 ETM＋5、ETM＋4、ETM＋3 从 RGB 空间变换到 IHS 空间,得到 I、H、S 三分量数据。

(3)对 I 分量和 ETM＋8 进行直方图匹配,将 ETM＋8 进行对比度拉伸,使之与 I 分量有相同的均值与方差。目的是使频率域中 I 分量和 ETM＋8 的幅度值保持一致。

(4)对 I 分量和 ETM＋8 分别进行小波分解(三级)。

(5)确定融合图像的低频部分。用分解后的 I 分量的低频成分替代 ETM＋8 的低频成分。低频代表概貌信息,以保持融合后的色调。

(6)确定融合图像的高频部分。

(7)用此新的一组多尺度分析数据进行小波重建,以实现 ETM＋8 和 ETM＋5、ETM＋4、ETM＋3 的 I 分量的融合,得到融合后的 I^1 分量。

(8)利用 IHS 反变换从 I^1、H、S 获得融合后的 RGB 图像。在完成色彩逆变换时,对亮度(I^1)及饱和度(S)进行最小、最大拉伸,使其数值为 0～1。这样可使不同地物的色彩差别得到增强,同时又保持了原来的假彩色合成图像的基本格局,便于提高解译的质量。

彩图 3 左图为 ETM＋5、ETM＋4、ETM＋3 波段原始数据经重采样后合成并经直方图均衡后的图像,彩图 3 右图为融合结果的彩色合成并经直方图均衡后的图像(彩图 3 为岷江地区的一部分,获取时间为 2000 年 11 月 23 日)。彩图 4 为放大比较图。

比较融合前后的各图可知,在放大 6 倍后,融合的彩图 4(b)中,植被河流及城镇清晰可见,河流的边缘和水域变化清晰,大大提高了目视解译的精度;城镇建筑物、河流、道路的边缘纹理清晰度比彩图 3 的相应目标大有提高。在放大 8 倍后,融合的彩图 4(d)中,散射状部分的纹理依然清晰,植被河流、道路的边缘纹理清晰,山脊的走向清晰可见,而融合前[彩图 4(c)]的散射状部分已模糊不清。

再比较一下原始重采样图和融合后图进行直方图拉伸前的数理统计参数。

基于数理统计方法的比较包括融合前后图像各波段的均值、方差、中值和熵值。统计结果见表 2.1。

表 2.1 融合前后的数理统计参数比较

融合方法	波段	均值	方差	中值	熵值
	原始 ETM＋5	62.780	33.663	59	6.8152
重采样后的原始图像	原始 ETM＋4	59.421	30.407	55	6.2171
	原始 ETM＋3	59.776	43.486	49	6.2531
	ETM＋5	74.883	54.338	64	6.9801
HIS 变换与小波结合后的融合图像	ETM＋4	76.328	46.061	72	7.0214
	ETM＋3	86.274	54.527	82	7.5050

从表 2.1 中可以看出,融合后的单色影像的熵值都大于原始图像的相应波段,说明

融合后信息量要大于原始图像,达到了信息融合的目的。从统计数据看,融合后图像的方差普遍大于原图像的相应波段,从而表明融合后图像的动态范围增大;均值和中值也普遍大于原波段,表明动态范围变大。

融合前后图的各波段直方图如图 2.13 所示。

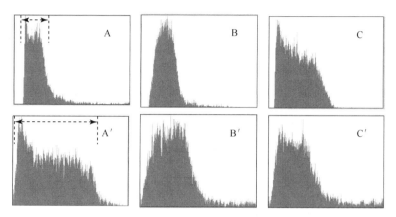

图 2.13　融合前后的直方图比较

A 为融合前 ETM+3 波段;B 为融合前 ETM+4 波段;C 为融合前 ETM+5 波段;

A′为融合后 ETM+3 波段;B′为融合后 ETM+4 波段;C′为融合后 ETM+5 波段

从直方图比较中也容易看出融合后图像各波段的直方图动态范围变大,表明原图中不太明显的细节信息显示出来了。

2.5　判别函数与超平面分割

一个"判别函数"(discriminant function)是指由 X 的各个分量的线性组合而成的函数

$$g(x)=w'x+w_0 \tag{2.19}$$

式中:w' 为"权向量";w_0 为"阈值权"或偏置。一般情况下,由 C 个这样的判别函数分别对应 C 类中的一类。判别函数又可以分为以下两种情况。

第一种情况:对具有式(2.19)形式的判别函数的一个两类线性分类器来说,要求实现以下判别规则,即如果 $g(x)>0$ 则判定 W_1,如果 $g(x)<0$ 则判定 W_2,也就是说,如果内积 $W^t x$ 大于阈值 w_0 的话,将 x 归到 W_1;反之,将 x 归到 W_2;如果 $g(x)=0$,那么 x 可以被随意归到任意一类,也可以将它归为未定义的。

方程 $g(x)=0$ 定义了一个判定面,它把归类于 W_1 的点与归类于 W_2 的点分开来。当 $g(x)$ 是线性的,这个平面被称为超平面(hyperplane)。如果 x_1 和 x_2 都在判定面上,则

$$W^t x_1+w_0=W^t x_2+w_0 \tag{2.20}$$

或

$$W^t(x_1-x_2)=0$$

这就表明,W 和超平面上的任意向量正交。一个超平面 H 将特征空间分成两个半

空间,即对应于 W_1 类的决策域 R_1 和对应于 W_2 类的决策域 R_2。因为当 X 在 R_1 中时,$g(x)>0$,所以判定面的法向量指向 R_1,因此,有时称 R_1 中的任何 X 在 H 的"正侧",相应地,称 R_2 中的任何向量在 H 的"负侧"。

判别函数 $g(x)$ 是特征空间中某点 X 到超平面的距离的一种代数度量。或许这一点最容易从表达式得出

$$X = \textbf{\textit{X}}_P + r \frac{W}{\parallel W \parallel} \tag{2.21}$$

式中:$\textbf{\textit{X}}_P$ 为 X 在 H 上的投影向量;r 为相应的算术距离,如果距离为正,表示 X 在 H 的"正侧",如果为负,表示 X 在 H 的"负侧"。由于 $g(x_P)=0$,有

$$g(x) = W^t x + W_0 = r \parallel W \parallel \tag{2.22}$$

或

$$r = \frac{g(x)}{\parallel W \parallel} \tag{2.23}$$

从原点到 H 的距离为 $W_0 / \parallel W \parallel$。如果 $W_0 > 0$,表明原点在 H 的"正侧";如果 $W_0 < 0$,表明原点在 H 的"负侧";如果 $W_0 = 0$,说明 H 通过原点。

总之,线性判别函数利用一个超平面判定面把特征空间分割成两个区域。超平面的方向由法向 W 决定,它的位置由阈值 W_0 确定,判别函数 $g(x)$ 正比于 X 点到超平面的代数距离,当 X 在"正侧"时,$g(x)>0$;在"负侧"时,$g(x)<0$。

第二种情况:利用线性判别函数设计多类分类器有多种方法。例如,可以把 C 类问题转化为 C 个两类问题,其中第 I 个问题是用线性判别函数把属于 W_i 类的点与不属于 W_i 类的点分开。更加复杂的方法是用 $C(C-1)/2$ 个线性判别函数,把样本分为 C 个类别,每个线性判别函数只对其中的两个类别分类,这两种方法都会产生无法确定其类型的区域的情况。所以通过 C 个判别函数,有

$$g_i(x) = W_i^t X_i + W_{i0}, i = 1, \cdots, C \tag{2.24}$$

如果对于一切 $i \neq j$ 有 $g_i(x) > g_j(x)$,则把 X 归为 W_i 类;如果 $g_i(x) = g_j(x)$,则拒绝判定。这样得到的分类器称为线性机,把特征空间分为 C 个判定区域 R_i,当 X 在 R_i 中时,$g_i(x)$ 有最大值。如果 R_i 和 R_j 相邻,它们的分界就是超平面 H_{ij} 的一部分,定义为

$$g_i(x) = g_j(x) \tag{2.25}$$

我们就可以得到 $W_i - W_j$ 是 H_{ij} 的法向量,其到 H_{ij} 的距离为

$$d = \frac{g_i(x) - g_j(x)}{\parallel W_i - W_j \parallel} \tag{2.26}$$

因此重要的是权向量的差,应该有 $C(C-1)/2$ 个超平面,但实际问题中,出现在分界面上的超平面个数往往少于 $C(C-1)/2$ 个。

线性机的判别区是凸的,这就限制了分类器的适应性和精确性。特别是每个判别区域是单连通的,这对那些条件概率密度 $p(x|W_i)$ 为单峰的问题设计线性机很合适。应该注意的是,存在某些单峰分布,它们的线性判别函数给出很好的结果,而另一些单峰分布,却给出很差的分类结果(Duda et al., 2003)。

2.6 本章小结

本章介绍的算法有很强的应用背景,虽然不能断言对所有碰到的问题都是最优算

法,但这些算法也是具有一定吸引力的新选择。

当采用主成分变换选择不能从 TM 6 个波段中提取蚀变信息时,设想也许提取特征光谱信息的变换角度并非是 90°,我们选择了 GIVENS 多维向量空间旋转算法,并取得了比较满意的结果;当考虑能否使用目标的光谱信息,将 TM 6 个波段的有用、但是较为弱信息累加起来,使弱信息在图像中从不可见到可见时,我们选择了 Gram-Schmidt 向量空间投影变换,其核心算法是在 L_2 空间中判断最小均方差并根据判断对信息进行取舍;IHS 变换与小波变换结合的融合算法是近年发展起来的遥感数据融合方法,小波局部高频替代的融合技术路线,使融合后图像空间分辨率得到显著提高,同时又保持了多光谱信息。

主要参考文献

张贤达 . 1997. 信号处理中的线性代数 . 北京:科学出版社

Duda R O, Hart P E, Stork D G. 2003. Pattern Classification. 2nd ed. New York: John Wiley & Sons, Inc

Ma J, Guo H, Wang C et al. 2001. Extraction of polymetallic mineralization in formation from multispetral Thematic Mapper data using the Gram-Schmidt Orthogonal Projection (GSOP) method. International Journal of Remote Sensing, 22(17): 3323~3337

Mallat S G. 1989. A theory of multiresolution signal decomposition: the wavelet representation. IEEE Transaction on Pattern Analysis and Machine Intelligence, 11(7): 674~693

第3章 贝叶斯网络

遥感卫星的数据获取技术与不断扩大的应用需求共同推动着遥感应用处理的发展。资源、环境遥感卫星系列的形成和地球系统探测计划的逐步实施,将进一步促进遥感应用处理"统计计算模式"的发展,引领遥感处理生物物理参数反演的"自然模式"新方向。在选择精确分类器方面的研究中,人们的精力主要集中在决策树和神经网络分类器上,直到普通贝叶斯网络分类器的出现,才认识到贝叶斯网络在知识表达和推理方面所具有的显著优势,主要表现在:①充分利用和综合了先验概率和样本信息;②采用有向无环结构图形的方式描述多特征数据间的相互关系;③给出联合概率表,通过联合概率表可以表示出输入特征对每种类别的贡献概率;④上一层的网络节点可以作为下一层节网络的"父"节点。贝叶斯网络提供了一种"统计计算模式"与"自然模式"相结合的计算引擎。

3.1 引　言

在模式识别、数据挖掘、知识发现等领域中,我们经常需要进行各种各样的知识推理,而实际问题中又常存在着许多不确定性因素,这就给准确推理带来了很大的难度。而贝叶斯网络正是适用于表达和分析不确定和概率性事物、可从不完全或不确定的知识或信息中做出推理的工具。人工智能的发展,特别是机器学习和数据挖掘研究的兴起,为贝叶斯网络的发展提供了更为广阔的空间(史忠植,2002)。贝叶斯网络方法是20世纪80年代发展起来的,最早由Pearl(1986)提出,用于处理人工智能中的不确定性信息推理。贝叶斯网络还可以有效地解决有噪声影响的信息。

3.2 贝叶斯基础

1. 条件概率

在事件 B 发生的条件下,事件 A 发生的条件概率为

$$P(A \mid B) = \frac{p(AB)}{p(B)} \tag{3.1}$$

2. 乘法公式

乘法公式也就是联合概率,由条件概率的定义可以直接得到

$$p(AB) = P(B)P(A \mid B)$$

3. 全概率公式

设 $A_1, A_2, \cdots, A_n$ 为有限个可列个两两互不相容的事件,并且 $\bigcup_i A_i = \Omega, P(A_i) > 0,$

$i=1,2,\cdots,n$ 则对一事件 B 有

$$p(B) = \sum_i p(A_i) p(B \mid A_i)$$

式中：$\bigcup_i$、$\sum_i$ 分别为对一切的 i 求并、和。

4. 贝叶斯公式

贝叶斯公式也称为后验概率公式，设 $A_1,A_2,\cdots,A_n$ 为有限可列个两两互不相容的事件，并且 $\bigcup_i A_i = \Omega$，则对任一事件 B，只要 $P(B)>0$，就有

$$p(A_K \mid B) = \frac{P(A_K) P(B \mid A_K)}{\sum_i P(A_i) p(B \mid A_i)}, K = 1,2,\cdots,n \tag{3.2}$$

5. 独立性

定义 $A_1,A_2,\cdots,A_n$ 为 n 个事件，如果对任意的 $K(2 \leqslant K \leqslant n)$ 及 $1 \leqslant i_1 < i_2 < \cdots < i_k \leqslant n$ 都有 $p(A_{i1},A_{i2},\cdots,A_{ik}) = p(A_{i1}) p(A_{i2}) \cdots p(A_{ik})$，那么称 $A_1,A_2,\cdots,A_n$ 这 n 个事件相互独立，简称独立。

3.3　贝叶斯网络推理与分类器

贝叶斯网络是一种将图形与概率知识结合，揭示变量间相互关系的数学模型。应用有向无环图（directed acyclic graph，DAG）来描述变量间的相互依赖关系，网络中的每个结点代表各个变量，连接结点间的有向弧段表示变量间的依赖关系。

贝叶斯网络作为一种有效的知识推理建模工具，有着以下一系列优点：

（1）贝叶斯网络与贝叶斯统计相结合能够充分利用领域知识和样本数据的信息。贝叶斯网络结构中的有向弧表示变量间的依赖关系，概率分布表则表示依赖关系的强弱，贝叶斯网络将先验经验与样本信息有机结合起来。

（2）贝叶斯网络将有向无环图与概率理论有机结合起来，表达了各个结点间的条件独立关系，可以直观地从贝叶斯网中得出属性间的条件独立以及依赖关系。

（3）贝叶斯网络用于因果推理和不确定性知识表达，能够处理不完全的数据。学习变量间的因果关系，有利于加深对问题的理解，可以根据因果关系推断事件的发生概率。

（4）贝叶斯网络利用领域的知识可以提高建模的效率和模型预测准确率。

一个随机变量集 $X = \{x_1,x_2,\cdots,x_n\}$ 的贝叶斯网络 $B = <S,P>$，是由一个有向无环图 S 和条件概率 P 组成的，S 中的结点表示各个变量 x_i。pa_i 表示结点 x_i 的父结点，则贝叶斯网络的联合概率可以表示为

$$p(x) = \prod_{i=1}^n p(x_i \mid pa_i) \tag{3.3}$$

如图 3.1 所示，贝叶斯网络的联合概率分布可以表示为

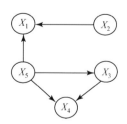

图 3.1　一个简单的贝叶斯网络

$$p(x_1,x_2,x_3,x_4,x_5) = p(x_1 \mid x_2,x_5) \cdot p(x_2) \cdot p(x_3 \mid x_5) \cdot p(x_4 \mid x_3,x_5) \cdot p(x_5)$$

$$(3.4)$$

3.3.1 贝叶斯网络推理

贝叶斯网络推理就是在网络结构中使用条件概率公式和贝叶斯公式来计算后验概率的过程。贝叶斯网络准确性推理算法可以分为精确算法和近似算法两大类。精确算法一般用于结构简单的单连通网络；许多情况下都采用近似算法，因为它可以简化计算和推理过程。

1. 精确推理

对离散变量的精确推理。由于现实世界中存在着大量的离散变量，研究离散变量的推理是很有意义的。离散变量的推理是贝叶斯推理的基础。Lauritzen 和 Spiegelhalter (1988)，Jesen 等(1990)将贝叶斯网络首先转化成树结构，每个结点对应于一个变量集，然后借助于树的数学模型进行概率推理。

2. 近似推理

近似推理是当前贝叶斯推理的一个研究热点。很多情况下，尽管数据具有不完备性，但采用贝叶斯网络的近似推理可以对事件进行推理。现有的算法包括剪枝模型(pruning model)和缩减模型(reduced model)和 S 型贝叶斯网络等。

3. 贝叶斯网络的参数学习

在贝叶斯网络结构已知、数据完备、没有隐含结点的情况下，就需要学习贝叶斯网络中的概率分布，利用给定的样本数据去学习网络的概率分布，更新网络变量原有的先验分布，进行参数学习。假设变量组 $X=(X_1,X_2,\cdots,X_{n-1})$ 的联合概率分布可以编码在网络结构中，即

$$p(x \mid \theta_s,s^h) = \prod_{i=1}^{n} p(x_i \mid pa_i,\theta_i,s^h) \qquad (3.5)$$

式中：θ_i 为分布 $p(x_i \mid pa_i,\theta_i,s^h)$ 的参数向量；θ_s 为参数组 $(\theta_1,\theta_2,\cdots,\theta_n)$ 的向量；s^h 为物理联合分布可以依照 S 被分解的假设。

贝叶斯网络的参数学习就是计算后验概率分布 $p(\theta_s \mid D,S^h)$。假定 θ_i 是相互独立的，那么 $p(\theta_s \mid D,S^h) = \prod_{i=1}^{n} p(\theta_i \mid D,S^h)$。

4. 贝叶斯网络的结构学习

在数据完备和没有隐含结点的条件下，定义一个离散变量表示网络的不确定性，对应于一个严格的可能的贝叶斯网络结构假设 S^h，赋予其先验概率 $p(S^h)$。给定随机样本集 D，应用贝叶斯方法学习网络结构就是计算后验概率 $p(S^h \mid D)$。$p(S^h \mid D)$ 可以根据贝叶斯定理来计算，即

$$p(S^h \mid D) = \frac{p(S^h) p(D \mid S^h)}{p(D)}$$

网络的参数学习计算方法如上所述的计算后验概率 $p(\theta_s \mid D, S^h)$。

当我们认为假设 S^h 是相互独立时,就可以通过给定样本集 D 来计算第 $N+1$ 个事件的联合概率分布,即

$$p(x_{N+1} \mid D) = \sum_{S^h} p(S^h \mid D) \int p(x_{N+1} \mid \theta_s, S^h) p(\theta_s \mid D, S^h) d\theta_s \tag{3.6}$$

即使数学公式没有错误,从贝叶斯学习得出结果也是不切实际的,因为 N 个变量的可能的网络结构数目超过 n 的指数次幂,而逐一排除这些假设的网络结构是很困难的。可以应用一个"模型选择"的方法来解决这个问题,该方法假设 $p(S^h \mid D)$ 仅有一个狭窄的峰,在所有可能的结构中选择一个最好的模型,认为是正确的模型。"模型选择"方法又包括两种:一种是"打分搜索"方法;另一种是"依赖性分析"方法。

打分搜索方法的步骤就是通过打分确定好的网络结构模型,通过模型搜索来寻找好模型。打分的标准,也就是确定好模型的标准包括贝叶斯质量测量、最小长度编码测量、信息论测量。贝叶斯质量测量来源于贝叶斯统计学,主要是贝叶斯理论和共轭性。

模型搜索的算法主要有 K2 算法、Buntine's 算法、CB 算法。K2 算法是 Cooper 和 Herskovits(1992)提出的,描述了一种贪婪搜索算法,给出可能性最大的网络结构。该算法假定结点的顺序已经确定,它从一个空的网络开始,根据每个结点的顺序,通过依次迭代计算而完成对网络结构的搜索。Buntine's 算法并不需要事先确定结点的顺序,该算法起点是一个空的父结点集合,每一步的迭代计算中在没有环和对网络质量增加的时候便增加一条连接弧度,最后完成对模型的搜索。CB 算法是 K2 算法的扩展,它使用条件独立性检验准则从数据中产生一个好的结点顺序,然后用 K2 算法产生的结点顺序建立网络结构。

基于依赖性分析的方法,结点之间的依赖关系是通过条件独立性测试来判断的,如 χ^2 测试和相互的信息测试,Chow 和 Liu(1968)提出树结构学习算法为变量间的独立性测试,建立树结构形式的网络结构模型,此模型的计算复杂度低。

打分搜索方法在 DAG 复杂的情况下,不能得到一个最优的模型,通常学习效率较高。依赖性分析方法在数据集的概率分布与 DAG 同构的条件下,通常可以获得近似最优的模型,但是该方法要求样本数据集具有一定的规模。

也有一些研究者提出了"选择模型平均"的方法,难点在于寻找出这些互不相同的网络结构。该方法的思路是从所有可能的模型中选择合理数目的好模型,认为这些模型代表了所有情况。这种方法比模型选择方法复杂,它的优点是可以鉴别出不同的网络结构,可以给出这些模型的整体分布。

3.3.2 贝叶斯网络基本分类器

贝叶斯网络作为一种有效的推理工具,被用作分类器是在提出朴素贝叶斯分类器后才得到广泛应用的。

目前贝叶斯分类器可以分为以下几类:

(1)朴素贝叶斯分类器(naïve bayesian network)(图 3-2)。Duda 等(2003)对朴素贝叶斯模型作过讨论,在这个分类器中,类别结点作为其他结点的父结点,子结点之间没有任何联系。朴素贝叶斯分类器作为一种简单而有效的分类器,具有低错误率的优点,多年来一直在各个领域得到广泛的应用。它具有其他分类器没有的两个优点:一是容易建立,它是由先验知识建立的,不需要网络结构的学习;二是分类过程很有效。两个优点都来源于所有属性之间相互独立的假设。

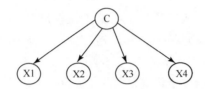

图 3.2 一个简单的朴素贝叶斯网络结构

(2)TAN(tree augmented naïve bayesian)网络(图 3.3)。Friedman 等(1997)首先建立了 TAN,应用条件独立性检验建立结点间连接。它的流程可以概括为以下几步:设训练集合 $X \mid \{c\}$ 为输入结点;应用改进的 Chow-Liu 算法,将计算独立性检验 $I(Xi, Xj)$ 变为 $I(Xi, Xj \mid \{c\})$;将分类结点 C 作为每一个属性结点的父结点;学习参数,输出 TAN。

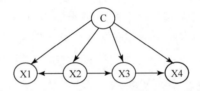

图 3.3 TAN 的网络结

(3)BAN 网络(BN augmented naïve-bayesian)(图 3.4)。BAN 是 TAN 的扩展,是由 Friedman 等(1997)提出的,该网路允许属性结点间任意连接,不局限于树形结构。BAN 的算法与 TAN 学习算法类似,不同点在于 BAN 为无限制学习算法,而不是树学习算法。它的流程可以概括为以下几步:设训练集合 $X\backslash\{c\}$ 为输入结点;调用 CBL1 算法,将计算独立性检验 $I(Xi, Xj \mid Z), Z \subset x\backslash\{C\}$;将分类结点 C 作为每一个属性结点的父结点;学习参数,输出 BAN。

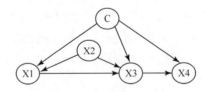

图 3.4 BAN 的网络结

(4)GBN(general bayesian network)(图 3.5)。与其他贝叶斯网络分类器不同的是,GBN 学习算法将分类结点认为是普通结点。学习过程可以概括为:设训练集合 $X\backslash\{c\}$ 为输入结点;调用 CBL1 算法,测试每个结点间的相互独立性;寻找类结点 C 的马尔可夫毯;删除所有不属于马尔可夫毯内的结点;学习参数,输出 GBN。

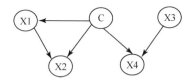

图 3.5　GBN 的网络结

(5)K2-AS网络(图3.6)。综合特征选择和贝叶斯网络结构建立的算法建立 K2-AS 算法。该算法的思想是删除那些对分类没有贡献的属性结点,仅利用能够在分类中发挥作用的属性建立网络结构。该算法主要有两个步骤:①特征选择阶段。应用 K2 算法在整个特征属性集里选择能够很好分类的特征属性子集,该算法起点是特征子集里仅包含分类结点 C,然后依次判别加入的新结点是否可以提高分类精度,如果可以提高,则将该结点加入网络的结点集;如果不可以提高,则算法结束。②建立网络的结构。应用 K2 算法选择的属性结点建立贝叶斯网络。

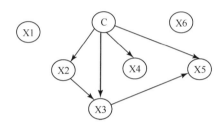

图 3.6　K2-AS 的网络

3.3.3　综合性贝叶斯网络分类器

学习贝叶斯网络与学习贝叶斯网络分类器有所不同,分类器学习是学习一个类变量的分布特征,学习贝叶斯网络是学习所有变量的联合分布。为了增加网络的分类能力,同时减小学习算法的复杂度,需要在这两个矛盾中做出平衡性选择。分类器学习算法的基础是打分搜索算法,受朴素贝叶斯网络的启发,朴素贝叶斯网络的参数少,所以估计的偏差低,研究者考虑在算法中进一步限制网络结构。由于网络参数主要是由每个变量的父结点的数量决定的,网络参数增加是随每个参数的父结点数量呈指数增长的。所以在改进朴素贝叶斯网络的基础上,要尽量减少对网络参数的增加。

Friedman 等(1997)介绍了 TAN 网络,它继承自朴素贝叶斯网络,假设所有的属性结点都依赖于类结点,但它扩展了朴素贝叶斯网络,在属性结点间增加了依赖关系,而这种改进迫使建立随机变量间的依赖关系,有时在现实世界中不存在,这样反而会降低分类精度。

Jaroslaw(1999)建立了一系列综合性贝叶斯网络模型,综合性网络有两个主要假设:一是限制结点的父结点数量,规定每个结点的父结点数不超过两个;二是抑制网络结构规模。他综合改进了 TAN 的网络和朴素贝叶斯网络,并不需要将所有的属性结点都直接依赖于类结点,而属性结点间可以没有连接弧段,应用打分搜索法建立网络结构。图

3.7 表示了综合性的网络与 TAN 网络、朴素贝叶斯网络的关系,每个网络均使用启发式搜索算法,而启发式搜索算法是修正对不同的网络结构的打分;每个搜索算法的创造都来自于原始算子,而综合利用不同的算子可以产生不同的贝叶斯网络结构,包括 TAN 网络、朴素贝叶斯网络。

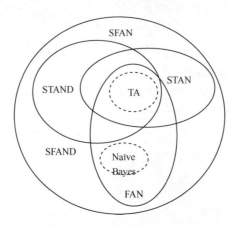

图 3.7　综合性的网络与 TAN 网络、朴素贝叶斯网络的关系

几种不同的算子:

(1)SAN(selective augmented naïve bayesian network)算子。SAN 算子可以发现类结点和属性结点间的依赖关系,如果所有的属性结点都依赖于类结点,就建立了 TAN 网络,SAN 算子的任务是决定所有这些依赖关系中哪些是实际需要的。它实现了贪婪搜索从类结点到属性结点的边。开始时它的子集为空集,通过每一步加入一个新的能够使得网络结构打分最高的子结点,最终建立网络结构。

(2)SAND(selective augmented naïve bayesian with discarding)算子。SAND 算子与 SAN 算子类似,它也是寻找类结点与属性结点之间的依赖关系,和 SAN 算子不同的是,在应用 Augmenter 算法之前,它首先删去那些不依赖类结点的属性结点,实现了特征的选择,决定了哪些属性对分类目标没有贡献,将它们从分类网络中删去。

(3)Tree-Augmenter 算子。Tree-Augmenter 算子是产生 TAN 网络算法的一般化,不同于 TAN 网络算法的是,它并不需要所有的属性结点都依赖于类结点。该算法应用改进的 CL(Chow and Liu,1968)算法,建立了 Augmenter 树,计算了不同结点和类结点(C)间以及不同属性结点(X,Y)间的信息独立性,依赖于类结点的属性集为 γ,则信息独立性表示为

$$
I_\gamma(X,Y) = \begin{cases} \sum\limits_{x,y} P(x,y\mid c) \cdot \log \dfrac{p(x,y\mid c)}{p(x\mid c)p(y\mid c)}, X \in \gamma \wedge Y \in \gamma \\[2mm] \sum\limits_{x,y} P(x,y\mid c) \cdot \log \dfrac{p(x,y\mid c)}{p(x\mid c)p(y)}, X \in \gamma \wedge Y \notin \gamma \\[2mm] \sum\limits_{x,y} P(x,y\mid c) \cdot \log \dfrac{p(x,y\mid c)}{p(x)p(y\mid c)}, X \notin \gamma \wedge Y \in \gamma \\[2mm] \sum\limits_{x,y} P(x,y\mid c) \cdot \log \dfrac{p(x,y\mid c)}{p(x)p(y)}, X \notin \gamma \wedge Y \notin \gamma \end{cases} \tag{3.7}
$$

(4)Forest-Augmenter 算子。Tree-Augmenter 算子,在每个结点间建立路径,也就

是在属性结点间建立依赖关系,而这些依赖关系并不是实际存在的,为了解决这个问题,产生了 Forest-Augmenter 算子。它可以在没有连接的树中的属性结点间建立依赖关系,可以更好地发现类变量间的最相似的概率分布。它不但可以创建朴素贝叶斯网络或者 TAN 网络,还可以创建其他的分类器,比朴素贝叶斯网络分类器和 TAN 网络分类器更加有效。Forest-Augmenter 算子采用 Kruskal 的最大生成树算法,Kruskal 的最大生成树是根据渐减的权重加入合法的边,在森林中的各个树的分支由于结点变量间的强烈依赖性而聚在一起。

对不同算子和不同搜索算法的组合就形成了不同的综合性网络。Jaroslaw(1999)建立了一系列综合性贝叶斯网络模型,如表 3.1 所表示。

表 3.1　不同算子组合的综合性网络

网络结构	算子组合	计算复杂度
Naïve BAyes(D)	CLASS-DEPEND($\emptyset$, A, D)	N
TAN(D)	TREE-AUGMENTER (A, $\emptyset$, D)	$N^2 R_{max}^2$
FAN(D,Q)	FOREST- AUGMENTER (A,$\emptyset$, D, Q)	$N^2 R_{max}^2 + N^2 logN + NO_q$
STAN(D,Q)	SAN(D,Q,TREE-AUGMENTER)	$N^4 R_{max}^2 + N^2 O_q$
STAND(D,Q)	SAND(D,Q,TREE-QGMENTER)	$N^4 R_{max}^2 + N^2 O_q$
SFAN(D,Q)	SAN(D,Q,FOREST-AUGMENTER)	$(N^4 R_{max}^2 + N^4 logN + N^3 O_q)O_q$
SFAND(D,Q)	SAND(D,Q,FOREST-AUGMENTER)	$(N^4 R_{max}^2 + N^4 logN + N^3 O_q)O_q$

注:D 表示样本集;Q 表示网络的质量;N 表示特征属性的个数。

资料来源:Jaroslaw,1999

3.4　贝叶斯网络分类

由于遥感成像过程的复杂性,遥感数据中包含了一定程度的不确定性因素,利用最大似然分类器处理遥感数据时,分类精度受到一定的影响,为了提高分类精度,往往需要引入先验知识。贝叶斯网络是一个带有概率注释的有向无环图,可以动态地对先验概率密度进行修正,提高分类精度,也没有严格的数据正态分布的前提要求,适合处理不完整复杂的数据。

3.4.1　贝叶斯网络分类

1. 实现过程

贝叶斯网络表达了各个节点间的条件独立关系,可以直观地从贝叶斯网中得出属性间的依赖关系;根据贝叶斯网的网络结构以及条件概率表可以快速得到每个基本事件所有属性值的一个组合概率,从而表示出事件的联合概率分布;贝叶斯学习理论利用先验知识和样本数据来获得对未知样本的估计,联合概率和条件概率是先验信息和样本数据信息在贝叶斯学习理论中的表现形式。

贝叶斯网络计算的实现过程主要包括以下几个步骤:

(1)确定网络模型目标,确定与目标有关的特征变量。

(2)建立一个有向无环的网络结构图,计算联合概率。为了决定贝叶斯网络的结构,需要将变量 $X_1,X_2,\cdots,X_i$ 按照某种次序排序。

(3)设置局部概率分布 $p(x_i|pa_i)$。在离散的情形下,需要为每一个变量 X_i 的各父结点的状态指定一个分布。

(4)贝叶斯网络的学习。给定贝叶斯网络的结构,利用给定的样本数据去学习网络的概率分布,更新网络变量原有的先验分布。假设变量组 $X=(X_1,X_2,\cdots,X_{n-1})$ 的联合概率分布可以编码在网络结构中。

2. 实验与分析

为了实验贝叶斯网络的遥感数据分类方法,我们选择 2003 年 5 月 1 日北京南部地区 ETM+数据,波段 1、2、3、4、5、7,实验数据为 400×400 个像元。图 3.8 是实验区 ETM+5、ETM+4、ETM+3 波段的合成影像图。

图 3.8　实验区 ETM+5、ETM+4、ETM+3 波段(RGB)合成图

利用贝叶斯网络进行分类的技术路线,如图 3.9 所示。

(1)选取训练数据集和验证数据集(特征向量),见表 3.2。

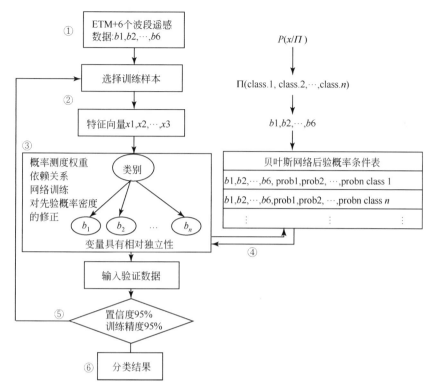

图 3.9　遥感数据贝叶斯网络分类流程图

表 3.2　训练数据集合与验证数据集合

类别号	土地覆盖	训练数据集合	验证数据集合
1	城镇用地	120	55
2	裸地	135	24
3	农田	80	23
4	林地	60	18
5	荒地	75	24
6	水体	60	16
合计		530	160

（2）建立贝叶斯网络分类结构。

（3）应用训练数据集依照建立好的网络结构,确立概率测度权重依赖关系,对数据进行训练,得出概率条件表,并对先验概率密度进行修正。

（4）在置信度为 95％的条件下,应用验证数据集对网络分类精度进行评价,如果满足分类精度的要求,可以对新的数据进行分类;网络分类结果见表 3.3 和图 3.10。

表 3.3 是贝叶斯网络分类结果六种类别的混淆矩阵,表达了贝叶斯网络在置信度为 95％条件下的精度。由于本书侧重于方法实验,因此选择区域地物类型简单、明确,在 160 个验证点数据集中,总体精度达到 100％。

表 3.3 贝叶斯网络的分类结果的混淆矩阵

类别	城镇用地	裸地	农田	林地	荒地	水体
城镇用地	55	0	0	0	0	0
裸地	0	24	0	0	0	0
农田	0	0	23	0	0	0
林地	0	0	0	18	0	0
荒地	0	0	0	0	24	0
水体	0	0	0	0	0	16

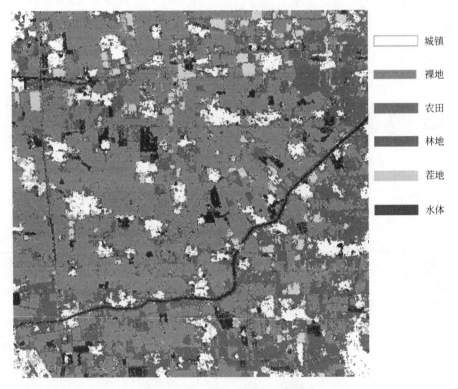

图 3.10 贝叶斯网络分类结果

3.4.2 基于贝叶斯网络分类的遥感数据变化检测

变化检测是近年发展起来的一种遥感时序数据处理方法,用于识别遥感数据在不同时间所记录的地表变化信息。常见的分类后比较方法可以直观地获取变化的数量和地点分布以及变化的性质,而且不受不同时期大气辐射不同的影响,但分类后比较方法的精度依赖于单幅影像分类的精度。本节以北京通州地区 1996 年 5 月 29 日和 2001 年 5 月 19 日两个时期的 TM 影像为例,介绍基于贝叶斯网络的分类算法,在此基础上实现了两个不同时相遥感影像的变化检测。实验结果表明:基于贝叶斯网络分类的后分类比较变化检测方法是遥感数据变化检测的一种新的有效方法。

1. 技术流程

贝叶斯网络分类算法流程如图 3.11 所示。

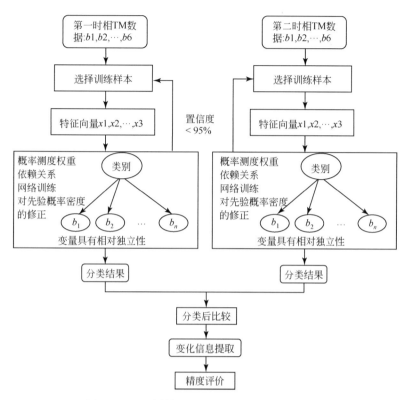

图 3.11　遥感数据贝叶斯网络变化检测流程图

2. 实验与结果分析

图像经过辐射归一化和几何精纠正后,在配准好的图像上裁出北京通州一块地区为研究区,大小为 400×400 个像元。彩图 5 是 TM 原始影像 5、4、3 波段的合成影像图。

经目视判读,确定研究区共分成 5 种类型:城镇用地、耕地、荏地、水域和裸地。在两个时相的图像上分别选取训练数据集和验证数据集,见表 3.4。

表 3.4　训练数据集合与验证数据集合

类别号	土地覆盖类型	1996 年训练数据集合	1996 年验证数据集合	2001 年训练数据集合	2001 年验证数据集合
1	城镇用地	61	34	74	39
2	耕地	95	30	81	42
3	荏地	70	41	88	38
4	水体	63	37	56	34
5	裸地	57	28	42	25
	合计	346	170	341	178

确定好训练数据后,应用这些样本数据建立贝叶斯网络分类结构(图 3.12),确立概率测度权重依赖关系,对数据进行训练,得出概率条件表。实验中计算了 6 个波段每一个像元分属于各个类别的联合概率:$p(x) = \prod_{i=1}^{n} p(x_i \mid pa_i)$。图 3.13 为 2001 年 TM 数据 6 个波段分类为茬地(第三类)的联合概率分布图。

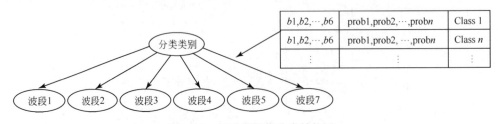

图 3.12　贝叶斯网络分类结构图

图 3.13　TM 数据(2001 年 5 月 19 日)6 个波段分类为茬地(第三类)的联合概率分布图

取图 3.13 中 2000 个像元的联合概率做出散点图,得到图 3.14。图 3.14 中横坐标代表像元个数,纵坐标代表联合概率,该图展示了 6 个输入波段每个像元对茬地(第三类)的联合概率图谱。

在满足 95% 置信度的条件下,应用验证数据集对网络分类精度进行评价,如果满足分类精度的要求,则对所有波段的数据进行分类;如果没有满足分类精度的要求,调整训练样本。满足要求后将两个时相遥感影像进行贝叶斯网络分类,结果如彩图 6 所示。

将两个时相的分类结果相减,得到 1996 年 5 月 29 日至 2001 年 5 月 19 日土地覆盖类型的变化矩阵,见表 3.5。

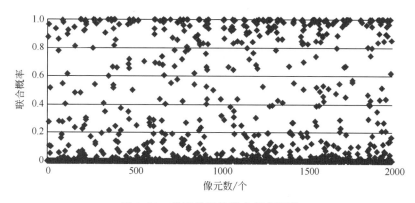

图 3.14　像元类别的联合概率图谱

表 3.5　贝叶斯网络分类结果的转移矩阵　　　　　　　　　　　（单位:%）

类别	城镇用地	耕地	荒地	水体	裸地
城镇用地	48.352	13.034	21.301	13.104	8.650
耕地	0.511	63.392	28.317	16.918	19.470
荒地	18.270	11.310	21.606	17.705	14.747
水体	12.847	8.813	18.136	49.053	0.540
裸地	20.020	3.451	10.640	3.220	56.593

3.4.3　ASTER 数据的多层贝叶斯网络分类

在贝叶斯网络中,我们将变量集合及其相互之间的关系用图形结构来表达。这样使人们可以更容易地理解变量和变量之间的关系,借助计算机科学中"图"这种数据结构来表达贝叶斯网络是本算法的一个重要基础。在这里,采用一定量的训练数据和上述算法进行网络训练后得到贝叶斯网络结构的同时,获取一个采用文本表达的条件概率表。

1. 训练数据选择和预处理

首先选择训练数据,然后对训练数据进行一定程度的预处理,包括将其分为训练/测试点,从中选择小训练数据量进行实验,所获得的网络结构如图 3.15 所示。

2. 网络结构描述

图 3.15(a)是使用了所选择的 700 个训练点进行训练所得到的网络结构图,该贝叶斯网络结构具有有向路径 7 条,分别为 ClassNode→ band1_d、ClassNode→ band2_d、ClassNode→ band3_d、ClassNode→ band4_d、ClassNode→ band5_d、ClassNode→ band6_d 和 band5_d ←band6_d。

图 3.15(b)是使用了所选择的 17 569 个训练点进行训练所得到的网络结构图,该贝叶斯网络结构具有有向路径 16 条,分别为 ClassNode→ band1_d、ClassNode→ band2_d、

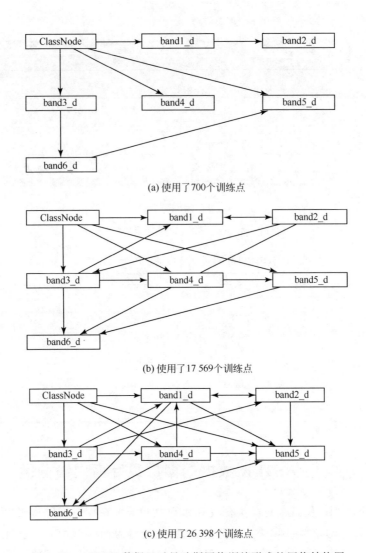

(a) 使用了 700 个训练点

(b) 使用了 17 569 个训练点

(c) 使用了 26 398 个训练点

图 3.15　ASTER 数据经过贝叶斯网络训练形成的网络结构图

ClassNode→ band3_d、ClassNode→ band4_d、ClassNode→ band5_d、ClassNode→ band6
_d、band1_d ←band2_d、band1_d ←band3_d、band2_d →band3_d、band2_d → band6_d、
band3_d → band4_d、band3_d → band5_d、band3_d → band6_d、band4_d → band5_d、
band4_d → band6_d、band5_d → band6_d。

　　图 3.15(c)是使用了所选择的所有 26 398 个训练点进行训练所得到的网络结构图，
该贝叶斯网络结构具有有向路径 18 条，比图 3.15(b)增加了 2 条，这些路径分别为
ClassNode → band1_d、ClassNode → band2_d、ClassNode → band3_d、ClassNode →
band4_d、ClassNode → band5_d、ClassNode → band6_d、band1_d ← band2_d、band1_d
← band3_d、band1_d ← band4_d、band1_d → band5_d、band1_d → band6_d、band2_d ←
band3_d、band2_d → band5_d、band3_d → band4_d、band3_d → band5_d、band4_d →
band5_d、band4_d → band6_d、band5_d ← band6_d。

　　这表明训练数据的增加揭示了更多节点之间的依赖关系。

3. 实验结果及分析

实验结果通过混淆矩阵给出。采用所有 26 389 个训练点进行分类器的训练,然后对 ASTER 图像进行分类,相应的训练结果表示在混淆矩阵表 3.6 中,图像分类结果则由彩图 7 给出。

表 3.6　所有数据训练所得到的混淆矩阵(26 398 个数据点)

总样本 26 398	正确分类的样本 25 644			整体训练精度97.14%±0.2%			置信度95%	
类别	淡水	海水	浓悬浮物	淡悬浮物	湿地	城镇	植被	用户精度/%
淡水	2744	57	14	0	8	34	0	96.0
海水	50	4754	81	1	0	4	0	97.2
浓悬浮物	23	19	4113	67	0	40	0	96.5
淡悬浮物	0	0	24	4123	0	11	0	99.2
湿地	25	1	0	0	3826	4	104	96.6
城镇	53	1	11	9	22	3788	0	97.5
植被	3	0	0	0	83	5	2196	96.0
合计	2898	4832	4243	4200	4039	3886	2300	
产生者精度/%	95.7	98.4	96.9	98.2	95.7	97.5	95.5	

3.4.4　贝叶斯多网遥感影像分类

与贝叶斯分类器比较,贝叶斯多网分类器有三个突出的优点:不同类别对应的局部贝叶斯网络结构可以很好地表达多特征数据之间的非线性关系;变量间的条件独立关系可以大大减少;可以同时处理包含众多特征变量的遥感数据。本节将介绍如何利用贝叶斯多网分类器实现对多光谱遥感数据的分类。

1. 实验数据

选取 2003 年 5 月 1 日获取的 Landsat TM 影像北京实验区数据,包含 2000×2020 个 30m×30m 的像元,6 个波段。

定义 6 种土地覆盖类型:城镇用地、绿地、水体、耕地、裸耕地和裸地。利用高分辨率航空影像作为参照,在图像中随机选取训练数据集和验证数据集。

2. 数据的离散化预处理

光谱波段的数字记录(DN 值)取值范围是 0~255。如果将多光谱影像的各波段视为离散变量,并利用贝叶斯多网进行分类的话,代表各波段特征节点的条件概率表非常庞大,从而需要巨大的训练数据量和不可接受的计算代价。因此需要将各波段视为连续变量,并通过离散化方法将其取值范围划分为若干个子区间。这里采用一种递归的最小熵启发搜索算法来完成数据的离散化。

令 X_i 表示一个需要进行离散化的特征变量(这里一个特征变量就代表一个波段),ω

表示特征变量取值的一个区间，D_ω 表示训练数据集 D 的一个子集，该子集包含 D 中所有变量 X_i 的取值在区间 ω 内的训练数据，即

$$D_\omega = \{(c, x_1, \cdots, x_{n-1}) \mid (c, x_1, \cdots, x_{n-1}) \in D, x_i \in \omega\} \tag{3.8}$$

定义 D_ω 的类信息熵为

$$\text{Ent}(D_\omega) = -\sum_{i=1}^{r_\omega} P(c_i \mid D_\omega) \log_2 P(c_i \mid D_\omega) \tag{3.9}$$

式中：r_ω 为 D_ω 中包含的训练数据的类别数。如果区间 ω 被分割点 t 剖分成两个子区间 ω_1 和 ω_2，则 D_ω 相应地也被拆分成两个子集 D_{ω_1} 和 D_{ω_2}。对于由分割点 t 产生的分割，也定义一个类信息熵，即

$$E(X_i, t; D_\omega) = \frac{\|D_{\omega_1}\|}{\|D_\omega\|} \text{Ent}(D_{\omega_1}) + \frac{\|D_{\omega_2}\|}{\|D_\omega\|} \text{Ent}(D_{\omega_2}) \tag{3.10}$$

式中：$\|D_\omega\|$ 为 D_ω 的势，即 D_ω 中所有特征向量的取值个数。当且仅当

$$\text{Gain}(X_i, t; D_\omega) > \frac{\log_2(\|D_\omega\| - 1) + \Delta(X_i, t; D_\omega)}{\|D_\omega\|} \tag{3.11}$$

时，区间 ω 被分割点 t 分割。其中

$$\begin{aligned}
\text{Gain}(X_i, t; D_\omega) &= \text{Ent}(D_\omega) - E(X_i, t; D_\omega) \\
&= \text{Ent}(D_\omega) - \frac{\|D_{\omega_1}\|}{\|D_\omega\|} \text{Ent}(D_{\omega_1}) - \frac{\|D_{\omega_2}\|}{\|D_\omega\|} \text{Ent}(D_{\omega_2}),
\end{aligned}$$

$$\Delta(X_i, t; D_\omega) = \log_2(3^{r_\omega} - 2) - [r_\omega \text{Ent}(D_\omega) - r_{\omega_1} \text{Ent}(D_{\omega_1}) - r_{\omega_2} \text{Ent}(D_{\omega_2})]$$

$$\tag{3.12}$$

式中：$\text{Gain}(X_i, t; D_\omega)$ 为分割点 t 的信息增益。

最小熵启发搜索算法就是递归地搜索所有可能的分割点并判断是否需要进行区间分割。该算法描述如下：

```
Partition (ω, X_i, D) {
D_ω = D, B = ∅;
搜索 t ∈ ω 最小化 E(X_i, t, D_ω);
if Gain (X_i, t; D_ω) > log_2(‖D_ω‖ - 1) + Δ(X_i, t; D_ω)
                        ─────────────────────────────
                                  ‖D_ω‖
    then {
    ω_1 = {x | x ∈ ω, x < t};
    ω_2 = {x | x ∈ ω, x ≥ t};
    B_1 = Partition(ω_1, X_i, D);
    B_2 = Partition(ω_2, X_i, D);
    B = B_1 ∪ B_2; }
else
    B = {ω};
return B; }
```

初始设定 $\omega = [0, 255]$ 并调用算法 $\text{Partition}(\omega, X_i, D)$，就可以把 X_i 的取值范围分割成若干个区间。将每个区间赋予唯一的值代表就可以完成离散化过程。

利用上述方法和从 Landsat TM 数据提取的训练样本分别对 6 个波段求得分割点，见表 3.7。再利用这些分割点对训练样本、验证样本和全图中所有像元的每个波段值进行离散化。

表 3.7　各波段的离散化结果

波段	分割区间数目	分割点
1	13	91.5, 99.5, 101.5, 103.5, 104.5, 107.5, 108.5, 111.5, 115.5, 117.5, 121.5, 132.5
2	17	40.5, 41.5, 44.5, 45.5, 46.5, 47.5, 48.5, 49.5, 50.5, 51.5, 52.5, 53.5, 57.5, 59.5, 61.5, 65.5
3	14	48.5, 51.5, 57.5, 59.5, 60.5, 63.5, 69.5, 73.5, 75.5, 78.5, 87.5, 94.5, 102.5
4	14	52.5, 55.5, 60.5, 62.5, 65.5, 69.5, 73.5, 77.5, 80.5, 87.5, 91.5, 94.5, 99.5
5	15	59.5, 63.5, 73.5, 85.5, 89.5, 94.5, 106.5, 112.5, 115.5, 116.5, 120.5, 126.5, 139.5, 163.5
7	14	23.5, 26.5, 33.5, 38.5, 45.5, 54.5, 69.5, 72.5, 74.5, 77.5, 86.5, 90.5, 103.5

3. 分类实验与分析

利用训练数据集估计类别变量的先验概率分布，如图 3.16 所示。将离散化的训练数据集依据不同类别划分为 6 个子集。各类对应的局部贝叶斯网络结构如图 3.17 所示。利用学习的贝叶斯多网分类器对验证数据集进行分类，整体分类精度为 93.04%，Kappa 系数为 0.9165。

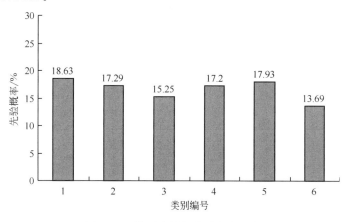

图 3.16　类别变量的先验概率分布

为了验证贝叶斯多网分类器的有效性，将贝叶斯多网分类器分类结果与最大似然分类器（Duda et al.，2003）和贝叶斯网络分类器（戴芹等，2005；欧阳赟等，2006）的分类结果进行比较。

最大似然分类器的整体精度为 91.70%，Kappa 系数为 0.9004；贝叶斯网络分类器的

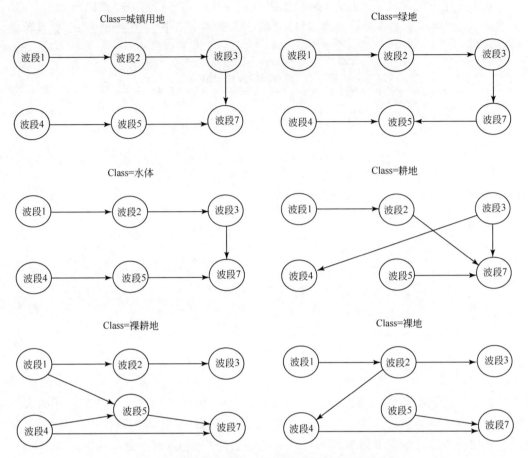

图 3.17 贝叶斯多网分类器的局部贝叶斯网络结构图

整体精度为 92.85%,Kappa 系数为 0.9142。从实验的整体精度比较来看,贝叶斯多网分类器好于最大似然分类器,而与贝叶斯网络分类器相近。

为了进一步进行分类结果的比较,采用整体归一化错分概率(total normalized probability of misclassification,TNPM)和 McNemar 检验(McNemar's test)。简要介绍如下。

一种分类器的 TNPM 定义为

$$\mathrm{TNPM} = \frac{\sum_i |P_i - \hat{P}_i| P_i}{P_{\mathrm{MLC}}} \tag{3.13}$$

式中:$P_i = M_i/M, \hat{P}_i = M_i/M, M = \sum_i M_i, P_{\mathrm{MLC}} = \sum_i |P_i - P_{i\mathrm{MLC}}| P_i$;$M_i$ 为验证数据集中属于第 i 类的数据个数;$\hat{M}_i$ 为验证数据集中被分类器指定为第 i 类的数据个数;P_{MLC} 为最大似然分类器的错分概率;$P_{i\mathrm{MLC}}$ 的定义与 $\hat{P}_i$ 同理。如果 TNPM<1,说明该分类器的分类结果优于最大似然分类器的分类结果;如果 TNPM=1,说明该分类器的分类结果与最大似然分类器的分类结果相同;如果 TNPM<1,说明该分类器的分类结果比最大似然分类器的分类结果更差。

McNemar 检验用于测试两种分类器之间的统计差异。它首先假设两种分类器的分类结果没有差别,然后经测试检验是否如此。进行 McNemar 检验之前,需要根据两种分类器对验证数据集的分类结果建立表格,见表 3.8。假设统计服从自由度为 1 的 χ^2 分布,计算

$$\frac{(|N_{01} - N_{10}| - 1)^2}{N_{01} + N_{10}} \tag{3.14}$$

如果该值大于 $\chi^2_{1,0.95} = 3.841\,459$ 的概率 P 小于 0.05,则认为两种分类器的分类结果几乎无差别;否则,称两者存在统计意义的差别。

表 3.8 两种分类器对验证数据集的分类结果比较

分类器	分类器 2 分类错误	分类器 2 分类正确
分类器 1 分类错误	N_{00}	N_{01}
分类器 1 分类正确	N_{10}	N_{11}

本节实验中三种分类器的 TNPM 比较,见表 3.9。从表 3.9 中可以看出,贝叶斯多网分类器和贝叶斯网络分类器的分类结果好于最大似然分类器的分类结果。贝叶斯多网分类器的总体分类错误率(6.96%)低于贝叶斯网络分类器的总体分类错误率(7.15%)。看起来有些出乎意料的是,贝叶斯多网分类器的 TNPM(0.851)高于贝叶斯网络分类器的 TNPM(0.494)。表 3.10 给出了贝叶斯多网分类器与其他两种分类器之间分类结果的 McNemar 检验结果。从 McNemar 检验结果看来,三种分类器的分类结果没有统计意义上的差别。

表 3.9 三种分类器的分类结果比较

分类器	整体精度/%	Kappa 系数	验证数据集的分类错误率/%	TNPM
贝叶斯多网分类器	93.04	0.9165	6.96	0.851
最大似然分类器	91.70	0.9004	8.30	1.000
贝叶斯网络分类器	92.85	0.9142	7.15	0.494

表 3.10 三种分类器分类结果的 McNemar 检验结果

分类器比较	χ^2 值	P 值
贝叶斯多网分类器与最大似然分类器	1.9651	0.1610
贝叶斯多网分类器与贝叶斯网络分类器	3.5565	0.0593

3.5　动态贝叶斯网络

目前,动态贝叶斯的理论和应用研究已经成为国际人工智能领域的研究热点,并在图像跟踪、语音识别、交通流量分析、基因分析等方面获得了成功的应用。Intel 公司也将动态贝叶斯网络作为未来处理器推理架构的核心技术进行研究。动态贝叶斯网络在遥感数据处理中至今还没有相关的算法和应用研究报道。我们抓住这个机遇和挑战,将动态贝叶斯网络作为一种新的遥感数据处理算法对其展开研究。

3.5.1　从贝叶斯网络到动态贝叶斯网络

　　动态贝叶斯网络是贝叶斯网络在时间变化过程上的扩展,每一个时间点上环境的每个方面都用一个随机变量表示,通过贝叶斯网络对变化的环境进行建模,表达变量之间的概率依赖关系是如何随时间演化的(Dai et al.,2006;戴芹等,2005;陈雪等,2005)。

　　动态贝叶斯网络中的每个时间片都包含有状态变量和证据变量。状态变量表示研究目标的状态,证据变量则表示与目标状态有关的特征。研究中假设动态贝叶斯网络满足两个条件:①每个时间片中的网络拓扑结构不随时间发生变化;②一阶马尔可夫条件,即当前状态只依赖于相邻的前一个状态。设 $X^t = \{X_1^t,\cdots,X_I^t\}$ 是一个离散随机变量集合,其中包括状态变量和观察变量,状态变量表示一个时序过程在某个时刻的状态,观察变量表示与同时刻的状态变量有关的特征。一个动态贝叶斯网络就是一个二元组 (G,θ),它通过 $X^0,\cdots,X^T$ 的后验概率分布 $p(X^0,\cdots,X^T \mid G,\theta)$ 来描述一个时序过程。其中 G 是一个包含各时间点离散随机变量的有向无环图,在 G 中不存在从 X^t 到 X^{t-1} 的有向线段。θ 是参数集合,包含了动态贝叶斯网络中所有节点的条件概率表。一个动态贝叶斯网络通过如下分解来表达联合分布 $p(X^0,\cdots,X^T \mid G,\theta)$,即

$$p(X^0,\cdots,X^T \mid G,\theta) = \prod_{t=0}^{T} \prod_{i=1}^{I} p\left[X_i^t \mid \Pi(X_i^t),G,\theta\right] \tag{3.15}$$

图 3.18 是一个简单的动态贝叶斯网络结构示例。

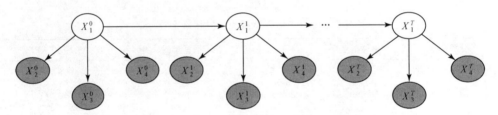

图 3.18　一个简单的动态贝叶斯网络结构
白色节点表示状态变量,阴影节点表示证据变量

3.5.2　动态贝叶斯网络推理

　　动态贝叶斯网络推理目的是,在时序过程中证据变量的取值已知的情况下,求解各时刻状态变量的最有可能取值。将动态贝叶斯网络中时刻 t $(0{\leqslant}t{\leqslant}T)$ 的状态变量和证据变量分别记为 $X^t=\{X_1^t,\cdots,X_m^t\}$ 和 $E^t=\{E_1^t,\cdots,E_n^t\}$。

$$\arg \max_{x^0,x^1,\cdots,x^T} P(X^0,\cdots,X^T,E^0,\cdots,E^T) = \arg \max_{x^0,x^1,\cdots,x^T} P(X^0,\cdots,X^T \mid E^0,\cdots,E^T)$$

这个问题称为求解最可能解释(most probable explanation,MPE)。由于动态贝叶斯网络仍然是贝叶斯网络,因此我们采用贝叶斯网络的推理方法实现动态贝叶斯网络的MPE求解。本节介绍两种推理方法:精确推理算法(联合树算法)和近似推理算法(环信度传播算法)。

1. 动态贝叶斯网络的精确推理

我们采用的是由 Lauritzen 和 Spiegelhalter (1988)提出并经过 Jensen 等(1990)改进的联合树精确推理算法。联合树算法包括两个步骤:首先是将贝叶斯网络转换为一个联合树结构,然后在联合树中进行概率推理。

在描述联合树算法之前需要对有关的概念进行介绍。

(1)势。一组变量 X 的势定义为一个以 X 为自变量的非负实函数,记为 ϕ_X。

(2)势的运算。定义两种势的运算——边际化和乘积。

假设变量集 Y 的势为 ϕ_Y,变量集 X 为 Y 的子集,即 $X \subseteq Y$。ϕ_Y 通过向 X 的边际化运算得到 X 的势 ϕ_X,记为 $\phi_X = \sum_{Y \setminus X} \phi_Y$,其运算过程为:① 确定与 X 的取值 x 一致的 Y 的取值 y_1, y_2, $\cdots$,即 y_1, y_2, $\cdots$ 中属于 X 中变量的取值与 x 中一致;② 给 $\phi_X(x)$ 赋值为 $\phi_X(x) = \phi_Y(y_1) + \phi_Y(y_2) + \cdots$。

假设两个变量集 X 和 Y,它们的势分别为 ϕ_X 和 ϕ_Y,ϕ_X 和 ϕ_Y 的乘积为变量集 $Z = X \bigcup Y$ 的势 ϕ_Z,记为 $\phi_Z = \phi_X \phi_Y$,其运算过程为:① 确定与 Z 的取值 z 一致的 X 的取值 x 和 Y 的取值 y;② 给 $\phi_Z(z)$ 赋值为 $\phi_Z(z) = \phi_X(x)\phi_Y(y)$。

(3)联合树。给定一个包含 n 个节点 $U = \{X_1, \cdots, X_n\}$ 的贝叶斯网络,定义它的联合树包括一个无向树结构和树中每个节点对应的信度势。联合树中每个节点称为团,每个团节点都是贝叶斯网络中所有节点的非空子集。这些团节点满足以下联合树性质:给定联合树中任意两个团节点 X 和 Y,X 和 Y 之间的路径中所有团节点都包含 $X \bigcap Y$。对于 U 中任意一个节点 $X_i(1 \leqslant i \leqslant n)$,$X_i$ 和它在贝叶斯网络中的父节点 Π_i 包含在至少一个联合树的团节点中。联合树中的每条边称为分割集,表示它连接的两个团节点的交集。团节点和分割集的信度势不是随意指定的势函数,必须满足以下两个条件。

(1)每个团节点 X 的信度势 ϕ_X 和它的邻接分割集 S 的信度势 ϕ_S 都满足

$$\sum_{X \setminus S} \phi_X = \phi_S \tag{3.16}$$

(2)贝叶斯网络中所有节点的联合概率分布 $p(U)$ 可以通过联合树中所有团节点和分割集的信度势表达,即

$$p(U) = \frac{\prod_j \phi_{X_j}}{\prod_k \phi_{S_k}} \tag{3.17}$$

式中:ϕ_{X_j} 和 ϕ_{S_k} 分别为团节点和分割集的信度势。

如果联合树中的团节点和分割集满足以上两个条件,则对于每个团节点(或分割集)X,$\phi_X = p(X)$。利用这个性质,可以计算贝叶斯网络中任意一个节点 X_i 的概率分布,即

$$p(X_i) = \sum_{X \setminus \{X_i\}} \phi_X \tag{3.18}$$

式中:X 为包含 X_i 的任意一个团节点或分割集。

从贝叶斯网络中建立联合树结构的步骤如下。

步骤1 将贝叶斯网络的有向无环图 G 中每个节点的不同父节点用无向边两两连

接,并将所有有向边变成无向边,从而生成一个无向图 G_M。

步骤2 对 G_M 进行三角化,即在 G_M 中增加边使得图中所有无向环的长度不大于3。

步骤3 通过已经三角化的无向图确定团节点,无向图中的任意一个最大化的完全的节点子集构成一个团节点(完全指的是子集中的节点在图中两两连接)。

步骤4 连接团节点形成联合树。

在上述4个步骤中步骤2和步骤4的结果是不确定的,因此通过一个贝叶斯网络可以得到不同的联合树结构。

我们采用下面的算法对任意的无向图进行三角化。

步骤1 复制 G_M 生成图 G'_M。

步骤2 只要 G'_M 中还存在节点,重复进行如下操作:①根据一定的标准从 G'_M 中选出节点 V;②V 与它在 G'_M 中所有邻节点组成一个团 C,在 G'_M 中通过增加无向边将 C 包含的节点两两连接,在 G'_M 中增加边的同时在 G_M 中也增加相应的边;③从 G'_M 中去掉节点 V。

步骤3 输出 G_M,也就是三角化的结果。

为了解释上述三角化算法中步骤2①中的标准,给出两个权重的定义。一个节点 V 的权重定义为 V 的取值个数;一个团 C 的权重定义为 C 中所有节点权重的乘积。这样步骤2①中的标准就是:选择使步骤2②操作中增加边的数量最少的节点;如果满足这个条件的节点超过一个,则在其中选择使步骤2②操作中生成的团权重最小的节点。

在上述三角化的算法步骤中就可以同时找到联合树中的团节点。联合树中的团节点都会出现在三角化算法步骤2②操作中。判断在每次步骤2②操作后存储生成的团,如果它不是之前存储的每一个生成团的子集,那么它就是联合树中的一个团节点,将它存储。所有存储的团就是联合树的团节点。

连接所有团节点生成最优联合树的算法描述如下。

步骤1 初始化一个空集 S 和 m 个树,每个树正好只包含一个团节点。

步骤2 对任意两个不同的团 X 和 Y,建立一个带有指向 X 和 Y 的指针的候选分割集 $S_{XY} = X \bigcap Y$,并将 S_{XY} 作为集合元素加入 S 中。

步骤3 重复以下操作直到 m 个树之间已经有 $(m-1)$ 个分割集连接:①根据一定标准从 S 中选出一个分割集 S_{XY},并将它从 S 中删除;②如果 X 和 Y 属于不同的树,则用 S_{XY} 将 X 和 Y 连接。

为了解释上述建立最优联合树的算法中步骤3①中的分割集选择标准,给出两个定义:分割集 S_{XY} 的质量定义为 S_{XY} 中节点的个数;分割集 S_{XY} 的代价定义为 X 的权重与 Y 的权重之和。这样步骤3①中的标准就是:在保证步骤3②连接生成的树具有联合树性质的前提下,选择质量最大的分割集;如果符合条件的候选分割集超过一个,则在其中选择代价最小的一个。

已知联合树结构,从贝叶斯网络中指定各团节点和分割集的信度势的步骤如下。

初始化(目的是使信度势满足第二个条件):

(1)将每个团节点(或分割集) X 的信度势置为常数 $1:\phi_X \leftarrow 1$;

(2)对贝叶斯网络中的每个节点 V,找到包含 V 及其所有父节点的一个团,将它的势 ϕ_X 修改:$\phi_X \leftarrow \phi_X p(V \mid \Pi_V)$。

全局传递(目的是使信度势满足第一个条件):

（1）在联合树中任意选择一个团节点 X；

（2）去除所有团节点标记，调用算法 Collect-Evidence(X)；

（3）去除所有团节点标记，调用算法 Distribute-Evidence(X)。

算法 Collect-Evidence(X) 描述如下：①对团节点 X 作标记；②如果 X 存在没有作标记的邻接团节点，对该团节点递归调用算法 Collect-Evidence；③从调用 Collect-Evidence 的 X 的邻接团节点向 X 进行消息传递操作。

算法 Distribute-Evidence(X) 描述如下：①对团节点 X 作标记；②如果 X 存在没有作标记的邻接团节点，从 X 向该团节点进行消息传递操作；③如果 X 存在没有作标记的邻接团节点，对该团节点递归调用算法 Distribute-Evidence(X)。

在上述的算法 Collect-Evidence(X) 和 Distribute-Evidence(X) 中，消息传递是关键操作。考虑相邻的两个团节点 X 和 Y，分割集为 S，它们相应的信度势为 ϕ_X、ϕ_Y 和 ϕ_S。从 X 向 Y 的消息传递操作可分为两个步骤。

步骤 1　复制一个势函数 $\phi'_S = \phi_S$，并将 ϕ_S 进行修改，即

$$\phi_S \leftarrow \sum_{X \backslash S} \phi_X \tag{3.19}$$

步骤 2　修改势函数 ϕ_Y，即

$$\phi_Y \leftarrow \phi_Y \frac{\phi_S}{\phi'_S} \tag{3.20}$$

如果贝叶斯网络中有些节点的取值已知（即证据变量的取值已知），则对应的联合树中各团节点和分割集的信度势的指定算法需要做一些修改。这里引入一个定义，贝叶斯网络中一个节点 V 的似然定义如下：

（1）如果 V 是已知取值的变量，则其似然定义为

$$\Lambda_V(v) = \begin{cases} 1, & \text{当 } v \text{ 为 } V \text{ 的取值时} \\ 0, & \text{其他} \end{cases}$$

（2）如果 V 是未知取值的变量，则其似然定义为 $\Lambda_V(v) = 1$，对任意取值 v。

设 E 为已知取值的变量集，联合树中各团节点和分割集的信度势的指定算法描述如下。

（1）初始化。①将每个团节点（分割集）X 的信度势置为常数 1：$\phi_X \leftarrow 1$；② 对贝叶斯网络中的每个节点 V，找到包含 V 及其所有父节点的一个团，将它的势 ϕ_X 更新：$\phi_X \leftarrow \phi_X p(V \mid \Pi_V)$；③ 对贝叶斯网络中的每个节点 V，初始化它的似然为常数 1：$\Lambda_V \leftarrow 1$。

（2）观察输入：①根据 E 中每个变量 V 的观察值，修改该变量的似然：$\Lambda_V \leftarrow \Lambda'_V$；②找到一个包含变量 V 的团节点 X；③修改 X 的信度势：$\phi_X \leftarrow \phi_X \Lambda_V$。

（3）全局传递：①在联合树中任意选择一个团节点 X；②去除所有团节点标记，调用算法 Collect-Evidence(X)；③去除所有团节点标记，调用算法 Distribute-Evidence(X)。

在已知证据变量集 E 的取值为 e 并指定好联合树各团节点和分割集的信度势之后，可以求得任意一个状态变量 V 的后验概率。找到一个包含 V 的团节点或分割集 X，通过边际化其信度势并归一化就可以得到 V 的后验概率，即

$$p(V \mid e) = \frac{p(V, e)}{p(e)} = \frac{p(V, e)}{\sum_V p(V, e)} = \frac{\sum_{X \backslash \{V\}} \phi_X}{\sum_V \sum_{X \backslash \{V\}} \phi_X} \tag{3.21}$$

求解 MPE 的问题与求解单个状态变量的最可能取值问题有所不同。MPE 考虑的是所有变量的联合概率最大者所对应的所有状态变量的取值。为了实现 MPE 的求解，这里只需要将上述联合树的信度势指定算法小做修改即可，即将消息传递操作中式 (3.21)更改为

$$\phi_S \leftarrow \underset{X \backslash S}{\text{Max}} \phi_X \tag{3.22}$$

利用式(3.25)得到每个状态节点的最大后验概率对应的取值，综合起来就是求解 MPE 的结果。

2. 动态贝叶斯网络的近似推理

这里介绍环信度传播近似推理算法（Murphy,2002）。环信度传播算法源于 Pearl (1988)信度传播算法。Pearl 信度传播算法是用于复合树(即单连通的贝叶斯网络)的精确推理算法。当贝叶斯网络的内含图存在无向环时，如果仍然采用 Pearl 信度传播算法，会造成消息传递在环内无限循环而不能终止或达到平衡的结果。环信度传播算法就是在 Pearl 信度传播算法的基础上，采用一定的措施终止无限循环的消息传递。如果环信度传播算法作用于一个复合树，其步骤等同于 Pearl 信度传播算法，这时环信度传播算法的结果是精确推理的。因此环信度传播算法实际上包含了用于复合树的 Pearl 信度传播算法。

首先考虑单连通的贝叶斯网络。从单连通的贝叶斯网络中某个节点 X_d 的父节点 $\text{pa}(d)$ 向 d 进行消息传递，即

$$\rho_d(d) = \sum_{\text{pa}(d)} p[d \mid \text{pa}(d)] \prod_{X_i \in \text{pa}(d)} \rho_{i,d}(i) \tag{3.23}$$

类似地，从 d 的所有子节点 $\text{ch}(d)$ 向 d 进行消息传递，即

$$\lambda_d(d) = \prod_{X_i \in \text{ch}(d)} \lambda_{i,d}(d) \tag{3.24}$$

其中，消息分别定义为

$$\lambda_{c,a}(a) = \sum_c \lambda_c(c) \sum_{X_i \in \text{pa}(c) \backslash X_a} p[c \mid \text{pa}(c)] \prod_{X_i \in \text{pa}(c) \backslash X_a} \rho_{i,c}(i) ,$$

$$\rho_{b,d}(b) = \rho_b(b) \prod_{X_i \in \text{ch}(b) \backslash d} \lambda_{i,b}(b) \tag{3.25}$$

输入证据变量的取值后，在进行推理之前对有关节点 X_i 进行初始化的步骤如下。

(1)如果该节点取值已知(即该节点为证据变量)，则

$$\rho_i(i) = \begin{cases} 1, \text{节点取观察值时} \\ 0, \text{其他} \end{cases}, \lambda_i(i) = \begin{cases} 1, \text{节点取观察值时} \\ 0, \text{其他} \end{cases}$$

(2)如果该节点取值未知(即该节点为状态变量)且没有父节点，则

$$\rho_i(i) = p(X_i) \tag{3.26}$$

(3)如果该节点取值未知(即该节点为状态变量)且没有子节点，则

$$\lambda_i(i) = 1 \tag{3.27}$$

对每个未知取值的节点 X_i，进行以下操作：

(1) 如果 X_i 所有的父节点都完成了向 X_i 的 ρ- 消息传递，计算 $\rho_i(i)$；

(2) 如果 X_i 所有的子节点都完成了向 X_i 的 λ- 消息传递，计算 $\lambda_i(i)$；

（3）如果 $\rho_i(i)$ 已经计算出来，并且 X_i 已经收到来自除 X_j（设 X_j 是 X_i 的子节点）外其他所有子节点的 λ- 消息，那么计算并传递 $\rho_{i,j}(i)$；

（4）如果 $\lambda_i(i)$ 已经计算出来，并且 X_i 已经收到来自除 X_j（设 X_j 是 X_i 的父节点）外其他所有父节点的 ρ- 消息，那么计算并传递 $\lambda_{i,j}(j)$。

重复以上操作直到两个相邻节点的 $\lambda_i(i)$ 和 $\rho_i(i)$ 值都计算出来。不同节点的 $\lambda_i(i)$ 和 $\rho_i(i)$ 的计算可以同时进行，每次重复计算都是在前一次循环中从周围的节点接收消息的基础上向周围节点发送消息。对任意未知取值的状态变量 X_i，计算 $\lambda_i(i)$ 和 $\rho_i(i)$，并进行归一化处理，得到该变量的后验概率。如果是求解 MPE，只需要将所有消息传递过程中的求和运算改为求最大值运算，最后计算每个状态变量的 $\lambda_i(i)$ 和 $\rho_i(i)$，并进行归一化处理，求得最大值对应的状态变量取值，组成 MPE 的求解结果。

对于存在无向环的贝叶斯网络来说，计算的 $\lambda_i(i)$ 和 $\rho_i(i)$ 值不能最终成为一个定值，甚至会出现不能收敛的情况。这样将导致 $\lambda_i(i)$ 和 $\rho_i(i)$ 的计算无限进行下去。环信度传播算法通过两种方法来结束循环：一是设定一个前后变化的最小值，如果 $\lambda_i(i)$ 和 $\rho_i(i)$ 在前后两次循环中变化小于 0.001，则停止重复计算；二是设定一个最大循环计算次数，这里设为网络节点数的二倍值。

3.5.3　动态贝叶斯网络的多时相遥感变化检测

动态贝叶斯网络的理论和方法为实现多时相遥感数据的直接变化检测奠定了基础。本节将主要讲述动态贝叶斯网络在遥感变化检测领域的应用，展示如何利用动态贝叶斯网络实现多时相遥感变化检测的技术流程和结果分析。动态贝叶斯网络作为一种有效的时序过程表达和概率推理工具，为变化环境的不确定性信息推理预测提供了一个很好的结合领域知识和数据信息的时序概率模型（欧阳赟等，2006；马建文等，2004）。

1. 实验数据及预处理

实验数据是 1994 年、2001 年和 2003 年 5 月获取的北京东部地区 Landsat TM 遥感数据。选取的研究范围为 311×332 个像元。选用的波段范围为 1～5 波段和 7 波段，共 6 个波段（30m 分辨率）。彩图 8 中(a)、(b)和(c)分别是 1994 年、2001 年和 2003 年研究区域的 5、4、3 波段合成影像图。

研究区域的土地覆盖分成 4 种类型：城镇用地、裸地、水域和植被。而变化检测类型相应地分为 16 类：城镇用地→城镇用地、城镇用地→裸地、城镇用地→水域、城镇用地→植被、裸地→城镇用地、裸地→裸地、裸地→水域、裸地→植被、水域→城镇用地、水域→裸地、水域→水域、水域→植被、植被→城镇用地、植被→裸地、植被→水域和植被→植被。

在遥感图像上选取训练数据集和验证数据集。数据选取必须对三个时相的影像同时进行，以保证像元的一致性（每个像元对应三个时相的波段数据）。表 3.11 和表 3.12 分别是训练数据集和验证数据集的构成描述。

表 3.11　训练数据集

土地覆盖类型	1994 年	2001 年	2003 年
城镇用地	1061	1947	1762
裸地	754	1341	1645
水域	606	1021	1119
植被	2741	853	636
总计	5262	5262	5262

表 3.12　验证数据集

土地覆盖类型	1994 年	2001 年	2003 年
城镇用地	1033	1878	1701
裸地	746	1316	1585
水域	587	991	1087
植被	2634	815	627
总计	5000	5000	5000

2. 技术流程

利用动态贝叶斯网络对多时相 Landsat TM 遥感影像数据进行土地覆盖遥感变化检测的技术流程分为 9 个步骤,描述如下(图 3.19)。

步骤 1　定义土地覆盖的类型及变化类型,每个时相用 6 个特征变量(节点)表示 Landsat TM 影像数据的 6 个波段。

步骤 2　选取训练数据集和验证数据集。

步骤 3　对每个时相,利用训练数据集分别找出 6 个特征变量的所有分割点。

步骤 4　对每个时相,利用分割点对训练数据、验证数据和影像数据全部进行离散化。

步骤 5　根据专业先验知识确定动态贝叶斯网络的结构,其中,各个时相的土地覆盖类型用状态变量(节点)表示,各个时相的每个波段都用证据变量(节点)表示。

步骤 6　利用离散化的训练数据集学习动态贝叶斯网络的参数。

步骤 7　利用动态贝叶斯网络求解 MPE 的推理算法和离散化的验证数据进行各时相土地覆盖识别。

步骤 8　验证和评价变化检测结果。

步骤 9　如果变化检测验证结果满意,对影像数据进行变化检测,输出结果;否则,重新转入步骤 2。

3. 实验结果分析

1)实验一

考虑到同时相的不同土地覆盖类型与各波段之间、前后时相的土地覆盖类型之间,得到实验的动态贝叶斯网络结构,如图 3.20 所示。利用参数学习方法和离散化的训练

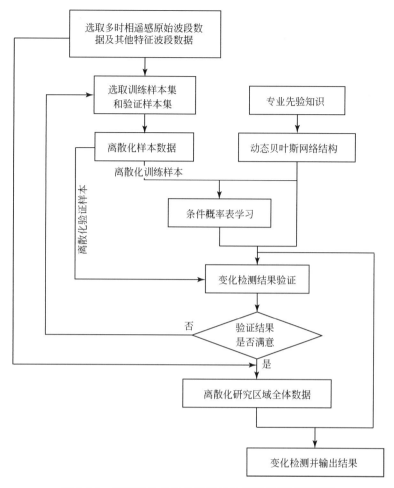

图 3.19　遥感变化检测的动态贝叶斯网络处理流程图

样本波段数据来学习各节点的条件概率表。为了进行比较,分别采用联合树推理算法和环信度传播推理算法求解各时相的最可能土地覆盖类型序列。由于图 3.20 中的动态贝叶斯网络不存在无向环,实验中环信度传播的推理其实也是精确推理,因此两种推理算法的结果是一致的。表 3.13、表 3.14 和表 3.15 分别是 1994 年、2001 年和 2003 年的土地覆盖类型计算结果的混淆矩阵。而这三个时相的验证样本整体分类精度分别为

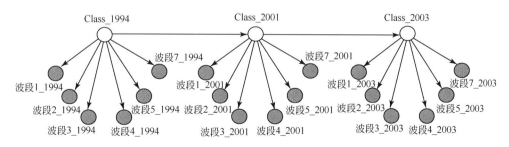

图 3.20　实验一中三个时相土地覆盖类型和波段的动态贝叶斯网络结构

86.66%、86.84%和85.14%。各时相的结果图如彩图 9 所示,变化检测类型结果图如彩图 10 所示。两种算法虽然运算结果一致,但在算法运行时间上是有区别的。利用联合树推理算法对整个研究区进行变化检测的程序运行时间为 17031s,完成同样任务环信度传播推理算法的程序运行时间为 14908s。

表 3.13　1994 年土地覆盖类型计算结果的混淆矩阵

土地覆盖类型	城镇用地	裸　地	水　域	植　被	用户精度/%
城镇用地	937	66	49	64	83.96
裸地	43	532	63	59	76.33
水域	51	39	421	68	72.71
植被	2	109	54	2443	93.67
生产者精度/%	90.71	71.31	71.72	92.75	

表 3.14　2001 年土地覆盖类型计算结果的混淆矩阵

土地覆盖类型	城镇用地	裸　地	水　域	植　被	用户精度/%
城镇用地	1585	131	119	3	86.24
裸地	191	1154	1	0	85.74
水域	101	29	857	66	81.39
植被	1	2	14	746	97.77
生产者精度/%	84.40	87.69	86.48	91.53	

表 3.15　2003 年土地覆盖类型计算结果的混淆矩阵

土地覆盖类型	城镇用地	裸　地	水　域	植　被	用户精度/%
城镇用地	1484	281	54	3	81.45
裸地	142	1241	15	1	88.71
水域	75	62	997	88	81.59
植被	0	1	21	535	96.05
生产者精度/%	87.24	78.30	91.72	85.32	

2)实验二

考虑同时相的土地覆盖类型与各波段之间和前后时相的土地覆盖类型之间的关系,并加入土地变化类型信息,得到实验的动态贝叶斯网络结构,如图 3.21 所示。利用实验一的参数学习方法和离散化的训练样本波段数据来学习各节点的条件概率表。由于该动态贝叶斯网络的内含图中带有两个无向环结构,因此利用环信度传播推理算法求解各时相土地覆盖类型和变化类型的结果并不理想。这里只使用联合树推理算法。表 3.16、表 3.17 和表 3.18 分别是 1994 年、2001 年和 2003 年的土地覆盖类型计算结果的混淆矩阵。表 3.19 和表 3.20 分别是 1994～2001 年和 2001～2003 年变化检测类型计算结果的混淆矩阵。

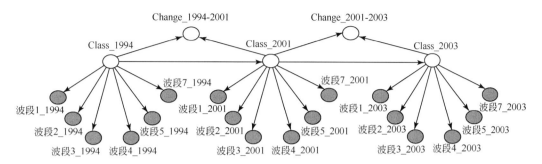

图 3.21　实验二中三个时相土地覆盖类型、各波段以及变化类型的动态贝叶斯网络结果图

表 3.16　1994 年土地覆盖类型计算结果的混淆矩阵

土地覆盖类型	城镇用地	裸地	水域	植被	用户精度/%
城镇用地	949	64	53	68	83.69
裸地	35	537	57	62	77.71
水域	46	37	416	69	73.24
植被	3	108	61	2435	93.40
生产者精度/%	91.87	71.98	70.87	92.44	

表 3.17　2001 年土地覆盖类型计算结果的混淆矩阵

土地覆盖类型	城镇用地	裸地	水域	植被	用户精度/%
城镇用地	1583	129	114	3	86.55
裸地	193	1158	0	0	85.71
水域	101	27	862	67	81.55
植被	1	2	15	745	97.64
生产者精度/%	84.29	87.99	86.98	91.41	

表 3.18　2003 年土地覆盖类型计算结果的混淆矩阵

土地覆盖类型	城镇用地	裸地	水域	植被	用户精度/%
城镇用地	1479	278	52	2	81.67
裸地	157	1233	16	1	87.63
水域	63	70	1001	86	82.05
植被	2	4	18	538	95.73
生产者精度/%	86.95	77.79	93.01	85.81	

表 3.19　1994～2001 年土地覆盖变化检测类型计算结果的混淆矩阵

土地覆盖类型	城镇用地→城镇用地	城镇用地→裸地	城镇用地→水域	城镇用地→植被	裸地→城镇用地	裸地→裸地	裸地→水域	裸地→植被	水域→城镇用地	水域→裸地	水域→水域	水域→植被	植被→城镇用地	植被→裸地	植被→水域	植被→植被	精度/%
城镇用地→城镇用地	677	27	6	0	17	2	1	0	9	1	2	0	1	0	0	0	91.12
城镇用地→裸地	17	104	2	0	1	9	1	0	0	3	1	0	0	1	0	0	74.82
城镇用地→水域	7	0	54	1	1	0	6	0	0	0	16	0	0	0	0	0	63.53
城镇用地→植被	1	0	6	51	0	0	1	6	0	0	1	0	0	0	0	0	77.27
裸地→城镇用地	23	3	1	0	163	24	10	0	4	0	3	0	9	4	3	0	65.99
裸地→裸地	2	13	0	0	20	178	3	0	0	2	1	0	2	22	1	0	72.95
裸地→水域	1	0	2	0	12	0	87	1	0	0	9	0	3	0	16	1	65.91
裸地→植被	0	0	1	5	0	0	7	91	0	0	1	0	0	0	2	16	73.98
水域→城镇用地	15	2	0	0	4	7	1	0	92	4	6	0	5	4	1	0	65.25
水域→裸地	2	4	0	0	2	4	0	0	2	48	3	0	1	5	0	0	67.61
水域→水域	1	0	2	0	2	0	12	0	1	0	291	0	1	0	9	0	91.22
水域→植被	0	0	1	4	0	0	1	5	0	0	6	37	0	0	1	3	63.79
植被→城镇用地	26	3	1	0	18	3	1	0	8	0	3	0	578	51	36	1	79.29
植被→裸地	3	13	0	0	2	16	0	0	1	1	1	0	39	789	13	2	89.66
植被→水域	2	0	3	0	2	0	10	0	0	0	19	0	26	1	328	12	81.39
植被→植被	0	0	1	4	0	0	1	5	0	0	3	1	2	0	31	564	92.16

表 3.20　2001～2003 年土地覆盖变化检测类型计算结果的混淆矩阵

土地覆盖类型	城镇用地→城镇用地	城镇用地→裸地	城镇用地→水域	城镇用地→植被	裸地→城镇用地	裸地→裸地	裸地→水域	裸地→植被	水域→城镇用地	水域→裸地	水域→水域	水域→植被	植被→城镇用地	植被→裸地	植被→水域	植被→植被	精度/%
城镇用地→城镇用地	982	35	19	0	29	28	1	0	10	1	5	0	0	0	0	0	88.47
城镇用地→裸地	23	337	14	0	3	35	1	0	2	9	4	0	0	0	0	0	78.74
城镇用地→水域	18	2	197	2	1	2	7	0	0	0	18	0	0	0	0	0	79.76
城镇用地→植被	2	0	7	64	0	0	1	7	0	0	7	4	0	0	0	1	68.82
裸地→城镇用地	18	2	1	0	269	25	4	0	5	1	2	0	1	0	0	0	82.01
裸地→裸地	19	28	2	0	25	721	5	0	2	4	1	0	0	0	0	0	89.34
裸地→水域	1	0	7	0	5	7	69	2	0	0	6	0	0	0	1	0	70.41
裸地→植被	0	0	1	7	0	0	10	62	0	0	1	1	0	0	0	1	83.13
水域→城镇用地	18	1	2	0	0	0	0	0	126	8	19	0	0	0	0	0	72.41
水域→裸地	14	16	1	0	0	1	0	0	14	113	13	0	0	1	0	0	65.32
水域→水域	4	1	20	1	0	0	0	0	2	0	559	0	0	0	1	1	94.91
水域→植被	0	0	4	5	0	0	0	0	0	0	5	34	0	0	0	7	61.82
植被→城镇用地	2	0	0	0	0	0	0	0	8	0	3	0	64	6	7	0	71.11
植被→裸地	1	1	0	0	0	0	0	0	2	5	3	0	12	149	10	1	85.63
植被→水域	0	0	0	0	0	0	0	0	0	0	21	0	6	3	122	15	73.05
植被→植被	0	0	0	0	0	0	0	0	0	0	4	1	0	0	14	355	94.92

从表 3.16 至表 3.18 的土地覆盖类型计算结果混淆矩阵可以看出,除了 1994 年的裸地和水域的分类精度较差之外,其他结果都取得较高的精度。而从表 3.19 和表 3.20 的变化检测类型计算结果混淆矩阵可以看出,1994～2001 年的变化前后包含裸地的变化类型与 1994～2001 年和 2001～2003 年的变化前后包含水域的变化类型的分类精度比其他变化类型差。1994 年、2001 年和 2003 年三个时相的验证样本土地覆盖类型整体分类精度分别为 86.74％、86.96％和 85.02％。1994～2001 年和 2001～2003 年的变化类型总体分类精度分别为 82.64％和 84.46％。彩图 11 的(a)、(b)和(c)分别是针对整个研究区域利用联合树推理算法计算的 1994 年、2001 年和 2003 年的土地覆盖类型结果图。彩图 12 的(a)和(b)是研究区域的 1994～2001 年和 2001～2003 年土地覆盖变化检测类型结果图。从总体来看,直接变化检测取得较好的结果。

在动态贝叶斯网络构建与遥感变化检测的理论论述与分析的基础上,本节阐述了利用动态贝叶斯网络的多时相遥感变化检测的技术流程和数据实验。动态贝叶斯网络综合了对研究区域的先验知识和样本数据的信息,可以实现多时相变化信息的一次性提取,不但避免了阈值划分的人为因素带来的误差,同时也可以避免两时相遥感信息对比变化检测方法、两两时相变化检测误差导致的误差积累,实现了遥感变化检测从处理时间片段的静态分析到时间片段连续关联分析的进展,为遥感变化检测提供了一种新方法。

3.6 贝叶斯网络推理

贝叶斯网络推理是不确定概率推理的组成部分,通过对网络结构进行条件独立测度训练、参量学习、网络的验证实现不确定性概率推理与预测。其显著优点是对样本量和数据分布没有严格要求,有向无环图表达父节点与子节点之间的因果关系,分析的结果具有客观性。

应用贝叶斯网络建立推理预测模型,是通过对已知数据进行分析,选择影响因素作为变量,建立网络结构,应用训练数据初始化网络参数,选择验证数据对网络结构进行检验和预测。整个贝叶斯网络的过程可以分成以下几个步骤(戴芹等,2005;欧阳赟等,2006)。

1. 熵离散化基础

设 a 表示要被离散化的属性变量,ω 表示一个间隔,D 表示要被离散化的数据集。D_ω 表示 D 的一个子集,表示 D_ω 里的处于 ω 间隔的属性值,即

$$D_\omega = \{ x^{(l)} : x^{(l)} \in D \text{ 且 } a^{(l)} \in \omega \} \tag{3.28}$$

D_ω 数据集的熵可以定义为

$$\mathrm{Ent}(D_\omega) = -\sum_{k=1}^{r_c} p(C_k \mid D_\omega) \log_2 p(C_k \mid D_\omega) \tag{3.29}$$

式中:r_c 为类属性的数目,即共有多少类;$p(C_k \mid D_w)$ 为当类别值为 k 时,处于 D_ω 的数量所占比例。熵 $\mathrm{Ent}(D_\omega)$ 可以衡量信息量,同时考虑到类别。

假设区间 ω 包含属性 a 的所有取值,即 $\omega = (-\infty, +\infty)$,接着将区间 ω 通过二值断

点递归分割成离散的间隔。

$t \in \omega$ 表示一个阈值,即一个分割断点,将 ω 分成新的间隔,即

$$\omega_1 = \langle a : a \in \omega \text{ 且 } a < t \rangle$$
$$\omega_2 = \langle a : a \in \omega \text{ 且 } a \geqslant t \rangle$$

这表示将数据集 D_ω 分割成两个数据集 D_{ω_1} 和 D_{ω_2},也就是说 D_{ω_1} 包含了属性值比 t 小的值,D_{ω_2} 包含了大于等于 t 的值,即 $D_{\omega_1} = \{X^{(l)} : X^{(l)} \in D_\omega \text{ 且 } x^{(l)} < t\}$

$$D_{\omega_2} = D_\omega \setminus D_{\omega_1}$$

信息熵与阈值 t 设定,即

$$E(A, t; D_\omega) = \frac{\| D_{\omega_1} \|}{\| D_\omega \|} \text{Ent}(D_{\omega_1}) + \frac{\| D_{\omega_2} \|}{\| D_\omega \|} \text{Ent}(D_{\omega_2}) \tag{3.30}$$

式中:$\| D_\omega \|$ 为 D_ω 数据集中含有的观测值的总数;$\| D_{\omega_1} \|$ 为数据集 D_{ω_1} 含有的观测值总数;$\| D_{\omega_2} \|$ 为数据集 D_{ω_2} 中含有的观测值总数。

对于间隔 ω 的最佳断点 $\hat{t}$ 的选择是在众多的阈值中选取使得 $E(A, t; D_\omega)$ 最小的断点值。

$$\text{定义 Gain}(A, t; D_\omega) = \text{Ent}(D_\omega) - \frac{\| D_{\omega_1} \|}{\| D_\omega \|} \text{Ent}(D_{\omega_1}) - \frac{\| D_{\omega_2} \|}{\| D_\omega \|} \text{Ent}(D_{\omega_2})$$

$$\Delta(A, t; D_\omega) = \log_2(3^{r_{\text{cw}}} - 2) - \left[r_{\text{cw}} \text{Ent}(D_\omega) - r_{\text{cw1}} \text{Ent}(D_{w_1}) - r_{\text{cw2}} \text{Ent}(D_{\omega_2}) \right]$$

$$\tag{3.31}$$

式中:r_{cw} 为 D_ω 中含有类别值为 C 的值的总数;r_{cw1} 为 D_{ω_1} 中含有类别值为 C 的值的总数;r_{cw2} 为 D_{ω_2} 中含有类别值为 C 的值的总数。

当 $\text{Gain}(A, t; D_\omega) > \dfrac{\log_2(\| D_\omega \| - 1)}{\| D_\omega \|} + \dfrac{\Delta(A, t; D_\omega)}{\| D_\omega \|}$ 时,将 ω 分割。

此方法在离散化时考虑了类别信息的条件,从各个被选分割点中,依据熵最小的原则寻找最优分割点,能够比其他离散化方法取得更好的效果。

2. 贝叶斯网络结构训练

通过训练数据集学习贝叶斯网络结构,研究中采用了分析节点间的依赖关系建立贝叶斯网络结构,即条件独立性测试的方法。

条件独立性测试原理的方法,主要是根据信息依赖性分析,应用条件独立性测试来判断节点之间的依赖关系而建立贝叶斯网络结构。Chow 和 Liu(1968)提出了树结构学习算法为变量间的独立性测试,建立树结构形式的网络结构模型。Fridman 于 1999 年提出的 TAN,也是基于条件独立性测试和 CBL 算法而建立贝叶斯网络。Cheng 和 Greniner(2001)等在 1999～2002 年分别对基于条件独立性测试而建立贝叶斯网络做了相当多的研究,从而建立了不同的贝叶斯网络分类器。

条件独立性测试,节点 x_i 和 x_j 之间的相互信息计算公式为

$$I(x_i, x_j) = \sum_{x_i, x_j} p(x_i, x_j) \log \frac{p(x_i, x_j)}{p(x_i) p(x_j)} \tag{3.32}$$

式中:x_i 与 x_j 分别为已知的两个节点,c 为已知节点集。应用条件独立性测试(CI test)来确定两个节点在已知节点集的条件下的相互信息。条件独立性测试可以用以下公式

计算,即

$$I(x_i, x_j \mid c) = \sum_{x_i, x_j} p(x_i, x_j, c) \log \frac{p(x_i, x_j \mid c)}{p(x_i \mid c) p(x_j \mid c)} \tag{3.33}$$

当 $I(x_i, x_j \mid c)$ 小于一个确定的阈值 ε 时,就称 x_i 与 x_j 关于节点集 c 条件独立。应用 Cheng Jie 等的算法,基于条件独立性原理建立贝叶斯网络结构,整个结构训练算法包括三个阶段:第一阶段通过计算每一个节点间的相互信息来测量节点间的相关程度,并由此来构造一个初始网络;第二阶段通过计算条件独立性来决定两个节点是否条件独立,如果不独立则添加相应的边;第三阶段检查当前网络中的每一条边,检查这条边的两个节点是否被 D-分割,如果被 D-分割,则删去此边。

3. 贝叶斯网络参数学习

在贝叶斯网络结构确定、数据完备的情况下,需要利用给定的样本数据学习贝叶斯网络的概率分布,更新网络变量原有的先验分布,即网络的参数学习。

假设变量组 $X = (x_1, x_2, \cdots, x_{n-1})$ 的联合概率分布可以编码在网络结构中,即

$$p(x \mid \theta_s, s^h) = \prod_{i=1}^{n} p(x_i \mid \mathrm{pa}_i, \theta_i, s^h) \tag{3.34}$$

式中:θ_i 为分布 $p(x_i \mid \mathrm{pa}_i, \theta_i, s^h)$ 的参数变量;θ_s 为参数组 $(\theta_1, \theta_2, \cdots \theta_n)$ 的向量;S^h 表示物理联合分布可以依照 S 被分解的假设。贝叶斯网络的参数学习就是计算后验概率分布 $p(\theta_s \mid D, s^h)$。

假定 $p(x_i^k \mid \mathrm{pa}_i^j, \theta_i, S^k) = \theta_{ijk} > 0 (i = 1, 2, \cdots, n; j = 1, 2, \cdots, q; k = 1, 2, \cdots, r_i)$

式中:$\mathrm{pa}_i^1, \mathrm{pa}_i^2, \cdots, \mathrm{pa}_i^{q_i}$ 为 pa_i 的构成,$q_i = \prod_{x_i \in \mathrm{pa}_i} r_i$;$\theta_i = [(\theta_{ijk})_{k=2}^{r_i}]_{j=1}^{q_i}$ 是参数,$\theta_{ij1} = 1 - \sum_{k=2}^{r_i} \theta_{ijk}$。为了简单起见,定义参数向量为

$$\theta_{ij} = (\theta_{ij2}, \theta_{ij3}, \cdots, \theta_{ijr_i}), (i = 1, 2, \cdots, n; j = 1, 2, \cdots, q_i) \tag{3.35}$$

假设在随机样本 D 中没有缺失数据,即 D 是完全的,参数向量 θ_{ij} 是相互独立的,即

$$p(\theta_s \mid s^h) = \prod_{i=1}^{n} \prod_{j=1}^{q_i} p(\theta_{ij} \mid s^h)$$

即参数独立。于是可以独立地更新每个向量的参数 θ_{ij},就像一个变量的情况。假设每个向量参数 θ_{ij} 有先验 Dirichlet 分布 $\mathrm{Dir}(\theta_{ij} \mid \alpha_{ij1}, \cdots, \alpha_{ijr_i})$,则得到后验概率分布为

$$p(\theta_s \mid s^h) = \mathrm{Dir}(\theta_{ij} \mid \alpha_{ij1} + N_{ij1}, \cdots, \alpha_{ijr_i} + N_{ijr_i}) \tag{3.36}$$

式中:N_{ijk} 为当 $X_i = x_i^k$ 且 $\mathrm{Pa}_i = \mathrm{pa}_i^j$ 时数据集 D 中的事件数目。

则可以通过求 θ_{ij} 的可能构成的平均值来得到感兴趣的预测,如计算 D 中第 $N+1$ 个事件 $p(X_{N+1} \mid D, S^h) = \underset{p(\theta_s \mid D, S^h)}{E} \left(\prod_{i=1}^{r_i} \theta_{ijk} \right)$。

利用参数给定 D 独立,可以计算出上述数学期望,即

$$p(X_{N+1} \mid D, S^h) = \int \prod_{i=1}^{n} \theta_{ijk} p(\theta_s \mid D, S^h) \mathrm{d}\theta_s = \prod_{i=1}^{n} \int \theta_{ijk} p(\theta_{ij} \mid D, S^h) \mathrm{d}\theta_{ij} \tag{3.37}$$

则可以得到

$$p(X_{N+1} \mid D, S^h) = \prod_{i=1}^{n} \frac{\alpha_{ijk} + N_{ijk}}{\alpha_{ij} + N_{ij}}$$

其中

$$\alpha_{ij} = \sum_{k=1}^{r_i} \alpha_{ijk}, N_{ij} = \sum_{k=1}^{r_o} N_{ijk} \tag{3.38}$$

3.7 本章小结

由于遥感成像过程中大气和地面条件的复杂性,遥感数据中信息包含了不确定性因素造成的干扰信息,一般会表现为非高斯性质,这使得利用最大似然分类器处理遥感数据时,适用性受到影响。贝叶斯网络充分利用和综合了先验概率和样本信息,采用有向无环结构图形的方式描述多特征数据间的相互关系,通过联合概率表可以表示出波段像元对每种类别的贡献概率,多层网络计算可以加入不同类型的先验知识或约束条件,这些显著特征为遥感数据分类或模式识别提供了新的方法。

本章给出了贝叶斯网络方法的遥感数据处理适用性实验。选择北京地区为实验区,利用陆地卫星 TM 6 个多光谱波段数据,通过贝叶斯网络分类,结果表明:在训练数据集相同的前提下,水体与裸地的分类精度两种方法相差很小,而城镇用地和植被的分类精度贝叶斯网络方法高于最大似然方法。贝叶斯网络的拓扑结构问题、如何根据样本数据自动训练出合理的网络拓扑结构,也是需要进一步研究的内容。

动态贝叶斯网络的理论和方法具有实现多时相遥感数据直接变化检测的潜在应用价值。在实际应用过程中,归纳出动态贝叶斯网络多时相遥感影像的直接变化与后分类变化检测相比的优点包括:可以减少多时相片段分类的误差;通过有向无环图和全概率表可以判断特征随时间变化情况和参与计算遥感波段的贡献率。目前其仍处于初级应用阶段,随着应用的深入和对算法机制的深入了解和改进,将会在多时相变化检测方面作出更显著的贡献。

不确定性概率推理是智能理论与方法体系中的重要组成部分。贝叶斯网络模型具有强大的网络结构测度训练、参量学习、网络验证的能力,而且对样本量和数据分布没有严格要求。

主要参考文献

陈雪,戴芹,马建文等.2005.贝叶斯网络分类算法在遥感数据变化检测上的应用.北京师范大学学报(自然科学版),41(1):97~100

戴芹,马建文,欧阳赟等.2005.利用贝叶斯网络进行遥感变化检测.中国图像图形学报,10(6):705~709

马建文,田国良,王长耀等.2004.遥感变化检测技术发展综述.地球科学进展,19(2):192~196

欧阳赟,马建文,戴芹.2006.多时相遥感变化检测的动态贝叶斯网络研究.遥感学报,10(4):440~448

史忠植.2002.知识发现.北京:清华大学出版社

Cheng J, Greniner R. 2001. Learning Bayesian belief network classifiers: algorithms and system. Lecture Notes in Computer Science,2056:141~151

Chow C K, Liu C N. 1968. Approximating discrete probability distributions with dependence trees. IEEE Transaction On Information Theory,14(3):462~467

Cooper G F, Herskovits E. 1992. A Bayesian method for the induction of probabilistic networks from data. Machine Learning, 9(4):309~347

Dai Q, Ma J, Ouyang Y. 2006. Remote sensing data change detection based on the CI test of Bayesian networks. Computers& Geoscience, 32(2): 195~202

Duda R O, Hart P E, Stork D G. 2003. Pattern Classification. 2nd ed. New York: John Wiley & Sons, Inc

Friedman N, Geiger D, Goldszmidt M. 1997. Bayesian network classifiers. Machine Learning, 29(2): 131~161

Jaroslaw P S. 1999. New synthesis of Bayesian network classifiers and cardiac SPECT image interpretation. PhD. Dissertation. 43~79

Jensen F V, Lauritzen S L, Olesen K G. 1990. Bayesian updating in causal probabilistic networks by local computations. Computational Statistics Quarterly, 4:269~282

Lauritzen S L, Spiegelhalter D J. 1988 Local computations with probabilities on graphical structures and their application to expert systems. Journal of the Royal Statistical Society, Series B, 50:157~244

Lauritzen S L, Dawid, A P, Larsen B N et al. 1990. Independence properties of directed markov fields. Networks,20(5): 491~505

Murphy K P. 2002. Dynamic Bayesian networks: representation, inference and learning. PhD Dissertation, University of California, Berkeley

Murphy K P, Weiss Y, Jordan M. 1999. Loopy-belief propagation for approximate inference: an empirical study. Proceedings of the Fifteenth Conference on Uncertainty in Artificial Intelligence, Stockholm, Sweden. 467~475

Pearl J. 1986. Fusion, propagation, and structuring in belief networks. Artificial Intelligence, 29(3):241~288

Pearl J. 1988. Probabilistic Reasoning in Intelligent Systems: Networks of Plausible Inference. 2nd ed. San Fransisco, California: Morgan Kaufmann

第4章 伪二维隐马尔可夫

4.1 引　言

遥感技术借助大面积空间覆盖能力和重复观测能力,被应用于农作物估产、环境监测、生态功能区规划、基础图件更新等重大国家任务中,其中变化检测技术是支撑和完成这些应用的共性关键技术(马建文等,2004)。在遥感影像变化检测中,变化目标的检测与识别是研究的难点问题,本章介绍利用伪二维隐马尔可夫(pseudo two-dimensional hidden markov model,P2DHMM)实现变化目标和移动目标检测的实验和阶段结果。

遥感影像中目标变化检测主要根据两个不同时间段遥感影像中目标灰度差异;对于高分辨率遥感影像中目标变化检测,主要利用不同时相目标灰度差异构成的结构信息。当前变化目标的检测与识别主要应用于智能交通领域,如飞机、舰船、车辆等变化目标的检测与识别跟踪(张莉等,2006)。遥感影像中变化目标的检测与识别,主要包括:①模板匹配方法(马建文等,2005),这种方法首先要建立目标的参考模板提取参量,再借助 GA遗传全局搜索,根据参量快速匹配影像中的变化着的目标,这种方法的模板参数一般是固定的,不能随着目标变化实现拓扑结构、随机参数、状态转移;②伪二维隐马尔可夫模型方法(史忠植,1998;史笑兴等,2001),P2DHMM 利用最邻近距离判别,没有固定的模板参量限制,因它在手迹识别、人脸识别和医学影像方面得到成功的应用(熊志勇等,1998;叶大鹏,2001;薛斌党和欧宗瑛,2002),见表 4.1。

表 4.1　四种影像变化目标的匹配技术比较

匹配方法	匹配机制描述	对变化的识别	参考文献
特征	人工在两个图像中选择最少三对控制点,基本算法为多项式	没有	ENVI4.3 PCI7.0 ERDAS8.6
边缘	首先提取两幅影像的边缘,然后通过小波算法解决尺度问题,再进行 Canny 滤波和免疫禁忌搜索	可以,通过边缘线实现	Christmas (1995)
模板	首先构造影像中目标的对角线、目标灰度和整体轮廓参数模板,采用遗传算法实现全局搜索	可以,根据模板参量的套合实现	Fumihiko(2004)
P2DHMM	通过三列像元对比计算,通过状态转移实现三列的行转移	可以,基于像元变化的列匹配,采用直角网表达变化的像元	Keysers 等(2004a)

我们将 P2DHMM(张引和潘云鹤,1999;Uchida and Sakoe,2003)引入影像中变化目标的检测与识别中,工作重点放在四个方面:①研究遥感影像中变化目标检测的二维非线性变形模型的 P2DHMM 适用性和潜在应用价值;②实验模型的拓扑结构、主要参数和算法选择;③建立典型参考飞机模型库,实验飞机的平移、缩放、旋转、扭曲变换后的识别效果分析;④公共交通上下车人数的自动记数模型。

4.2 伪二维隐马尔可夫基础

伪二维马尔可夫基础内容包括基本马尔可夫模型、隐马尔可夫模型,本节指出了二维隐马尔可夫模型的三个基本问题。

4.2.1 基本马尔可夫模型与隐马尔可夫模型

基本马尔可夫模型(MM)描述系统在连续时间上的一系列状态。在 t 时刻的状态被记为 $\omega(t)$,在一个 T 的时间状态序列记为 $\omega^T(t)=\omega(1),\omega(2),\cdots\omega(t)$ 个状态。产生时间序的机理是通过转移矩阵,记为 $P[\omega_j(t+1)|\omega_i(t)]=\alpha_{ij}$,表示系统在某一个时间处于状态 ω_i 的情况下,一个时刻变为状态 ω_j 的概率。

在基本马尔可夫模型拓扑结构中,用节点表示离散状态 ω_i,连线表示转移概率 α_{ij}。在一阶离散马尔可夫模型中,在任一时刻 t 系统位于状态 $\omega(t)$,而 $t+1$ 时刻的系统状态则是一个随机函数,与时刻 t 时的系统状态和转移概率有关。

隐马尔可夫模型(HMM)是在马尔可夫链的基础上发展起来的。由于实际问题比马尔可夫模型所描述的更为复杂,观察到的事件并不是与状态一一对应,而是通过一组概率分布相联系,这样的模型就称为 HMM。它是一个双重随机过程,其中之一是马尔可夫链,这是基本随机过程,它描述状态的转移;另一个随机过程描述状态和观察值之间的统计对应关系,如图 4.1 所示。

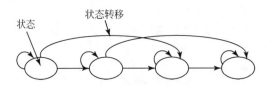

图 4.1　HMM 的简单拓扑结构图

马尔可夫网络也被称为有限状态机(finite state machine,FAM),如果网络内部转移都与概率相关联的话,那么这样的网络被称为马尔可夫网络。这种网络严格地服从因果关系,因为下一个时刻的状态与上一个时刻的状态有因果关联。在基本马尔可夫模型中已经提到,用 α_{ij} 表示一个隐状态之间的转移概率,用 b_{ij} 表示发出可见状态的概率,即

$$a_{ij} = P[\omega_j(t+1) \mid \omega_i(t)]$$
$$b_{ij} = P[u^k(t) \mid \omega_{ij}(t)] \tag{4.1}$$

要求在每一个时刻都必须准备好转移到下一个时刻,同时要发出一个可见的符号,这样有归一化条件

$$\sum \alpha_{ij} = 1,\text{对所有的 } i$$

和

$$\sum b_{jk} = 1,\text{对所有的 } j$$

其中,求和分别是针对所有的隐状态和可见符号进行的。

4.2.2　隐马尔可夫模型的三个基本问题

隐马尔可夫模型的三个基本问题:

(1)估值问题。假设有一个 HMM,其转移概率 α_{ij} 和发出可见状态的概率 b_{ij} 均已知,计算这个模型某一个特定观测序列的 V^T 概率;

(2)解码问题。假设已经有一个 HMM 和它所产生的观测系列,决定最有可能产生观测系列的隐状态序列 ω^T;

(3)学习问题。假设已经知道一个 HMM 的大致结构,但是 α_{ij} 和 b_{ij} 均未知,如何从一组可见符号的训练序列中决定这些参数。

4.2.3　伪二维隐马尔可夫模型

二维隐马尔可夫模型(2DHMM)由 HMM 演变而来,它由水平方向 HMM 和垂直方向 HMM 构成。水平方向 HMM 中的某一状态不仅可以转移到水平方向的其他状态,同时还可以跃迁到垂直方向 HMM 中的某一状态;同样,垂直方向 HMM 中的状态也可转移到水平方向,如图 4.2 所示。由于二维 HMM 结构的复杂性,算法复杂,限制了 2DHMM 的应用(Keysers et al.,2004a,2004b)。

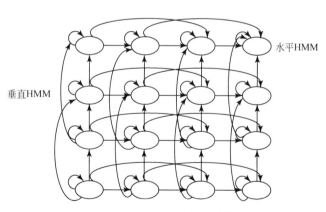

图 4.2　P2DHMM 的拓扑结构图

伪二维隐马尔可夫模型利用一维 HMM 的基本拓扑结构,将一个完整的一维 HMM 作为一个状态,形成 P2DHMM 的超状态,超状态里面的一维 HMM 的状态是子状态。子状态只能在相应的状态约束下进行跃迁,超状态与子状态之间也不允许跃迁,但是在超状态之间有状态转移。由于这一模型中不同超状态下的子状态之间不能够跃迁,因而不是真正意义上的二维模型,故也被称为伪二维隐马尔可夫模型,如图 4.3 所示。

P2DHMM 模型已被成功地应用于字符识别、人脸识别、计算视觉等领域（Simard et al.，1992；Cole et al.，1995；熊志勇等，1998；张引和潘云鹤，1999；史笑兴等，2001；叶大鹏，2001；薛斌党和欧宗瑛，2002；Uchida and Sakoe，2003）。

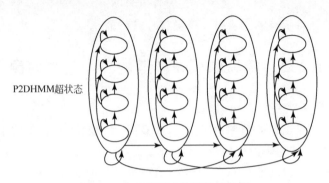

图 4.3　P2DHMM 的拓扑结构图

4.3　伪二维隐马尔可夫模型的目标识别

伪二维隐马尔可夫的目标识别包括伪二维隐马尔可夫结构与特征参量构建、伪二维隐马尔可夫匹配规则与距离计算两个重要步骤。

4.3.1　伪二维隐马尔可夫匹配规则与距离计算

1. 最邻近规则

若待检测变化目标与所有已知参考目标中某参考目标之间的距离最小，则待检测目标和此参考目标属同一类目标。

设参考影像有 k 类目标，每类的参考影像数为 N_k，$d(A, B_{N_k})$ 为 A 和 B_{N_k} 间的距离。最近邻规则可以描述为

$$r(A) = \arg\min_k \{ \min_{n=1,\cdots,N_k} d(A, B_{N_k}) \} \tag{4.2}$$

2. 两影像之间距离的计算

欧氏距离函数是一个著名的距离函数。在图像检测中，该函数用于确定两个图像之间的距离。欧氏距离很大的一个缺点在于：没有考虑目标影像的变形、平移、变换等。如果只是简单地利用欧氏距离，会产生很大的检测误差。而解决此问题的一个方法就是对样本目标进行变形，计算待检测目标和参考目标的变形影像之间的距离。

3. P2DHMM 非线性变形模型

通过基于 P2DHMM 的非线性变形模型的映射，对两影像进行匹配，得到样本 B 的非线性变形的影像 $B_{(x_{11}^{U}, y_{11}^{U})}$。$A$、$B$ 影像之间的距离，就转化成 A 和 $B_{(x_{11}^{U}, y_{11}^{U})}$ 之间的距离，即

$$d(A,B) = d'\left[A, B_{(x_{11}^U, y_{11}^U)}\right] \quad (4.3)$$

A 和 $B_{(x_{11}^U, y_{11}^U)}$ 之间的距离用欧氏距离来计算,即

$$d'\left[A, B_{(x_{11}^U, y_{11}^U)}\right] = \sum \| a_{ij} - b_{x_{ij} y_{ij}} \|^2 \quad (4.4)$$

4. P2DHMM 匹配规则

测试目标影像用 $A = \{a_{ij}\}$ 表示。其中每个像素的位置为 (i,j),$i = 1, \cdots, I$,$j = 1, \cdots, J$。参考目标影像用 $B = \{b_{xy}\}$,$x = 1, \cdots, X$,$y = 1, \cdots, Y$。测试目标影像和参考目标影像之间影像变形映射定义为

$$(x_{11}^U, y_{11}^U):(i,j) \rightarrow (x_{ij}, y_{ij}) \quad (4.5)$$

P2DHMM 的影像变形映射要符合一定的约束,实现待检测目标影像和参考目标影像之间列到列的映射,每一列代表 P2DHMM 的一个超状态,需要满足的映射约束为

$$\begin{aligned}
&x_{1j} = 1, x_{Ij} = x, y_{i1} = 1, y_{iJ} = y \\
&\exists \{x_1, \cdots, x_I\}: x_i + 1 - x_j \in \{0,1,2\}, \\
&x_{ij} - x_j = 0, \ y_{ij} + 1 \in \{0,1,2\}
\end{aligned} \quad (4.6)$$

图 4.4 为参考影像 A 与目标影像 B 之间的 P2DHMM 匹配图。

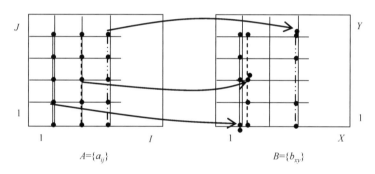

图 4.4　参考影像 A 与目标影像 B 之间的 P2DHMM 匹配图

通过基于 P2DHMM 变形模型的映射,对两影像进行匹配,从参考影像 A 得到目标影像 B 的非线性变形的影像 $B_{(x_{11}^U, y_{11}^U)}$,$B_{(x_{11}^U, y_{11}^U)} = \{b_{x_{ij} y_{ij}}\}$。

5. P2DHMM 距离值

P2DHMM 距离值是通过参考影像 A 与目标影像 B 之间的匹配正确率计算的,P2DHMM 距离值作为变化的相对评价指标。当参考影像 A 与目标影像 B 之间同一类型飞机没有变化迹象时,P2DHMM 距离值为 0;当目标影像有旋转、位移和缩放等变化迹象时,P2DHMM 距离值就发生变化。

4.3.2　影像水平方向约束的补偿与 IDM 模式匹配

P2DHMM 不是真正的二维,放松了水平方向的约束,目前通常采用两种方法对这种假设进行补偿(Keysers et al.,2004a,2004b)。第一种方法是对影像进行 Sobel 滤波(包括水平方向和垂直方向),得到影像的梯度图,在梯度图的基础上进行识别。第二种方法

是加入像素的上下文信息,如采用 3×3 的区域的上下文信息。

若用 u 表示 3×3 的区域,A 和 $B_{(x_{11}^{u}, y_{11}^{u})}$ 之间的距离用欧氏距离公式为

$$d'[A, B_{(x_{11}^{u}, y_{11}^{u})}] = \sum_{i,j} \sum_{u} \parallel a_{ij}^{u} - b_{x_{ij}^{u} y_{ij}^{u}}^{u} \parallel^2 \tag{4.7}$$

现在将这两种方法结合,对梯度影像进行上下文信息的提取和重构。

特征参量提取的步骤如下:

(1)对影像分别进行水平、垂直方向的 Sobel 滤波,得到影像的两个梯度图;

(2)将在两个影像上相同坐标像素的各自 3×3 区域的 9 个像素的灰度值取出,得每个像素的 18 维的矢量表示(Ma and Chen,2007),如图 4.5 所示;

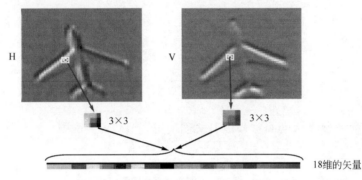

图 4.5　提取像素的矢量表示图

(3)得到像素水平方向提取结果 3×3(H),垂直方向提取结果 3×3(V),将水平方向提取结果与垂直方向提取结果排列构成 18 维的矢量表示。

伪二维隐马尔可夫匹配规则与距离计算是一种比较精细的方法,如果匹配图像较大,则消耗计算时间较长。下面介绍一种快速匹配方式。

快速模式(image distortion model,IDM)是一种参考影像和测试影像直接匹配的方法,没有对水平方向和垂直方向进行约束,采取了在设定的变形量范围内进行匹配的机制,如设定变形量为 3,测试影像中的一个像元就与参考影像中的中心像元在周边 6×6 的范围内进行匹配,所以计算复杂度低,是一种快速的匹配算法,如图 4.6 所示。

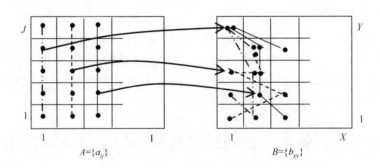

图 4.6　参考影像 A 与目标影像 B 之间的快速模式匹配图

4.4 P2DHMM 目标检测实验

4.4.1 飞机目标 P2DHMM 匹配实验

从一系列快鸟遥感影像中,选择 10 种典型的飞机,把它们从遥感影像中剪切出来作为试验的飞机参考样本。对样本进行平移、缩放、旋转,扭曲变换形成测试样本。然后进行 P2DHMM 匹配或 MID 匹配处理,处理技术路线如图 4.7 所示。根据技术路线,不同实验飞机旋转角度为 0°、15°、45°、75°、90°、135°、165°、180°,分别与参考飞机影像匹配。0°、15°、45°的匹配结果如图 4.8 所示,其中,从左到右的排列为测试影像,变化显示直角网格和参考影像。

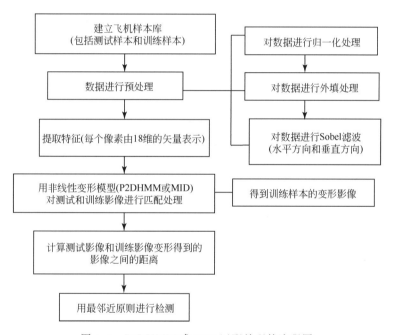

图 4.7 P2DHMM 或 MID 匹配处理的流程图

(1)情况 1 表达实验飞机与参考飞机处于相同状态,P2DHMM 距离 =0;

(2)情况 2 表达实验飞机向左旋转 15°与参考飞机的匹配结果,P2DHMM 距离 =4.43;

(3)情况 3 表达实验飞机向左旋转 45°与参考飞机的匹配结果,P2DHMM 距离 =5.54。

图 4.9 为 0°～180°不同变化角度飞机的不同 P2DHMM 距离曲线。曲线从初始状态突然升起表明算法对于变化影像的敏感性,利用这一点可以识别不同的飞机类型。

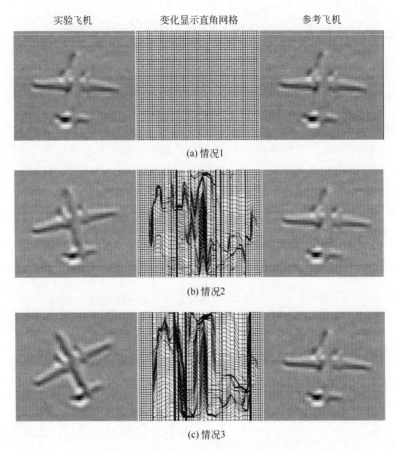

实验飞机　　　　　变化显示直角网格　　　　参考飞机

(a) 情况1

(b) 情况2

(c) 情况3

图 4.8　不同变换角度飞机与参考飞机影像匹配图

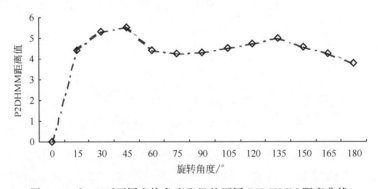

图 4.9　0°~180°不同变换角度飞机的不同 P2DHMM 距离曲线

不同缩小和放大倍数实验飞机为 1/2、1/7、约 1/1 与参考飞机影像匹配,如图 4.10 所示。

图 4.10 中,从左到右的排列为测试影像,变化显示直角网格和参考影像。

(1)情况 1 表达实验飞机缩小 1/2 与参考飞机的匹配结果,P2DHMM 距离 =1.27;

(2)情况 2 表达实验飞机缩小 1/7 与参考飞机的匹配结果,P2DHMM 距离 =0.98;

(3)情况 3 表达实验飞机在缩小和放大过程中≈1/1 与参考飞机的匹配结果,

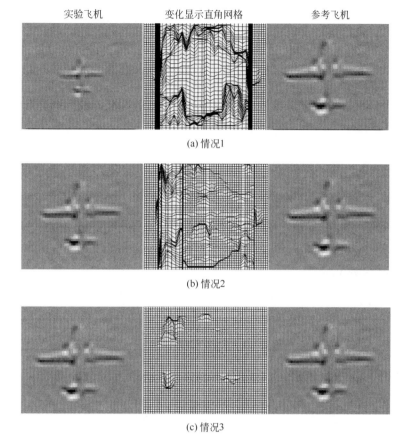

实验飞机　　　　变化显示直角网格　　　参考飞机

(a) 情况1

(b) 情况2

(c) 情况3

图 4.10　不同缩小和放大倍数实验飞机为 1/2、1/7、约 1/1 与参考飞机影像匹配

P2DHMM 距离 ＝0.02。

图 4.11 为实验飞机从缩小倍数到放大倍数过程与参考飞机图像的匹配 P2DHMM 距离曲线图。

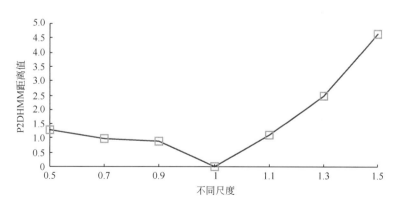

图 4.11　实验飞机从缩小倍数到放大倍数过程与参考
飞机图像的匹配 P2DHMM 距离曲线图

4.4.2 移动目标检测实验

公交车乘车人数识别与记数是城市交通管理的需求,根据这一需求开发了公交上下车人数自动检测原型系统,其中核心算法也是采用了 P2DHMM 模型。图 4.12 为 P2DHMM 算法所得到的单人实验结果显示,它是一个乘客上车过程的图像和初始状态到变化状态出现的一个 P2DHMM 曲线峰值,系统自动记录一个上车的人。为了能将过程直观地显示出来,实验结果输出了参考影像的变形网格,此网格描述了参考影像经过匹配算法像素坐标二维变化情况,因此也称置移网格。图 4.12 的 $B = (B_{XY})$ 为开始三列的变形网格。识别图中包括测试影像、参考影像的二维变形影像及变形网格。

原始测试影像	原始测试影像的二维变形影像	变形网格	参考影像的二维变形影像	距离值
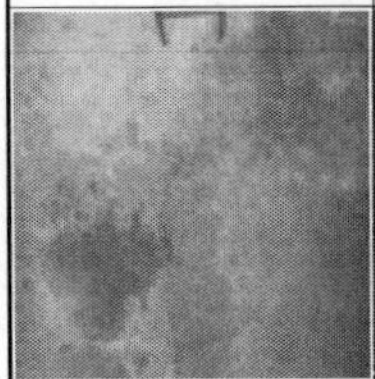		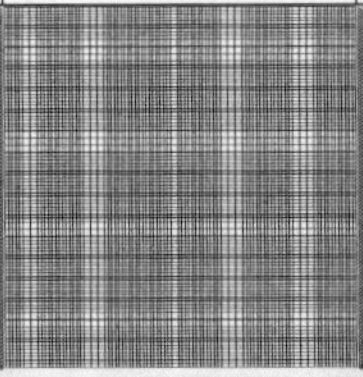		0
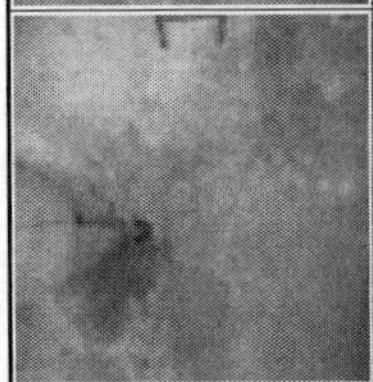		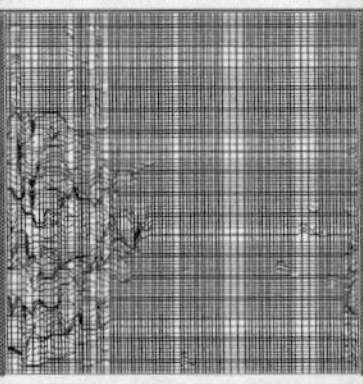		2.164 39
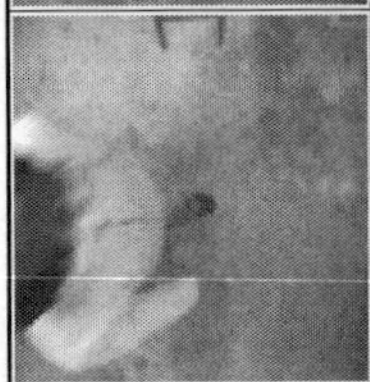	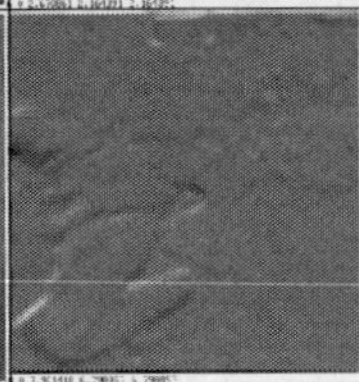	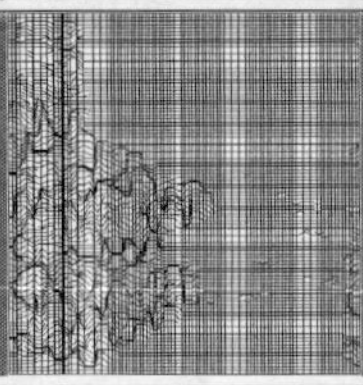		6.798 86
	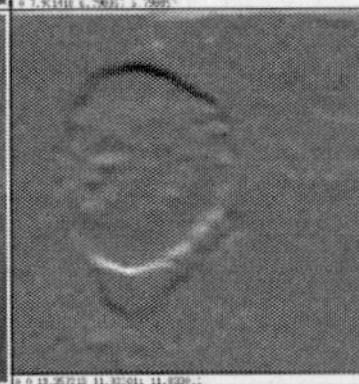	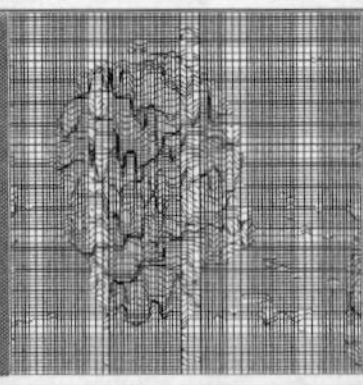		11.833 00
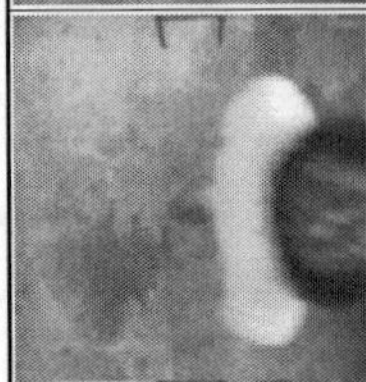	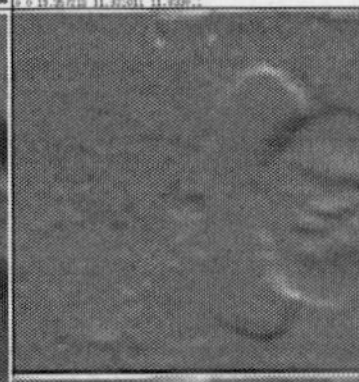	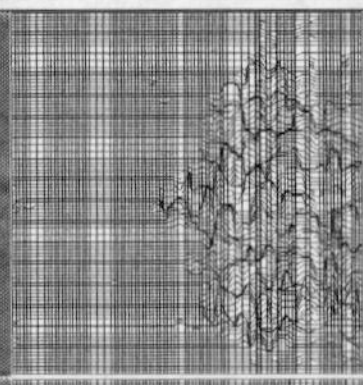		6.728 28
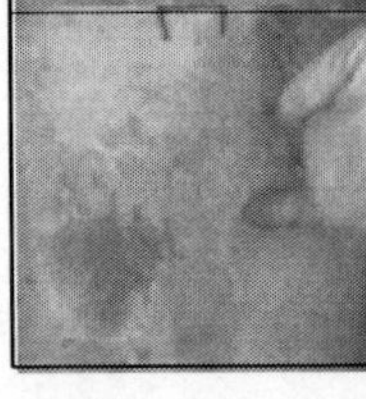		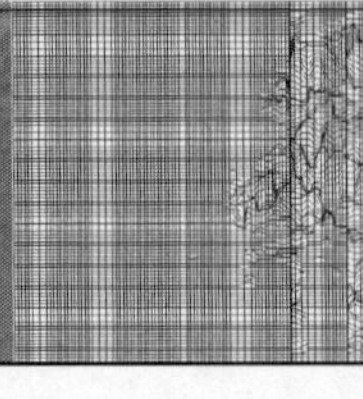		2.898 12

原始测试影像	原始测试影像的二维变形影像	变形网格	参考影像的二维变形影像	距离值
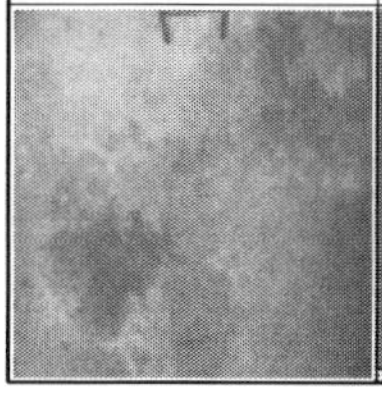		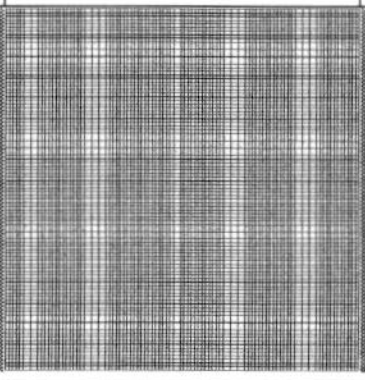	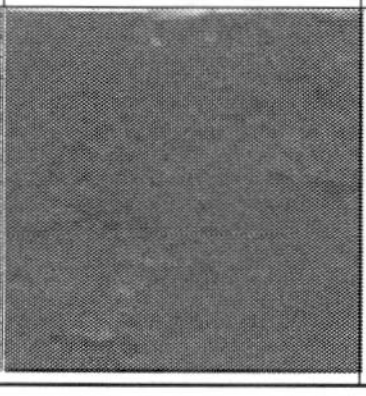	0.305 107

图 4.12 P2DHMM 算法所得到的单人实验结果显示

随着人被监视到的部分的增加,测试影像与参考影像的差距增加,距离值在增加,形成的曲线会有一个峰值,在一个完整的过程中,一个峰代表经过一个人(图 4.13)。

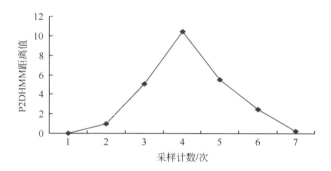

图 4.13 单人上车时 P2DHMM 距离值形成稳定正态分布

基于 P2DHMM 模型的多人顺序上车的实验结果统计,图 4.14 P2DHMM 模型距离值形成稳定多峰值曲线,有大峰值的出现是因为前后两人共同进入模板时共同影响的结果。

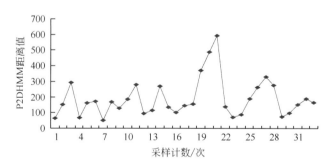

图 4.14 多人顺序上车时 P2DHMM 距离值形成稳定多峰值曲线

图 4.15 为多人拥挤上车过程中 P2DHMM 距离值形成稳定多峰值曲线,有大峰值的出现是因为前后多人共同进入模板时共同影响的结果。

通过 P2DHMM 算法得到的距离值形成的直方图,如图 4.13 所示。

通过图 4.14 和图 4.15 的实验结果建立多人上车的 P2DHMM 判别标志。经过多次实验,最终采用计算"峰"个数的方法来计算上车乘客数量。根据数组的性质,由曲线可

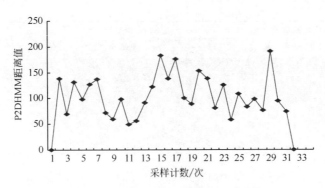

图 4.15　多人拥挤过程的稳定多峰值曲线

以看出,当一个值的相邻前后的值都小于自己时,称为一个"峰"。计算峰值的时间复杂度不高,对整个系统没有造成资源浪费。实验结果也表明,这种方法是可行的。

4.5　本章小结

在应用 P2DHMM 技术的实现过程中克服了三类问题:①伪二维隐马尔可夫拓扑网络构建的适用性。研究中用基于伪二维隐马尔可夫模型拓扑结构、超状态搜索、距离度量算法等,得到测试影像和参考影像间具有类型不变性的距离度量,算法对平移、旋转、尺度、几何畸变及部分残缺的目标有分类的不变性。②参数的二维补偿。目标的识别过程中,对目标模型进行合理的描述、建立合理的参量是很重要的步骤。研究中对遥感影像进行水平方向和垂直方向的 Sobel 滤波处理,分别从两梯度影像上提取像素 3×3 区域的像素信息,对这 18 个像素的灰度梯度值进行排列,得到像素的 18 维矢量描述,用影像所有像素的 18 维矢量对影像进行描述。③采用模板匹配策略。研究中建立参考影像和测试影像数据库、飞机目标变化的格网显示与直方图分析等,是目标识别的基础性工作。研究中取得的阶段结果表明,伪二维隐马尔可夫模型不仅在机场飞机识别方面具有很强的能力,而且在港口的船只种类、核设施和战场等敏感区域的变化检测等领域也具有潜在的应用价值。

随着我国城市公交车自动化、智能化管理发展的新要求,车辆调度、运营规划都需要运营过程乘客流量的实际数据的支持,开发高精度自动记数模型成为当前研究的热点问题。我国现有乘客流量统计系统的精度难以达到要求,造成精度问题的主要原因是在乘车高峰时段拥挤的状态背景条件下,一般模式识别设计和模型很难准确将单个人体分割和识别出来。为此,我们在充分调研的基础上,设计了利用普通数码摄像机和模板匹配方案,选择和实验了先进的 P2DHMM。模拟实验结果证实,该方法具有稳定的识别性能,识别率超过 97%,为真实条件下的实验奠定了良好的基础。

主要参考文献

马建文,李启青,哈斯巴干等.2005.遥感数据智能处理方法与程序设计.北京:科学出版社

马建文,田国良,王长耀等.2004.遥感变化检测技术发展综述.地球科学进展,19(2):192～195

史笑兴,王太君,何振亚.2001.二阶隐马尔可夫模型的学习算法及其与一阶隐马尔可夫模型的关系.应

用科学学报,19(1):29～32

史忠植.1998.高级人工智能.北京:科学出版社

熊志勇,刘翼光,沈理.1998.人脸图像识别系统及其方法.计算机科学,25(5):43～46

薛斌党,欧宗瑛.2002.加权合成的嵌入式隐 Markov 模型人脸识别.大连理工大学学报,42(3):326～332

叶大鹏.2001.基于 2D-HMM 的旋转机械故障诊断方法及其应用研究.浙江大学博士学位论文

张莉,贾永红,程刚.2006.基于数学形态学的遥感影像边缘检测研究.地理空间信息,4(4):20～25

张引,潘云鹤.1999.工程图纸自动输入字符识别的二维隐性马尔可夫模型方法.计算机辅助设计与图形学学报,11(5):403～409

Cole R,Hirschman L,Atlas L et al.1995. The challenge of spoken language systems:research directions for the nineties. IEEE Transactions on Speech Audio Processing,3(1):1～21

Fumihiko S.2004. Image template matching using pixels with local three median gray-levels. The Journal of The Institute of Image Electronics Engineers of Japan,33(5)

Keysers D,Gollan C,Ney H. 2004a. Classification of medical images using non-linear distortion models. BVM 2004,Bildverarbeitung für die Medizin 2004,Berlin,Germany.366～370

Keysers D,Gollan C,Ney H. 2004b. Local context in non-linear deformation models for handwritten character recognition. ICPR 2004,International Conference on Pattern Recognition,Cambridge,UK. 511～514

Ma J,Chen X. 2007. Using P2DHMM to detect airplane variations in remote sensing image.2007 IEEE international Geosciences and Remote sensing Symposium (IGARSS07),Barcelona,Spain. 23～27

Simard P,Cun Y L,Denker J et al.1992. An efficient algorithm for learning invariances in adaptive classifiers. Proc 11th Int Conf on Pattern Recognition,The Hague,The Netherlands. 651～655

Uchida S,Sakoe H. 2003.Eigen-deformations for elastic matching based handwritten character recognition. Pattern Recognition,36(9):2031～2040

第 5 章 遗 传 算 法

遗传算法的思想来自生物进化过程,其基本原理的研究也是从研究生物进化的基本规律开始的。研究发现,生物进化是一个不断循环的过程,在这一过程中,生物群体不断完善和发展,所以生物进化过程本质上是一种优化过程。这种认识启发着遗传算法的研究者将其应用到优化计算领域,创立新的优化计算方法,并将这些方法应用到复杂的工程计算领域之中。本章重点介绍遗传算法的理论基础,以模式定理为主,包括建筑块假设、沃尔什(Walsh)函数和马尔可夫链等,随后给出遗传算法进化过程中的基本规则;阐述实现遗传算法的流程、遗传策略以及编码方式等问题,并且以超平面分割、相似性匹配和边缘检测等应用实例和技术流程说明遗传算法与这些算法的结合方式。

5.1 引 言

遗传算法具有丰富的动态特性,从数学机理上加以探讨,有助于遗传算法的理论研究和应用。针对遥感数据处理方法的遗传优化,同样需要遗传算法机理研究的支持。遗传算法的数学性质一般通过模式定理、建筑块假设、沃尔什函数以及马尔可夫链等数学工具进行分析。其中模式定理是遗传算法的基本理论,保证了较优模式的数目呈指数级增长,并且从结构的角度说明了遗传算法的收敛性。其中模式(schema)是描述种群中的个体即基因串(字符串)集合的模板,可以用模式表示基因串中某些位置上存在的相似性。数学分析一般基于二进制编码方式进行。下面将对模式定理、建筑块假设、沃尔什函数以及由马尔可夫链等对遗传算法进行的数学分析做比较详细的解释。

模式定理保证了较优模式的样本数呈指数级增长,从而满足了寻找最优解的必要条件,即遗传算法存在着寻找全局最优解的可能性;建筑块假设则指出遗传算法存在着寻找全局最优解的能力。

模式定理中的基本概念包括:模板位置,一个模式中 0 或 1 所占的位置;非模板位置,一个模式中 * 所占的位置;模式长度,从第一个模板位置到最后一个模板位置的所有分量的个数,如 1 * 1 * 0 * * 的长度为 4;模式阶,模式中确定位置的个数称为模式的模式阶,如 1 * 1 * 0 * * 的阶数为 3;定义距:模式中第一个确定位置和最后一个确定位置之间的距离称为模式的定义距,如 1 * 1 * 0 * * 的定义距为 3。以上概念对于严格讨论和区分串的相似程度是很有用的,提供了一种分析基本遗传算子对群体基因块作用效率的基本方法。遗传算法中,在遗传算子(如选择、交叉、变异)的作用下,具有低阶、短定义距并且平均适应度高于种群平均适应度的模式将在子代中呈指数级增长。遗传算法的模式定理及内在并行性都是基于模式的概念来讨论的,这些结果称为模式理论。

根据马尔可夫链的一些定义和性质,对遗传算法收敛性的分析表明,没有引入最优保存策略的简单遗传算法在参数满足变异概率、交叉概率时不能收敛到全局最优解。而如果引入最优保存策略,则收敛于全局最优解。这包括两种情况:一是遗传算法按照交叉、变异、种群选择之后更新当前最优染色体的进化循环；二是按交叉、变异后更新当前最优染色体，之后再进行种群选择进化循环。这些结论在文献（李敏强等，2002）中得到了证明。

同样，Bethke（1978）提出通过沃尔什函数对遗传算法的优化过程特征进行分析的方法。他采用离散沃尔什函数和一种巧妙的模式变换，提出了一种计算模式平均适应度的有效分析方法，通过分析模式的沃尔什系数的变化情况，判断基于二进制编码的特定问题是否满足建筑块假设。

沃尔什函数是基函数完备的正交集，也可表述为一个完全正交的函数系，即一族完全正交的函数，其值域仅有+1和-1两个值。采用离散沃尔什函数把位串映射到{+1，-1}，每一个沃尔什函数对应于编码空间的一个分割。第 j 个分割对应的离散沃尔什函数被定义为

$$\psi_j(x) = \begin{cases} 1, 若\ x \wedge B(j)\ 有偶数个\ 1 \\ -1, 其他 \end{cases} \tag{5.1}$$

式中：x 为对应的编码空间的二进制位串；$B(j)$ 为对应的二进制位串；$\wedge$ 代表位的与操作；j 为沃尔什函数的阶。

任何定义在 $\{1,0\}^L$ 上的函数均可以写成沃尔什函数的线性组合，$\omega_j = \frac{1}{2^L}\sum_{x=0}^{2^{L-1}}F(x)\Psi_j(x)$ 称为函数 $F(x)$ 的沃尔什系数，$F(x)=\sum_{j=0}^{2^{L-1}}\omega_j\Psi_j(x)$ 称为函数的沃尔什多项式表示，即将 $F(x)$ 表示成沃尔什系数求和序列。随着求和项的增加，对函数 $F(x)$ 的估计将更精确。当 $\psi_j(x) \equiv 1$，$j=0$ 时，$F(x)=\omega_0=\frac{1}{2^L}\sum_{x=0}^{2^{L-1}}F(x)$ 是 $F(x)$ 在定义域上的平均值，记为 $\overline{f}$，这是对 $F(x)$ 的最粗略的估计。随着 j 的递增，不断对 $F(x)$ 做出修正，当 $j=2^L-1$ 时，获得 $F(x)$ 的真实值。对于每个分割 j，有一个沃尔什系数 ω_j 与之对应。可以将 ω_j 视为一个偏差，即分割中每个模式的真实适应值与低阶沃尔什系数所给出的估计之间的偏差。对同一分割中的每一个模式，这个值是相同的。根据模式适应值定义，沃尔什变换与模式有着密切的联系。用相同的方法计算模式 H 的平均强度，$\mu(H) = \sum_{j; H \in B(j)}\omega_j\Psi_j(H)$ 称为沃尔什模式变换，$H \in B(j)$ 表示模式 H 包含于分割 j。例如，编码长度为3的模式位串 10* 被4个分割包含：$dd*$、$*d*$、$d**$、$***$，相应的序号为 110、010、100 和 000。

沃尔什模式变换把一个模式 H 的适应值表示为一些阶数逐渐增高的沃尔什系数之和。沃尔什系数可以看作模式适应值计算的一个修正项，高阶沃尔什系数对包含 H 的低阶模式的适应值进行调整。

因此，可以用沃尔什系数描述算法操作，遗传算法渐近地估计沃尔什系数，并且引导搜索朝着沃尔什系数较大的分割中使用沃尔什系数取正值的模式进行，即遗传算法是沃尔什系数求和过程中的贪婪操作。

Betheke 指出，如果一个函数的沃尔什系数随着 j（相应分割的序号）的阶和长度的增长而迅速降低，即重要的沃尔什系数是与短的低阶分割相联系的，且 ω_j 与 ω_0 的比值变化的起伏程度随着 j 的增长而降低，则该函数容易用遗传算法求解。这时，估计低阶模式

的平均值就可以发现全局最优点。从模式理论的角度看,高阶系数小,意味着低阶模式所给出的误差小、信息准确,低阶建筑模块组合即可得到高阶建筑模块,满足建筑块假设;反之,由于遗传算法难于对高阶分割中的高阶模式做出好的估计,在其他条件相同的条件下,如果一个函数的沃尔什分解中高阶分割对应了较重要的沃尔什系数,则该函数难于用遗传算法求解,称为 GA-hard 问题。所以,可以直接应用沃尔什模式变换来判定函数是否容易用遗传算法求解,尽管计算沃尔什系数需要对编码空间的每个点计算其 $F(x)$ 的特点限制了其应用。

总之,遗传算法是对群体中的位串进行搜索,该搜索过程本质上是一个模式的采样过程。高适应值的模式对遗传算法是一个正反馈,引导着群体的搜索方向。按照模式定理和建筑块假设,遗传算法首先检测低阶模式(具有较少的定义位),通过在迭代过程中的交叉算子,重组低阶模式为高阶模式,并检测高阶模式的适应值。如果高阶模式的适应值高于其所包含的低阶模式的适应值,则该基因重组过程成功,并引导搜索过程最终达到全局最优点。

5.2 遗传算法基础

遗传算法抽象于生物体的进化过程,通过全面模拟自然选择和遗传机制,形成一种具有"生成＋检验"特征的搜索算法。遗传算法以编码空间代替问题的参数空间,以适应度函数为评价依据,以编码群体为进化基础,通过对群体中个体位串的遗传操作实现选择和遗传机制,建立起一个迭代过程。在这一过程中,通过随机重组编码位串中重要的基因,使新一代的位串集合优于老一代的位串集合,群体的个体不断进化,逐渐接近最优解,最终达到求解问题的目的。

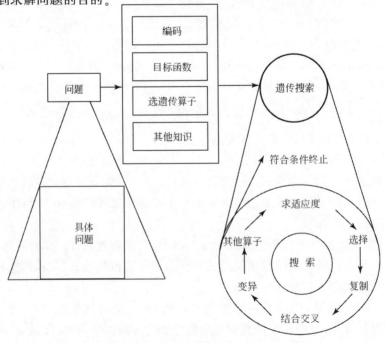

图 5.1 使用遗传算法解决问题的一般过程

从图 5.1 可以看出,遗传算法的运行过程是一个非常典型的迭代过程,其基本流程和结构包括:

(1)选择编码策略,把参数集合 X 和域转换为位串的结构空间 S;

(2)定义适应度函数 $f(X)$;

(3)确定遗传策略,包括选择群体大小 n,选择、交叉、变异方法,以及确定交叉概率、变异概率等遗传参数;

(4)随机初始化生成群体 P;

(5)计算群体中个体位串解码后的适应度函数值;

(6)按照遗传策略,运用选择、交叉和变异等遗传算子作用于群体,形成下一代群体;

(7)判断群体性能是否满足某一指标,或者已达到预定迭代次数,不满足则返回步骤(6),或者修改遗传策略再返回步骤(6)。

5.3　遗传算法的进化规则

遗传算法在解决具体应用课题时,所涉及的主要问题包括参数编码、初始群体设定、适应度函数的设计、遗传操作的设计和控制参数的设定等。这些问题影响着遗传算法的进化过程,同样影响着遗传算法的性能,因此本节将对遗传算法进化规则的各个方面进行详细介绍。

5.3.1　规则 1——编解码变换与遗传算子设计

编码与解码是在目标问题的表达与遗传算法染色体的位串结构之间建立联系,由于遗传算法计算过程的鲁棒性,它对编码的要求并不苛刻。大多数问题都可以采用基因呈一维排列的定长染色体形式表达,尤其是基于 0、1 符号集的二进制编码形式。虽然如此,编码策略或方法对于遗传算子,尤其是交叉算子和变异算子的功能和设计有很大的影响。遥感数据处理由于有时间性的要求,所以选择尽量适合所用模型的编码方式无疑会得到更高效的算法。

编码与解码可以说是遗传算法的基础,而算子设计则是遗传算法应用的核心问题。设计演化计算的一个重要步骤是对所求解问题进行编码表示,编码表示方案的选取在很大程度上依赖于问题的性质及遗传算子的设计。一般而言,在设计遗传算法时,编码表示与遗传算子同步考虑。常用的编码方案有位串编码、动态编码和结构式编码。位串编码包括二进制编码和 Gray 编码两种,二进制编码就是将原问题的解空间映射到位串空间上,然后在位串上进行遗传操作,结果再通过解码过程还原成其表现型以进行适应值的评估。很多数值与非数值问题都可以用二进制编码来应用演化算法。

虽然遗传算法是具有通用性的全局最优算法,但如果不针对问题设计算法,其计算时间可能是非常大的,所以需要通过对问题的了解而换取计算时间的节省。编码问题的讨论中包含有一种观点,即"无免费的午餐"定理,也就是说任何一种编码方式都有其先天的优点和缺点,在没有任何约束条件的情况下,任何一种编码方式不可能在任何地方都优越于其他编码方式。所以针对问题,各种编码方式的实验是必要的。

5.3.2　规则2——群体设定和初始化

群体设定和初始化是遗传算法进化的"发动机",遗传进化过程由此开始。在一般情况下,一个合理的群体大小和"幸运"的初始群体是遗传算法获得优异性能的前提之一,提到"幸运"这个词主要是因为遗传算法初始群体通常是通过随机化的过程获得的。通过一些限定性的规则,无疑可以使初始群体设定更适合于遗传进化过程,这些限定性规则就是我们在随后经常会提到的先验知识中的一种。

5.3.3　规则3——适应度函数设计

适应度函数是遗传进化的目标函数,其设计的优劣与对问题的理解程度有关。经常使用的适应度函数有原始适应度函数和标准适应度函数两种。原始适应度函数是问题求解目标的直接表示,通常采用问题的目标函数作为个体的适应性度量。对于某个问题,原始适应度函数的定义可以有多种方式,选择时需要考虑问题本身的各个方面。因此,原始适应度函数仅仅反映了问题的最初求解目标。为了更好地适应遗传选择策略,分两种情况将原始适应度函数转换为标准适应度函数。

第一种就是极小化的情形,标准适应度值可以定义为

$$f_{normal}(x) = f_{max} - f(x) \tag{5.2}$$

式中: f_{max} 是原始适应度函数 $f(x)$ 的一个上界。对 $f(x) \in (0, \infty)$ 的极小化情形也可以定义为

$$f_{normal}(x) = \frac{1}{1 + f(x)} \tag{5.3}$$

第二种是极大化情况,标准适应度值可以定义为

$$f_{normal}(x) = f(x) - f_{min} \tag{5.4}$$

式中: f_{min} 是原始适应度函数 $f(x)$ 的一个下界(潘正君和康立山,2000)。

5.4　遥感遗传超平面分类

由于遥感图像具有多波段以及数据量大的特点,所以遗传算法比较难于直接针对数据进行处理,一般是建立一个可以使用遗传算法进化的模型。在遥感数据分类处理领域,Pal等(2001)提出使用遗传算法来确定超平面的空间组合位置,从而使得遗传算法得以应用于遥感图像分类中。在使用遗传超平面算法进行分类的过程中,除了要考虑遗传算法本身的特点以外,建立一个适合遗传进化的超平面组合模型也具有非常重要的意义。

通过遗传算法进行超平面分类也是一个遗传算法应用于模式识别/分类的问题。在给定超平面集合的条件下,通过对训练点集合中的训练点进行模式描述、模式匹配,然后利用遗传算法的优异搜索性能,通过进化的方式对各种不同的模式分类方案进行比较、选择,得到最好的模式分类方案,最后扩展到整幅图像,达到模式分类的目的。在遗传算

法优化的超平面分类模型中,由超平面方程的参数经过特殊编码而成的二进制串集合形成了遗传算法的搜索空间,这是因为特定位数的二进制串可以代表特定空间的所有超平面方程。遗传算法通过选择、变异、交叉等遗传操作在此搜索空间内搜索最优的解,中间通过解码过程将二进制串还原为超平面的参数以计算每条染色体的适应度(目标函数)。目标函数通过分类训练的精确程度来实现,本质上来讲,这是一个自适应的迭代过程。训练过程中,训练点数与分类错误的点数之差作为一系列(套)超平面的适应度。最佳的染色体对应最优的分类方案,也就是最合适的超平面集合。通过这一系列超平面在多维空间中的区域划分得到的多维空间模式分类结果,被认为是精度最高的图像分类方案。

5.4.1 超平面方程

本书中所用的 N 维空间中的超平面方程表示为

$$d = \alpha_N \cos\alpha_{N-1} + \beta_{N-1} \sin\alpha_{N-1} \tag{5.5}$$

其中

$$\beta_{N-1} = \alpha_{N-1} \cos\alpha_{N-2} + \beta_{N-2} \sin\alpha_{N-2}$$

$$\beta_{N-2} = \alpha_{N-2} \cos\alpha_{N-3} + \beta_{N-3} \sin\alpha_{N-3}$$

$$\cdots$$

$$\beta_1 = \alpha_1 \cos\alpha_0 + \beta_1 \sin\alpha_0$$

式中: α_{N-1} 为超平面的单位法线与 X_N 轴的夹角; α_{N-2} 为在 X_1, X_2,$\cdots$,X_{N-1} 空间法线的投影与 X_{N-1} 轴的夹角; X_{N-3} 为在 X_1, X_2,$\cdots$,X_{N-2} 空间法线的投影与 X_{N-2} 轴的夹角; α_1 为二维空间的法线投影与第二个特征轴的夹角; α_0 为一维空间的法线投影与第一个特征轴的夹角; $\alpha_0 = 0$; d 为超平面与原点之间的垂线距离。

这样, $N-1$ 个角度 α_1, α_2,$\cdots$,α_{N-1} 和一个垂线距离 d 就可以确定 N 维空间的一个超平面(Pal et al., 2001)。

该超平面方程采用递归定义,为程序实现带来了方便,Pal 在其遗传分类器中首先采用了这个超平面方程。

5.4.2 遥感多维图像数据的超平面分类

图像分类中,超平面实际上是多维特征空间中的判别边界,也就是一个方程。当特征空间的维数为 2 时,区域判别边界是一条线;维数为 3 时,它是一个平面;若维数大于3,判别边界是一个超平面。特征空间的维数为 2 或者 3 的情况可以看作是超平面分类的特殊情况。

事实上,将根据类别进行的图像分割问题看作是在多波段遥感图像组成的特征空间使用超平面进行分割,就将其转化为一个几何问题。如何确定超平面方程的 N 个参数就是遗传算法需要解决的问题。特殊地,二维空间中,超平面方程变为直线方程的形式为

$$d = x_2 \cos\alpha + x_1 \sin\alpha \tag{5.6}$$

只要两个参数 α 和 d ,就可以确定一个直线方程,如图 5.2 所示。

最小距离分类器类似于超平面分类,它是基于对模式的采样来估计各类模式的统计

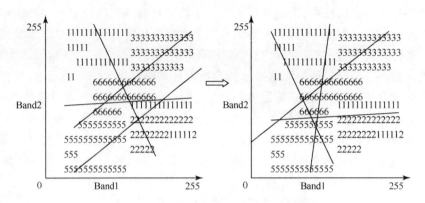

图 5.2　超平面分类示意图(二维特殊情况)

参数,判别边界完全由各类的均值和方差确定。作为一种传统分类方法,当类间距离比类内对应均值的分布明显大时,可以很好地进行图像分类。

5.4.3　遗传超平面分类器原理

通过超平面进行分类时,超平面或者超平面集合是分类器。超平面分类器如果通过遗传算法来确定,也就是说超平面方程组的参数由遗传算法来确定,就被称为遗传超平面分类。遗传算法的主要问题是如何选择编码方案、遗传算子和适应度函数。通过遗传算法确定遥感图像分类中的超平面(组合)位置,主要问题包括选择超平面方程(组)参数的编码和解码、遗传算子的确定、选择适应度函数,而这一切都是基于多维空间的点模式的描述及其匹配统计的。由此可知,编码方式的选择和适应度函数中的点模式描述及其匹配统计问题是遗传超平面分类器算法的核心问题。

本节主要讨论点模式的描述及其匹配统计、遗传算子的选择和使用以及适应度值的计算三个问题。

1. 点模式的描述及匹配统计

多维数据在特征空间中如何描述是模式分类的关键问题之一,在遗传超平面图像分类器的训练过程中,如何描述数据点模式在特征空间中的位置也是一个核心问题。这种描述方式,除了要求描述出数据点本身的特征以外,为了满足统计的需要,重点要描述数据点与每个超平面的关系,这个关系在遗传算法训练过程中是个动态过程,需要专门的内存空间保留这个变化轨迹。除此之外,训练点的先验类别和动态类别的记录也是点模式描述的内容。

针对遥感图像分类问题,笔者提出了一种训练点/分类点模式的结构体描述方法,这种方法面向进一步的匹配和统计处理设计。训练点模式既包含点模式串,又包含分类前和分类后的类别信息。通过对这几个量的组合,分类后的类别信息就可以通过点模式串的类型确定。实际工作中,训练时使用一个结构体描述点模式的内容,这个结构体包括一个二值字符数组或者指针来描述数据点与每个超平面的关系、一个描述数据点先验类别的类别指示值 preClass、一个描述数据点动态类别的类别指示值 aftClass。分类时该结构体则使用 preClass 记录分类后的类别指示值。

例如，一个点模式的二值字符串为 12212121，则该分类器是由 8 个超平面组成的超平面集合表示。对第 1、4、6、8 个超平面，这些超平面方程有

$$\alpha_N \cos\alpha_{N-1} + \beta_{N-1} \sin\alpha_{N-1} - d \geqslant 0 \tag{5.7}$$

而对第 2、3、5、7 个超平面，则有

$$\alpha_N \cos\alpha_{N-1} + \beta_{N-1} \sin\alpha_{N-1} - d < 0 \tag{5.8}$$

2. 遗传算子

有关遗传算子的讨论表明，算子是按照个体对环境适应的程度不同进行的遗传操作，它作用于群体以实现优胜劣汰的进化过程。三个基本算子为选择、交叉、变异。通过算子对群体的作用，遗传操作可以进行高效而有向的搜索。

本章对二进制编码的遗传超平面分类训练过程采用了基本的三个算子。

从群体中选择优胜的个体、淘汰劣质个体的操作称为选择。选择操作建立在群体中个体适应度评估的基础上，常用的方法有适应度比例法、最佳个体保存法、期望值法、排序选择法等。

把两个父代个体的部分结构加以替换重组而生成新个体的操作称为交叉。通过交叉，遗传算法的全局搜索能力大大提高。常用的交叉方法有一点交叉、两点交叉、多点交叉等。

变异算子是对群体中的个体串的某些基因值所做的变动，可以是完全随机的变动，也可以是可控的变化。通过变异，增强了遗传算法的局部搜索能力，并维持了群体的多样性。基本的变异方式是逆转算子、重新排序等。

3. 适应度值的计算

针对遥感图像分类问题，每个个体的适应度值由该个体所表示的超平面组合正确分开的训练点数确定(Pal et al.,2001)。具体描述为：如果区域中的点大部分属于类 I，那么该区域成为支持类 I 边界的区域，在该区域的其他点被认为是误分类的点。所有区域误分类点的总和表示为 miss；适应度可以表示为 n-miss，其中 n 为训练数据的大小。适应度值是由训练点集超空间分布与超平面组合之间的相对关系决定的。

本节进一步采用自适应的方式计算适应度的值，这是因为算法中，正确分开的训练点数(number)与由超平面分开的区域个数(region)以及训练点集与超平面组合的相对位置(location)有关。而 region 和 location 是两个变量，region 和 location 变量又受到超平面个数(hypernum)和训练点个数(trainnum)等变量的影响，这种互相影响的复杂关系必须采用自适应的方式来解决。这种自适应的计算方式是以点模式的描述和匹配统计为基础的，通过确定上述几个变量值，进一步通过比较分类前后的类别信息确定适应度的值。

5.5　参数编解码及其实现

遗传算法本身并不直接处理解空间的参数，必须把它们转换成搜索空间的由基因按

一定结构组成的染色体或个体。编码方案确定搜索空间的过程,也是一个解空间向搜索空间转变的过程。遗传算法的鲁棒性使其对编码的要求并不严格(陈国良等,1996),多数问题可以采用基于{0,1}符号集的二值编码方式,即二进制编码方式。除此之外,也有进行整数编码、字符串、二维染色体编码、树结构编码甚至可变长度染色体编码的例子。

在这里研究了通过二进制和十进制方式对角度参数和距离参数进行组合编码及其实现的问题,尤其对二进制编码和解码方式进行了详细的研究和说明。

5.5.1　二进制编码

1. 角度编码

如上所述,一个超平面可以由 $N-1$ 个角度 $\alpha_1, \alpha_2, \cdots, \alpha_{N-1}$ 和一个垂线距离 d 来确定。使用二进制编码,每个角度的变化范围是 $0 \sim 2\pi$,如图 5.3 所示。

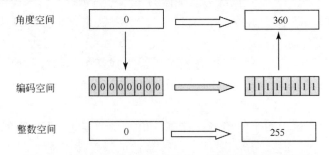

图 5.3　$0 \sim 2\pi$ 角度空间及其 8 位二进制编码空间映射图

二进制串的一部分用来代表角度,代表角度的位数越多,表示在此范围内可取值越多,精度越高。如果其中的 b_1 位用来代表一个角度,那么角度的可能值表示为

$$0, 1 \times 2\pi \times (1/2^{b_1}), 2 \times 2\pi \times (1/2^{b_1}), \cdots, 2^{b_1} \times 2\pi \times (1/2^{b_1})$$

显然,$0, 1, 2, \cdots, 2^{b_1}$ 这个整数序列可以由此 b_1 位二进制串的 10 进制值来表示。推而广之,$N-1$ 个角度,需要 $(N-1) \times b_1$ 位表示。特殊地,二维空间中角度只需要 b_1 位二进制串即可表示。

角度的变化范围除了可以采用 $0 \sim 2\pi$,也可以采用 $-\pi \sim \pi$,如图 5.4 所示。本书采用后者进行编码。如果其中的 b_1 位用来代表一个角度,那么角度的可能值表示为

$$2^{b_1} \times (-\pi) \times (1/2^{b_1}), \cdots, 2 \times (-\pi) \times (1/2^{b_1}), 1 \times (-\pi) \times (1/2^{b_1}), 0, 1 \times \pi \times (1/2^{b_1}), 2 \times \pi \times (1/2^{b_1}), \cdots, 2^{b_1} \times \pi \times (1/2^{b_1})$$

显然,$-2^{b_1}, \cdots, -2, -1, 0, 1, 2, \cdots, 2^{b_1}$ 这个整数序列可以由此 b_1 位二进制串的十进制值来表示。与 $0 \sim 2\pi$ 变化范围一样进行推广,$N-1$ 个角度,需要 $(N-1) \times b_1$ 位表示。二维空间中角度只需要 b_1 位二进制串即可表示。

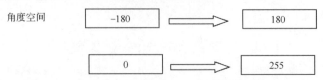

图 5.4　$-\pi \sim \pi$ 角度空间及其 8 位二进制编码空间映射图

2. 距离编码

确定了超平面的方位之后,还需要确定参数 d。为了使搜索空间不至于无限扩张,d 的确定也非常重要。针对所选择的训练点空间,统计出特征 Xi 的最大值和最小值,这些值在超空间中组成了超矩形,其顶点在确定 d 的过程中具有重要的意义。

通过超矩形的一个顶点,具有同样的方位并且到原点的垂距最小的超平面称为此方位的"基超平面"。这个平面到原点的距离为给定方位超平面的最小距离 d_{min}。diag 代表超矩形对角线的长度,这样 d_{min} 与 diag 之和表示了此方位 d 的搜索空间。如果 b_2 位被用来代表 d,那么 $d = d_{min} + \mathrm{diag} \times v_2 / 2_{b_2}$,其中 v_2 代表此 b_2 位二进制串的十进制值(图 5.5)。

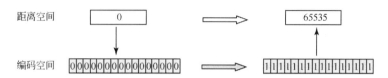

图 5.5 原点到超平面之间的距离参数空间及其 16 位二进制编码空间映射图

如上所述,一个超平面可以由 $N-1$ 个角度 α_1,α_2,…,α_{N-1} 和一个垂线距离 d 来确定。因此,二进制串的长度(stringlength)由角度(bitsangle)参数和距离(bitsdistance)参数精度、空间维数(dimension)、超平面个数(hypernum)四个变量确定,如式(5.9)所示。

$$\mathrm{stringlength} = \mathrm{hypernum} \times [\mathrm{bitsangle} \times (\mathrm{dimension}-1) + \mathrm{bitsdistance}] \quad (5.9)$$

这样,二进制串具有非常充分的可伸缩性,最大限度地涵盖了整个搜索空间。

因而一个超平面就可以由 $(N-1)b_1 + b_2$ 位的二进制串来表示,H 个超平面需要 $H \times [(N-1)b_1 + b_2]$ 位来表示,这就是一条染色体的长度,染色体是遗传算法的基本结构。二维空间中,可以用如下结构代表一条染色体表示的超平面集合:

```
struct{
    char chrom[maxstring];//二进制串
    double angle[H];        //角度
    double d[H];            //距离
    int fitness;            //适应度
    int parent1,parent2,xsite;
}HYPERPLANES;
```

因为需要同时表达超平面维数这个变量,所以通用的染色体结构需要更复杂的结构。

5.5.2 二进制解码

参数的二进制表达方式存在解码的问题。超平面方程的解码,是一个将二进制串转化为相应实数区间内对应实数值的问题。因为超平面方程集合大小不同,特征空间维数不同,同时增加了距离和角度参数编码串长两个变量,加大了这个转化过程的难度。具体实现时,除了需要考虑角度参数实数区间、距离参数区间的大小以外,还要考虑多个变量的相互作用。

我们实现了多维空间超平面的动态编码,根据输入维参数的不同,采用不同长度的二进制编码串;超平面个数固定为 H 的情况下,输入维参数为2、3、4、5、6、7时,其编码串长度分别为 $24H$、$32H$、$40H$、$48H$、$56H$、$64H$。实验中 H 为15,维参数为6,所以其编码串长度为 $56H$。可变长度的二进制编码串在使用遗传超平面分类的过程中具有很重要的意义。

我们进一步实现了超平面个数 H 的随机动态变化,即固定一个最大 $H\max$(假设为10)个超平面,其编码串长度在 24、32、40、48、56、64、72、80、88 几个数中随机变化。这样进一步增加了遗传超平面分类中参数编码的灵活性,并且可以提高对实际分类情况仿真的精确度。

多维空间中超平面动态二进制编码串的前 56 位编码的标号排列顺序,如图 5.6 所示。

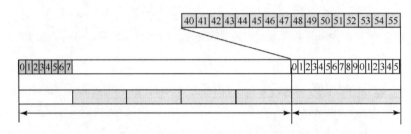

图5.6 多维空间中一个超平面的编码示意图(以6维空间为例)

5.6 EOS/MODIS 图像数据分类实验

5.6.1 简单参数的分类实验

类别简单的图像分类实验选用 MODIS 图像,对于水体、无绿色植被覆盖的陆地(裸地)和绿色植被覆盖的陆地(绿地)三种地表类型进行分类。

实验选取 MODIS 中通道 $5(1.230\sim1.250\mu m)$、通道 $4(545\sim565\mu m)$、通道 $3(459\sim475\mu m)$ 三个波段的图像,空间分辨率为 500m,影像获取时间是 2001 年 9 月,影像重采样后像元数为 651×227,如彩图 13(a)所示。这种基于像元的分类在重采样后的数据中分类类型已经很粗略。通过掩膜的方法获取训练/测试数据点,如彩图 13(b)所示。

遗传算法使用二进制编码,交叉率和变异率分别为 0.9 和 0.02,群体大小为 30,随机选择初始群体,迭代次数选择 200。

将上述方法应用于 MODIS 图像数据的分类,工作遵循图 5.7 所示的流程。统计数据采用通道 5(B1)和通道 4(B2)的,如表 5.1 和彩图 13(b)所示。

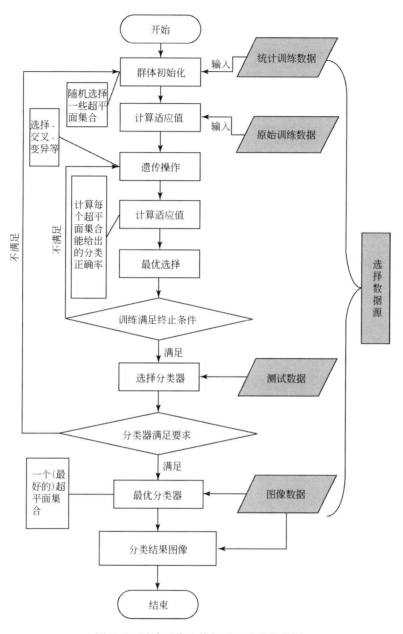

图 5.7 遥感图像遗传超平面分类流程图

表 5.1 MODIS 数据训练/测试数据点统计结果

序号	类别	点数/个	B1(最小至最大)	B2(最小至最大)
C1	水体	746	5～38	3～39
C2	绿地₁	461	37～152	59～156
C3	裸地₂	654	116～228	95～222
	总计	1861	5～228	3～222

注:绿地₁指绿色植被覆盖的陆地;裸地₂指无绿色植被覆盖的陆地。

具体进行实验操作时,遗传群体中有 20 条染色体,一条染色体代表一组超平面(3个),一个超平面有一个距离 d 和 N−1 个角度。程序设计中,群体中使用 20 个结构表示 20 条染色体(用结构数组表示头指针串),一个结构代表一条染色体。

通过 200 代的遗传计算,使用统计的训练数据所得的训练成功率为 1803/1861＝96.9%,分类成功率可以达到 90%(未考虑云的影响,也没有进行分类后处理),所确定的三个超平面方程的参数如表 5.2 所示。

表 5.2　超平面方程的训练参数

No.	角度	距离	方程
H1	1.546 207	44.136 729	$44.136\,729 = x_2 \times \cos(1.546207) + x_1 \times \sin(1.546207)$
H2	0.760 832	161.892 638	$161.892\,638 = x_2 \times \cos(0.760832) + x_1 \times \sin(0.760832)$
H3	1.546 207	14.834 792	$14.834\,792 = x_2 \times \cos(1.546207) + x_1 \times \sin(1.546207)$

5.6.2　实验结果及其分析

通过三类目标地物训练点对超平面方程的训练所确定的超平面方程对整幅图像的分割结果,如彩图 14(a)所示,区域 A 中水体与植被的分割效果较好,区域 B 中植被的分割效果与实际情况比较吻合,区域 C 中水体分割结果与彩图 13(a)比较接近。从结果图像总体来看,超平面对于地物类别分割的效果与实际比较符合。

相同的训练数据,采用最大似然法的分类结果如彩图 14(b)所示,区域 A 中水体面积小于彩图 14(a),区域 B 中植被没有分出来,区域 C 中水体面积明显小于彩图 14(a)。

在 PII400、内存 128M 的机器上,1861 个训练点的训练时间为 11s,图像分割时间 2s;而传统的统计学方法,如最大似然法同样训练数据的分类需要 15s。这意味着遗传算法的处理效率稍好于统计学方法。需要提及的是,如果训练数据增加,则训练时间也会相应增加。

由于 MODIS 图像数据的空间分辨率低,分类实验只能是一种简单类别划分,遗传超平面算法在波段数目较少情况下的优越性能通过实验得到验证。由于没有针对遗传算法进行参数选择的实验,所以在随后采用 ETM＋数据进行的分类研究中,将给出详细的参数实验选择过程。

5.7　ETM＋数据分类实验

进一步使用 ETM＋数据进行遗传超平面算法的分类实验,除了更进一步验证该算法的有效性之外,还希望通过该数据实验进行遗传超平面算法中遗传算法的实验选择研究。实验中使用了较为复杂的城市数据,这虽然降低了遗传超平面算法的应用性能,但也可以进一步说明这种算法应用的广泛性。

将上述方法应用于 ETM＋图像数据的分类,图 5.8 表示该实验的结构图,该结构图主要从数据流向和结果的角度对该算法做了简要的描述。这个结构流程通过虚线分成三个模块:左边是输入数据;中间是训练、测试和分类处理过程;右边是输出数据。

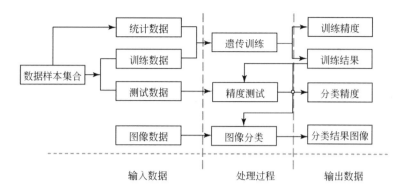

输入数据　　　　　处理过程　　　　　输出数据

图 5.8　遥感图像遗传分类结构图

测试过程以上述测试数据和遗传训练过程输出的训练结果作为输入,输出训练结果的测试精度以利于进一步的分析。

图像分类过程以图像数据和经过测试的遗传训练结果作为输入,输出最后分类结果图像。

5.7.1　参数选择实验与分析

遥感图像分类的遗传训练过程中,参数选择的好坏决定了训练质量的好坏。训练质量由训练精度和训练时间两个量来决定,训练精度越高,训练时间越短,表明训练质量越好;相反,训练精度越低,训练时间越长,说明训练质量越低。然而,训练精度与训练时间之间是矛盾的。一般在同样的情况下,训练精度与训练时间是反比关系,即训练精度越高,则训练时间越长;训练时间短,则训练精度相应降低。

遗传训练过程以训练精度作为目标,很明显,100%是可以达到的最高训练精度。对某些训练过程而言,要达到 100%的训练精度或者是很困难的,或者需要很长的训练时间,或者是不必要的。因此,实践中一般不设置 100%作为目标,而是采用 90%~99%的某个值。实践表明,这样往往也会有比较好的分类结果。

在确定了训练精度以后,就需要合理地设置其他参数以用最短的训练时间达到这个训练精度。影响训练时间的参数有训练点个数(numoftrain)、染色体长度[即二进制编码中二值串长度(bistrlength)]。其中训练点个数由使用者指定。二值串长度由群体大小(popsize)、角度参数位数(bitsangle)、距离参数位数(bitsdistance)、空间维数(dimension)和超平面个数(hypernum)四个变量确定,见式(5.9)、式(5.10)。

$$bistrlength = popsize \times stringlength \qquad (5.10)$$

实验和理论分析表明,其他参数相同的情况下,染色体越长,训练时间也越长。而群体大小、超平面个数、角度参数位数、空间维数、距离参数位数的数值越大,染色体即二值串越长。

除此之外,遗传算法的选择概率和交叉概率对训练时间也有非常大的影响。根据式(5.10),上述参数中影响二值串长度最大的是群体大小和超平面个数。由于遗传算法本身对群体大小有一定的限制,过小的群体数目会导致过早收敛,过大的群体数目又会导致二值串过长。超平面模式分类同样要求根据分类类别数合理地确定超平面个数,不能过小或者过大,过小则不能合理分类,过大则会使二值串过长,也使分类质量降低。因此如何合理地确定这两个参数非常重要。通过大量的实验,书中对 5 类地物的划分采用 6 个超平面,群体大小为 30。设定训练精度为 70%,首次达到或者超过 70% 所用的时间表示为 T70,达到这个训练精度的代数表示为 Generation70。那么通过 T70 变量就可以比较不同的变异概率对训练时间的影响。从表 5.3 和图 5.9 可知,变异概率在 0.1 以下达到全局收敛的可能性较 0.1 以上大。所以对于遗传算法应该取尽量小于 0.1 的变异概率,综合考虑,在如下的实验中采用变异概率为 0.02。

表 5.3 变异概率与训练时间、训练精度之间的关系表

变异概率	0.01	0.02	0.03	0.04	0.05	0.06	0.07	0.08	0.09	0.1	0.2	0.3	0.4	0.5
所用训练代数	1099	1118	2000	2000	2000	1558	2000	2000	2000	2000	2000	2000	2000	2000
收敛代数	1099	1118	1319	1884	1338	1558	1837	714	1791	1020	152	1093	1357	588
正确的训练点	451	454	381	448	441	467	416	364	361	362	329	354	360	359
训练精度/%	90.2	90.8	76.2	89.6	88.2	93.4	83.2	72.8	72.2	72.4	65.8	70.8	72.0	71.8
总训练时间/s	267	265	465	508	440	427	564	583	545	461	458	453	415	412
收敛类型	全局	全局	局部	局部	局部	全局	局部	局部	局部	局部	局部	局部	局部	局部
达到收敛时间/s	267.00	265.00	306.67	478.54	294.36	426.89	518.03	208.49	487.20	235.62	34.96	248.11	282.26	121.13
每代时间/s	0.243	0.237	0.233	0.254	0.220	0.274	0.282	0.292	0.272	0.231	0.230	0.227	0.208	0.206
Generation70	87	129	270	389	140	594	496	398	43	1020	—	1093	1357	588
T70/s	21.14	30.57	62.91	98.81	30.80	162.76	139.87	116.22	11.70	235.62	—	248.11	282.26	121.13

注:点数:500;类别数:5 类;交叉率:0.99;最大代数:2000;训练精度:90%;群体大小:30;超平面个数:6。

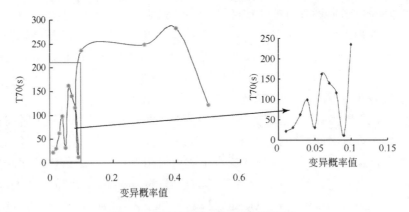

图 5.9 变异概率对训练时间的影响

表 5.4 给出了变异概率为 0.02,其他参数不变的情况下改变交叉概率的大小对训练时间的影响。可见在变异概率为 0.02 的情况下,多数收敛类型为全局收敛,取得了比较好的训练效果。说明该算法中变异算子的选择比交叉算子的选择要重要得多。图 5.10 更表明交叉概率在 0.01~0.99 达到全局收敛的时间都是可以接受的。作为特例,交叉概率取 0.3 时,仅仅 13s 就达到了全局收敛。因此,随后的研究采用 0.3 作为交叉概率。但是这并不能说明采用其他训练点集合时,取 0.3 就比 0.9 更优越。相关的研究可以参

考文献 Brumby 等(2000)和王煦法等(1997)。由表5.4和图5.10,如果要求的训练精度偏低,所用的训练时间将会随之减少,但对相关测试精度却有决定性的影响。

表 5.4　交叉概率与训练时间、训练精度之间的关系表

交叉概率	0.02	0.05	0.1	0.2	0.3	0.4	0.5	0.6	0.7	0.75	0.8	0.85	0.9	0.95	0.99
所用训练代数	733	639	664	1180	66	891	238	380	2000	829	1905	1632	630	2000	1118
收敛代数	733	639	664	1180	66	891	238	380	1645	829	1905	1632	630	1838	1118
正确的训练点	451	454	452	454	453	452	453	450	432	454	458	450	450	438	454
训练精度/%	90.2	90.8	90.4	90.8	90.6	90.4	90.6	90	86.4	90.8	91.6	90.0	90.0	87.6	90.8
总训练时间/s	148	132	135	245	13	184	43	77	403	171	404	335	106	416	207
收敛类型	全局	全局	全局	全局	全局	全局	全局	全局	局部	全局	全局	全局	全局	局部	全局
达到收敛时间/s	148	132	135	245	13	184	43	77	331	171	404	335	106	382	207
每代时间/s	0.202	0.207	0.203	0.208	0.197	0.207	0.181	0.203	0.202	0.206	0.212	0.205	0.168	0.208	0.185

注:点数:500;类别数:5 类;变异概率:0.02;最大代数:2000;训练精度:90%;群体大小:30;超平面个数:6。

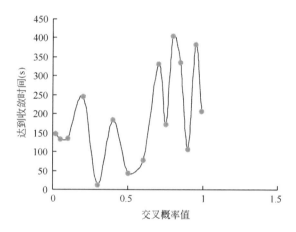

图 5.10　交叉概率对训练时间的影响

表 5.5 给出了训练点数与训练时间和训练精度的关系,表明在一定范围内(本例 500 之内),增加训练点数其训练时间并不会增加。但是一旦超出这个范围,训练点数的增多将会使训练时间呈现指数级增长。这样选择适当的训练点数进行训练对于训练时间具有非常大的影响。一般而言,超平面个数的增加将大大增加训练时间。选择多少超平面进行分类,需要针对图像的类别数和实际情况予以确认。

表 5.5　训练点数与训练时间、训练精度之间的关系

训练点数/个	100	200	300	400	500	1000	1500	2000	4000
所用训练代数/代	629	290	171	444	66	2000	2000	2000	2000
收敛代数/代	629	290	171	444	66	1994	1943	1074	1977
正确的训练点/个	92	190	271	363	453	852	1195	1635	2745
实际训练精度/%	92.0	95.0	90.3	90.8	90.6	85.2	79.5	81.8	68.6

训练点数/个	100	200	300	400	500	1000	1500	2000	4000
总训练时间/s	30	25	23	79	15	892	1448	1763	3205
收敛类型	全局	全局	全局	全局	全局	局部	局部	局部	局部
达到收敛时间/s	30.0	25.0	23.0	79.0	15.0	889.3	1406.7	946.7	3168.1
每代时间/s	0.048	0.086	0.135	0.173	0.227	0.446	0.724	0.882	1.603

注:类别数:5 类;交叉概率为 0.3;变异概率:0.02;最大代数:2000;群体大小:30;超平面个数:6。

5.7.2 分类结果及其分析

研究用北京的 ETM+数据进行了实验。首先进行几何校正,然后选取通道 1(0.45~0.52μm)、通道 2(0.52~0.60μm)、通道 3(0.63~0.69μm)、通道 4(0.76~0.90μm)、通道 5(1.55~1.75μm)、通道 7(2.09~2.35μm)6 个波段的图像,影像获取时间是 2003 年 5 月,空间分辨率为 30m,影像像元数为 2020×2000,如彩图 15 所示。通过掩膜的方法获取数据样本集合,随后统计数据样本集合中每个波段的最小至最大值作为统计数据输入(表 5.6)。按照一定的比例从中选取训练数据,其余作为测试数据。遗传训练过程对应于图 5.8,以上述统计数据和训练数据作为输入,以超平面参数作为训练参数输出,同时输出训练精度作为分析依据。

表 5.6　数据采样集合的波段顶点坐标值

波段列表	Band1	Band2	Band3	Band4	Band5	Band6
最小值	84	38	47	29	26	9
最大值	150	83	133	148	112	150

注:Band 表示波段。

实验时,遗传群体中有 30 条染色体,一条染色体代表一组超平面,一个超平面由一个距离 d 和 N-1 个角度参数决定。程序中,群体中使用 30 个结构表示 30 条染色体(用结构数组表示),一个结构代表一条染色体。

通过 3000 代的遗传训练,获得训练成功率为 95.6%,总体测试精度达到 84%,训练与测试精度如表 5.7 所示。统计数据和实际分类图(彩图 16)表明,水体的分类效果比较好,而耕地与绿地的分类效果差,混淆的程度较大,交通用地与绿地也有部分混淆。

表 5.7　算法的混淆矩阵表
(a)训练点

总样本 500		正确分类的样本 478			整体训练精度 95.6%(全局)	
类别	C1	C2	C3	C4	C5	用户精度/%
C1	99	0	0	11		90.0
C2	1	99	4	0	0	96.2
C3	0	1	92	1	0	97.9
C4	0	0	2	88		97.8
C5	0	0	2		100	98.0
合计	100	100	100	100	100	
产生者精度/%	99	99	92	88	100	

总样本 1000		正确分类的样本 840			整体训练精度 84%（全局）	
类别	C1	C2	C3	C4	C5	用户精度/%
C1	141	21	0	0	0	90.0
C2	0	179	0	0	11	96.2
C3	59	0	181	50	0	97.9
C4	0	0	19	150	0	97.8
C5	0	0	0	0	189	98.0
合计	200	200	200	200	200	
产生者精度/%	70.5	89.5	90.5	75	94.5	

注：C1 耕地，C2 交通用地，C3 城镇，C4 绿地，C5 水体；训练点数：500；类别数：5 类；交叉率：0.02；变异率 0.3；最大代数：3000；训练精度：95%；群体大小：30；超平面个数：6 测试点数：1000。

5.8　遗传匹配

图像匹配的基本原理是根据两景图像（实测图、基准图）的相似性度量，在两景图像的相对移动中找出其相似性度量值最大或差别最小的位置，而常用的相似性度量有最小距离度量、最大相关度量、不变矩度量和对函数度量方法等。遥感图像匹配除了可以实现几何精校正以外，还可以实现目标的定位。从二值图像之间的匹配进行目标定位到灰度图像之间的匹配，进而到彩色、多光谱图像之间的匹配，相似性度量方法和匹配算法具有很大的不同。同一算法对不同性质图像的适应性也不同，例如，对函数度量方法更适合于二值边缘图像匹配，它具有简单、快速及抗噪性能强的优点。另外，图像模板匹配算法研究一直是图像识别领域的重要研究课题。近年来，研究者提出了许多基于模板匹配的快速算法，例如，MSEA 快速算法，由于依然以搜索与模板的某种相关性为识别的手段，虽然在计算量方面得以大幅降低，但在识别精度方面无显著提高。

遥感图像中目标的空间定位问题一般也可以通过模板匹配或者特征匹配的方法来实现。当给定的目标模板与遥感图像中候选目标的识别存在空间角度、缩放比例和背景噪声较强等问题时，仅仅采取模板匹配的方法很难实现对目标的快速准确定位。利用遗传算法的自适应性能就可以屏蔽掉模板匹配过程中对复杂参数的确定过程。本章提出的目标智能匹配定位方法结合遗传算法的优越性能对模板匹配模型进行优化搜索，构建目标中心点位置、角度和尺度的函数关系。该方法将遗传算法与模板匹配方法密切结合形成新的定位方法，选取一幅北京奥运场馆区 2002 年 6 月的航空影像进行方法实验，取得了比较满意的效果。

5.8.1　遥感图像匹配

对不同的模板匹配算法，按其利用图像信息的不同，可划分成基于灰度的模板匹配算法和基于特征的匹配算法。基于灰度的模板匹配算法是在图像灰度层次上，直接比较目标模板和候选图像区域之间的相似性，而基于特征的匹配算法是比较从图像中提取的一定特征的相似性。基于特征的匹配算法依赖于图像的质量，容易受噪声影响而不稳定

(梁路宏等,1999),它在目标空间结构比较单一、背景噪声干扰比较小的条件下可以取得比较精确的定位效果,但是在自然界中,上述条件很难得到满足。

如果是两种不同分辨率遥感图像之间的匹配,匹配之前一般需要一定的预处理以提高控制块对匹配精度,包括:①对不同分辨率的遥感图像均进行相同的地图投影变换,以便于实现不同空间分辨率图像在同一空间尺度上的图像叠加,从而也可利用定位精度较高的高分辨率图像来实现对低分辨率图像的高精度匹配定位;②对低分辨率的遥感图像进行内插细化,得到一系列提高分辨率后的图像块;③在提高的分辨率水平上,与高分辨率参考图像块进行精确配准,以提高两种图像之间的控制块对匹配精度,同时也有利于进行定位精度的检验。

当待识别图像为有背景图像时,这些算法的识别精度将大幅降低,且计算量也会受背景的影响而有所增加。针对这一难点,可以在传统的模板匹配算法中,引入图像差距度量的思想,将目标与背景进行有效的分离。同时在保证良好的识别精度的前提下,大幅降低算法的计算量,提高算法的实时性能。为完成有背景图像中的目标图像的准确识别,以待识别图像和目标模板图像的差距度量为最大选取阈值,实现目标与背景的有效分离;可以利用投影法在分离后的图像中得到目标存在区域;以模板匹配法为识别手段完成对目标的识别。

本章算法除了不需要进行过多的预处理外,也没有通过二值化的途径进行轮廓提取,简化了技术流程。算法选择了基于灰度的模板匹配算法作为研究对象,构建模板匹配的算法与遗传算法之间的适应度函数关系。试图利用遗传算法的自适应迭代和直接对参数对象进行操作的智能寻优搜寻特点,屏蔽掉模板匹配目标过程中对空间角度、缩放比例和强背景噪声等复杂参数的影响(史忠植,1998),取得精确的匹配定位效果。

5.8.2 模板匹配与遗传算法

区分遥感图像匹配与模板匹配两个概念是很重要的。因为模板本身不同于图像,一个是图像与图像之间的匹配,另一个是模板与图像之间的匹配。模板匹配虽然形式上接近于图像匹配,但仅仅是图像匹配识别实现的手段。

图像模板匹配也是一个图像模式识别问题。根据两幅图像的相似性度量,在两个图像的相对移动中找出其相似度量值最大或差别最小的位置。通过对不同灰度构成空间样式的描述和匹配,在搜索空间中找到相关的样式并标定模板匹配结果。这个匹配过程在假设空间目标比较简单或者背景噪声干扰比较小的条件下,可以取得比较满意的效果。在给定的目标模板与遥感图像中的目标存在着角度、缩放比例等未定要素或者较强背景噪声的条件下,搜索空间一般比较大,仅靠简单的模板匹配,很难在短时间内定位目标。

遗传算法(genetic algorithm)是一种随机搜索和优化技术(Goldberg,1989)。具有自适应的迭代寻优搜索和直接对结构对象进行操作的算法特点,同时也是一种基于群体(population)进化的全局优化搜索算法,具有隐含的并行性。通过群体适应度(fitness)控制的遗传操作,使群体不断优化,从而找到满意解或最优解。利用这种算法优势可以屏蔽掉简单模板目标匹配过程中对复杂参数的确定过程。借鉴人脸模板识别的方法

（Brunelli and Poggio,1993;梁路宏等,1999；何海峰等,2002),本节提出了一种在遥感图像中基于图像的灰度并借助遗传算法的优越性能进行目标定位的技术。

5.8.3 图像目标匹配定位的数学模型

与遥感图像分类一样,遗传算法用于遥感图像目标定位同样需要一个合适的数学模型。这个模型除了能覆盖大部分的几何变换外,最好也符合奥克姆剃刀原理,在此,给出了仿射变换的两种表达方式。由于本章中仅仅探索了二维空间匹配问题,所以该变换是符合要求的,如果继续探索多维图像定位的问题,可以扩展该变换模型或者引入新的模型进行研究。多维图像定位模型将是下一步探索的目标之一。

1. 仿射变换模型的矩阵表达及扩展

仿射变换可以表述大部分的二维几何变换,如平移、旋转、缩放、相位差和对称等。因此目标定位问题可以采用该模型。仿射变换的矩阵表达公式是

$$\begin{bmatrix} x' \\ y' \end{bmatrix} = \begin{bmatrix} a & b \\ c & d \end{bmatrix} \begin{bmatrix} x \\ y \end{bmatrix} + \begin{bmatrix} e \\ f \end{bmatrix} \tag{5.11}$$

式中:a、b、c、d、e、f 分别为仿射变换的参数,只是会有这样的结果,不一一对应;(x,y) 为模板点;(x',y') 为相应的仿射变换图像点(Yuen and Ma,2000)。

扩展到 n 个波段的图像匹配可以采用如下形式,即

$$\begin{bmatrix} x'_1 \\ x'_2 \\ \vdots \\ x'_n \end{bmatrix} = \begin{bmatrix} A_{11} & A_{12} & \cdots & A_{1n} \\ A_{21} & A_{22} & \cdots & A_{2n} \\ \vdots & \vdots & & \vdots \\ A_{m1} & A_{m2} & \cdots & A_{mn} \end{bmatrix} \begin{bmatrix} x_1 \\ x_2 \\ \vdots \\ x_n \end{bmatrix} + \begin{bmatrix} B_1 \\ B_2 \\ \vdots \\ B_n \end{bmatrix} \tag{5.12}$$

式中:$A = \begin{bmatrix} A_{11} & A_{12} & \cdots & A_{1n} \\ A_{21} & A_{22} & \cdots & A_{2n} \\ \vdots & \vdots & & \vdots \\ A_{m1} & A_{m2} & \cdots & A_{mn} \end{bmatrix}$ 和 $B = \begin{bmatrix} B_1 \\ B_2 \\ \vdots \\ B_n \end{bmatrix}$ 分别为变换参数矩阵;$x = \begin{bmatrix} x_1 \\ x_2 \\ \vdots \\ x_n \end{bmatrix}$ 和 $x' = \begin{bmatrix} x'_1 \\ x'_2 \\ \vdots \\ x'_n \end{bmatrix}$ 分别为图像点和仿射变换后的图像点。

2. 本节所用表达模型

仅仅在灰度图像(单波段图像)上进行定位匹配比较简单,所以本节实现时采用了下面的表达方式。

图像中目标模板匹配取决于三个基本要素:中心点坐标(x,y)、旋转角度、空间尺度。它们构成了三要素之间的组合查询搜索关系。模板中各点坐标通过与中心点坐标相对应的旋转角度和空间尺度的变换在图像中均对应一个点坐标位置,表达公式是

$$x' = (\text{int})\{\cos(\text{angle}) \times [(x - \frac{\text{xsize1}}{2}) \times \text{rate}] - \sin(\text{angle})$$

$$\times [(y - \frac{\text{ysize1}}{2}) \times \text{rate}] + x_p\} \qquad (5.13)$$

$$y' = (\text{int})\{\sin(\text{angle}) \times [(x - \frac{\text{xsize1}}{2}) \times \text{rate}] + \cos(\text{angle})$$

$$\times [(y - \frac{\text{ysize1}}{2}) \times \text{rate}] + y_p\} \qquad (5.14)$$

式中：angle 为模板的旋转角度；xsize1 为模板的宽度；ysize1 为模板的高度；rate 为模板的放大倍数；x_p、y_p 分别为原图像对应于模板中心点的位置；(x, y) 是模板中各点的位置；(x', y') 是图像中相应点的位置。

5.8.4 遗传优化的图像定位方法

1. 目标模板的生成

模板是通过对航空影像中的样本进行适当变换构造出来的。如图 5.11 所示，首先在选取的样本图像上手工画出目标(本书为汽车)的区域作为样本。

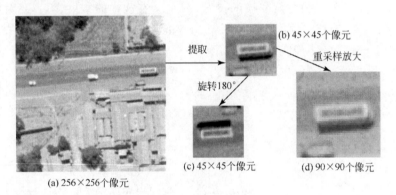

图 5.11 模板图像的形成

为了测试目标对不同尺度和旋转角度模板的适应性，对样本进行尺度和角度变化，给出了一个尺度变换模板和一个旋转角度变换的目标模板。理论上，使用这些模板可以得到同样的搜索结果。这样，就可以将这样一个目标定位问题转化为对目标模板的中心位置(x, y)、扩大倍数(rate)、旋转角度(angle)等四个参数进行选择的最优匹配问题。

图 5.11(a)表示原始图像中模板的选取位置，原始图像大小为 256×256 个像元；图 5.11(b)表示提取出的模板图像，大小为 45×45 个像元，模板中心位置(225,92)，扩大倍数为 1，旋转角度为 0；图 5.11(c)表示图 5.11(b)模板经过旋转 180°得到的模板图像，模板大小为 45×45 个像元，模板中心位置(225,92)，扩大倍数为 1，旋转角度为 180°；图 5.11(d)表示图 5.10(b)模板重采样放大 2 倍得到的模板图像，模板大小为 90×90 个像元，中心位置(225,92)，扩大倍数为 2，旋转角度为 0。

2. 遗传算法及匹配编码

遗传算法的自适应迭代寻优搜寻和直接对结构对象进行操作等算法特点非常适合于图像匹配定位。计算之初,将一定数目的个体(又称群体)随机初始化,计算每个个体的适应度函数;按照适应度选择个体进行交叉以产生新一代群体;然后,采用非常小的概率进行突然变异,从而实现全局搜索,最终实现世代交替;经过迭代,自动增加群体的平均适应度,生成具有非常高的适应度的个体(实用解),这就是群体的进化过程。简单遗传算法的步骤进一步总结为:

(1)群体的生成,N 个个体,然后求每个个体的适应度;

(2)使用适应度度量选择个体;

(3)两个个体组合成为双亲,其染色体交叉生成两个子孙染色体,具有较高适应度的子孙替换双亲,注意需要指定交叉发生率;

(4)指定变异发生率,按此变异率进行变异;

(5)迭代中止,求解。

这与上述几节中的遗传算法本质上具有相似性,但具体做法上有一些不同。图 5.12 对简单遗传算法的概念和模式表现做了详细的记录和表达,可见遗传算法采用了自然进化模型,如选择、交叉和变异等。

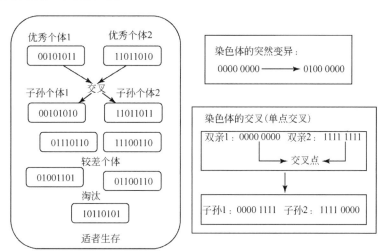

图 5.12　遗传算法的概念和模式表现

根据遗传算法的进程,可以将其划分为三个部分以易于理解和算法设计:群体初始化、遗传操作、适应度函数。设计中,其技术关键点主要为编码方式和遗传算子。初始群体一般通过随机化产生,编码技术确定搜索空间,适应度进行优劣判别、控制遗传操作,遗传操作决定搜索方向。遗传算法应用非常广泛,针对具体问题,编码方式和适应度函数各有不同。遗传-目标匹配定位方法(GAOML 方法)通过遗传算法确定遥感影像中的目标位置,要面临的主要问题包括参数编码和适应度函数的设计和计算。参数编码包括位置坐标、旋转角度、尺度等四个参数的编码。实验中,整个个体串采用 32 位二进制数进行编码,也就是说每个参数用 8 位来表示。

下面详细介绍编码和适应度值计算：

(1)位置编解码。原始图像大小为 256×256 个像元。模板使用一个 45×45 个像元的目标模板、一个 45×45 个像元的旋转模板、一个 90×90 个像元的尺度变换模板。分别采取 8 位二进制数代表位置参数 x 和 y，则表示图像尺寸的 x 和 y 都可以直接由 8 位二进制转换成十进制整数值获得。

相应的解码程序为：

```
for(i =0;i<7;i++)
{
    if(code[i] ==1)  code[i+1] =(unsigned char)(1- code[i+1]);
    if(code[i+8] ==1)  code[i+9] =(unsigned char)(1- code[i+9]);
}
x = 0.0;y = 0.0;
for(i =0;i<8;i++)
{
    x = x * 2.0+code[i];
    y = y * 2.0+code[i+8];
}
```

(2)尺度编解码。使用 8 位二进制代表模板缩放的倍数，给定最大放大倍数为 6.0，最小放大倍数为 0.1；则 8 位二进制表示 0.1～6.0 的实数值。

相应的解码程序为：

```
for(i =0;i<7;i++)
{
    if(code[i+16] ==1)  code[i+17] =(unsigned char)(1- code[i+17]);
}
rate = 0.0;
for(i =0;i<8;i++)
{
    rate = rate * 2.0+code[i+16]
}
rate= (MAX_RATE - MIN_RATE) * * rate/254.0+MIN_RATE
```

(3)角度编解码。使用 8 位二进制代表旋转角度，给定最大旋转角度为 360.0°，最小旋转角度为 0.0；则旋转范围限定于 −180°～180°，8 位二进制表示 0～360 的实数值。

相应的解码程序为：

```
for(i =0;i<7;i++)
{
    if(code[i+24] ==1)  code[i+25] =(unsigned char)(1- code[i+25]);
}
angle = 0.0;
angle = angle * 2.0+code[i+24];
```

```
for(i =0;i<8;i++)
{
    angle = angle * 2.0+code[i+24];
}
```
angle =ANGLE_RANGE * * * angle/254.0−ANGLE_RANGE/2.0;

angle = angle * * * π/180.0 ;

(4)适应度计算。为了计算适应度,首先需要计算目标模板与图像对应点灰度值的差分值之和。图像对应点位置通过模板变换公式求得。即先根据上述解码方式将二进制编码串转换成相应的参数值,给出模板上各点对应的空间变换点位置,通过式(5.15)确定差分值(value)。

$$value = \sum_{y=0}^{m-1} \sum_{x=0}^{n-1} | image2[y'][x'] − image1[y][x] | \qquad (5.15)$$

式中:image1 为模板图像矩阵,image2 为图像矩阵;m 为模板图像的高度,n 为模板图像宽度;x'、y' 由式(5.13)、(5.14)给定。

式(5.16)表示本书采用的适应度函数,即

$$fitness = 1.0 − value/(m \times n)/255 \qquad (5.16)$$

式中:fitness 为适应度值;value 由式(5.15)求得;m、n 分别为模板图像的高度、宽度。

需要指出的是,在进行图像差分计算时,可以设定一个阈值,当图像区域像元之间的差小于这个阈值时,则认为该区域过于平坦,不会是目标区域,此时将适应度值 fitness 置为较小的 0.1 即可。

5.8.5   实验结果及分析

1. 遥感图像目标匹配实验结果

选取一幅北京奥运场馆区 2002 年 6 月航空影像,大小 256×256 个像元。遗传算法采用 0、1 二值编码方式,群体初始化采用随机策略,采用轮盘赌机制利用适应度大小选择进行交叉的个体。选择交叉率为 0.7~0.9;变异率为 0.07~0.09;群体大小为 30~40,采用最优个体保存策略。

当模板选图 5.11(b)时,遗传算法经过 1000 代的运算,适应度值为 0.988 503,此时模板中心位置在(224,92),旋转角度为 359.294 118°,放大倍数为 0.979 216,试验定位结果如图 5.13(b)所示。当模板选图 5.11(c)时,遗传算法经过 1000 代的运算,适应度值为 0.989 122,此时模板中心位置在(225,91),旋转角度为 180.000 000°,放大倍数为 1.015 686,试验定位结果如图 5.13(c)所示。当模板选图 5.11(d)时,遗传算法经过 1000 代的运算,适应度值为 0.993 295,此时模板中心位置在(225,92),旋转角度为 359.294 118°,放大倍数为 0.493 333,实验定位结果如图 5.13(d)所示。

2. 实验结果分析

实验结果说明,模板的不同对实验结果有一定的影响,但影响不大。实验数据如表

5.8所示。遗传算法不同的选择交叉率和变异率在一定程度上影响了搜索空间的大小。决定遗传算法速度的关键因素是群体大小,一般应该限定大小为 10～200 之间,群体太小,则搜索空间太小,难以找到合适解;群体太大,则速度太慢。

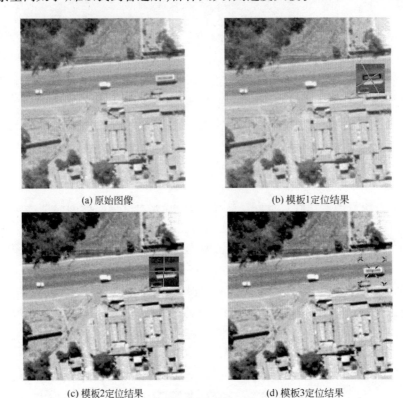

(a) 原始图像　　　　　　　　(b) 模板1定位结果

(c) 模板2定位结果　　　　　　(d) 模板3定位结果

图 5.13　模板区域的遗传匹配定位实验结果

表 5.8　模板的参数及其搜索结果比较表

模板	代数	适应度	中心位置(x,y)		扩大倍数(rate)		旋转度数(angle)/(°)	
1	1000	0.988 503	(225,92)	(224,92)	1	0.979 216	0	359.294 118
2	1000	0.989 112	(225,92)	(225,91)	1	1.015 686	180	180.000 000
3	1000	0.993 295	(225,92)	(225,92)	0.5	0.493 333	0	359.294 118

5.9　遗传 边缘提取

遥感图像分析中,通常认为不同的地面覆盖物体具有不同的光谱特征、空间特征和时间特征。基于这样的思考,遥感数字图像处理技术不断的完善综合应用遥感图像的这三种特征信息提高算法处理能力。城市高分辨率图像边缘检测就是这样一个具有科研探索性的领域。城市高分辨率图像边缘检测算法探索的基础是两个具有不同灰度值的相邻区域之间总存在灰度边缘,城市信息灰度边缘以灰度值不连续(突变)为基本特征,这种不连续常可利用导数计算检测到。高分辨率卫星遥感数据灰度编码采用 2^8 比特

（DN 值设定为 0～255 个灰度），甚至更高的灰度编码技术，增加了边缘检测算法在处理图像中城市边缘信息时的不确定性，影响了传统边缘检测算子 Sobel、Robert 、Prewitt、Kirsch、Gauss-Laplace 提取城市边缘信息的精度。

针对上述问题，本算法运用了"像元替换"的思想（Iisaka，2000），提出了一种综合遥感图像光谱特征 空间特征的边缘信息提取方法，选取圆明园地区的高分辨率卫星遥感图像，对照 Sobel、Robert 、Prewitt、Kirsch、Gauss-Laplace 算子处理结果，进行了算法和程序优化实验。实验结果表明，本方法具有算子设计简单、所提取边缘清晰的优点，可以应用于高分辨率城市遥感图像的边缘信息提取工作。

5.9.1　遥感空间信息提取

结合传统遥感图像处理和数学形态学方法的优势，利用图像的光谱和空间特征进行边缘信息提取过程中，对于遥感图像空间信息的处理采用了"像元替换"的技术，下面重点介绍该技术。

1. 像元替换技术

遥感数字图像处理中，一幅图像可以看作是一个密度场或者一个二维函数 I，该函数有两个自变量（又称为坐标对）x 、y ，即

$$I = f(x, y) \tag{5.17}$$

同时，对一数字图像而言，坐标值的集合 X 是一有限集，函数（5.18）就是一个从 X 集合到像元值集合的映射，可以定义为

$$I = \{x, a(x): x \in X\} \tag{5.18}$$

式中：a 为像元值的集合。

可以将该公式改写为

$$a(x_i) = \{[a(x_i) + a(x_j)]/2 + [a(x_i) - a(x_j)]/2\} \tag{5.19}$$

式（5.19）表示一幅图像是由两部分组成的：一部分代表坐标系中某像元和另一像元的相加项 $[a(x_i) + a(x_j)]/2$ ；另一部分则表示它们之间的相减项 $[a(x_i) - a(x_j)]/2$ 。

按照集合的观点，相加项可以表示为

$$I_+ = \{x, [a(x_i) + a(x_j)]/2: x \in X\} \tag{5.20}$$

相减项可以表示为

$$I_- = \{x, [a(x_i) - a(x_j)]/2: x \in X\} \tag{5.21}$$

这样，一幅图像 I 就可以表示为

$$I = I_+ + I_- \tag{5.22}$$

因此，在具体的图像处理中，根据不同的处理目的，可以将图像 I 中的像元替换为 I_+ 或者 I_- 中的像元。

为了描述的方便，从像元的 8-邻域中选择对应的像元对，然后将它们求和，如图 5.14（a）所示。如式（5.23）所表示的，将图像中像元替换为其相加项 $\sum_{j=1}^{n}[a(x_i) + a(x_j)]$ 便可以分解相应的图像空间信息特征，即

$$a(x_i) = \frac{1}{2n}\left\{\left\{\sum_{j=1}^{n}\left[a(x_i)+a(x_j)\right]\right\}+\left\{\sum_{j=1}^{n}\left[a(x_i)-a(x_j)\right]\right\}\right\} \quad (5.23)$$

式中：n 是像元对的数目；相加项 $\frac{1}{2n}\sum_{j=1}^{n}\left[a(x_i)+a(x_j)\right]$ 相当于一个加权图像平滑函数，

相减项 $\frac{1}{2n}\sum_{j=1}^{n}\left[a(x_i)-a(x_j)\right]$ 相当于一个 8-邻域的 Laplace 边缘检测算子。图像处理

中，二者经常独立的使用（图 5.14）。

　　　　(a) 相加项模板　　　　　　　　　　　(b) 相减项模板

图 5.14　8-邻域像元对所对应的模板

2. 通过模板卷积实现边缘提取

　　跟边缘检测方法一样，像元替换可以通过模板卷积实现。以上面所述的相加项 $\frac{1}{2n}\sum_{j=1}^{n}\left[a(x_i)+a(x_j)\right]$ 为例说明。假设有一幅包含目标和背景的二值图像，如图 5.15(a) 所示，其目标值皆为 1，背景值皆为 0，经过与相加项替换的结果如图 5.15(b) 所示。

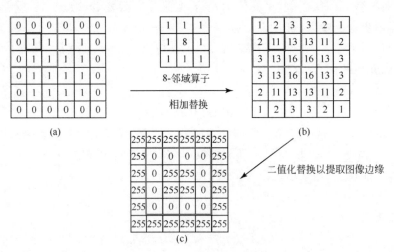

图 5.15　二值图像边缘提取

　　随后需要做的就是将像元值为 11 和 13 的边缘提取出来。需要说明的是，图 5.14 所表示的结果是最简单的正方形边缘提取，其他特征，例如，孤立点、交叉点、各种线、甚至不规则形状的特征也完全可以通过分析提取出来的。在上述操作中，还应该消除可能出现的膨胀（腐蚀）效果。图 5.16(b) 出现了边缘的膨胀效果，它是可以预料的，应该有相应的后续处理。

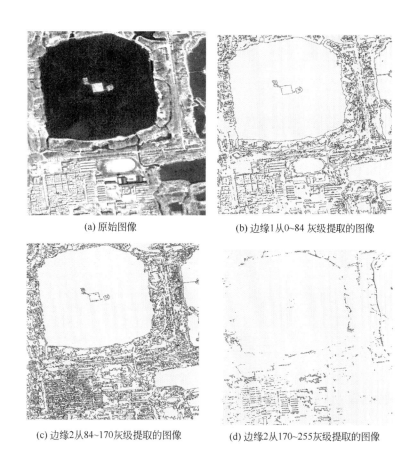

(a) 原始图像　　　　　　　　　(b) 边缘1从0~84 灰级提取的图像

(c) 边缘2从84~170灰级提取的图像　　　(d) 边缘2从170~255灰级提取的图像

图 5.16　可见光红波段边缘提取结果

5.9.2　遥感数据灰度分解与边缘信息提取

遥感图像处理中,一般使用图像分割方法提取特定地物,根据图像的直方图峰谷位置来确定阈值,或者图像分析者直接给定。只要地物目标具有特定的光谱范围并且合理给定阈值,这种方法就可以很好地提取目标地物。即通过多光谱图像,光谱空间中基于光谱相似性可以很好地识别目标地物。

然而,除了很少的地物,遥感数据中多数地表覆盖很难从光谱空间中直接提取。也就是说,仅仅从直方图中选择阈值是不够的。另外,地物间的相互影响客观存在,多数地物的光谱范围由几个阈值确定。

也就是说,结合地物的光谱和空间特征进行边缘信息提取,在进行空间特征分析之前,还需要进行光谱分解,从而产生一系列的二进制图像。遥感数据实验按如下步骤进行,如图 5.17 所示:

(1)产生一系列在给定灰度水平分割的二进制图像;

(2)使用像元替换方法处理每个二进制图像;

(3)处理可能的腐蚀或膨胀效果,提取边缘信息并存储结果;

(4)对于图像的下一个灰度级别重复(2)、(3);

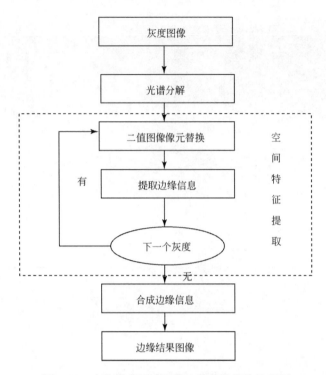

图 5.17　高分辨率遥感图像边缘信息提取流程图

(5)合成每个灰度级别的边缘信息,得到最终结果;

(6)分析结果。

5.9.3　图像处理实验及效果分析

在此选用了北京圆明园地区 2002 年 3 月的高分辨率遥感影像进行实验,图像大小为 1024×1024,分辨率为 1m,该图像为可见光红波段图像。经过光谱分析将其分解为一系列(本例为 0～84 灰阶、85～169 灰阶和 170～255 灰阶三幅)二值图像,然后对这几幅二值图像进行边缘提取并进行后续处理。将三幅图像进行合成以后,该边缘提取结果具有双像元的边缘,这也就是所谓的外边缘和内边缘。外边缘和内边缘的产生本质上是光谱分解造成的(彩图 17)。

采用传统的 Sobel、Robert、Prewitt、Kirsch、Gauss-Laplace 等边缘检测算子进行信息提取的影像边缘检测结果如图 5.18 中(a)、(b)、(c)、(d)、(e)所示,本研究采用方法的检测效果如图 5.18(f)所示。通过比较发现,本研究边缘信息提取的效果明显好于传统的边缘检测结果。因此,综合高分辨率卫星遥感信息的光谱和空间信息对城市信息边缘提取精度更优一些。

需要指出的是采用该方法时,不同的阈值间隔或者不同个数的阈值选取对最后的结果有很大的影响,光谱分解中阈值间隔因图像的质量和应用目标有所不同。双像元边缘的选择也是本方法的一个关键问题。

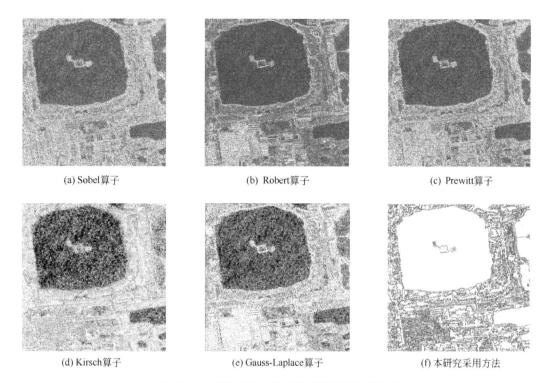

(a) Sobel算子　　　　　　　　(b) Robert算子　　　　　　　　(c) Prewitt算子

(d) Kirsch算子　　　　　(e) Gauss-Laplace算子　　　　(f) 本研究采用方法

图 5.18　本研究方法与其他常用算子的效果比较

5.10　本章小结

当复杂分类中涉及许多选择问题以及参数设置问题时,采用遗传算法往往有很大的自由度来指定染色体到特征等环节的映射,实现最优搜索,这个性能为遥感数据超平面分割、目标匹配等应用提供了工具。

理论分析和很多研究者的实验分析表明,遗传算法具有很好的优越性能,这些优越性能不但使其表现出智能性的特点,还使其在许多应用领域获得非常好的效果,近年来特别在问题求解、优化搜索、机器学习、智能控制、模式识别和人工生命等领域取得了许多令人鼓舞的成就。以遗传算法为核心的进化算法,已经与模糊系统理论、人工神经网络等一起成为计算智能中的热点。

在遥感数据分类处理领域,Pal 等(2001)提出使用遗传算法来确定超平面的空间组合位置,从而使得遗传算法得以应用于遥感图像分类中。在使用遗传超平面算法进行分类的过程中,除了要考虑遗传算法本身的特点以外,建立一个适合遗传进化的超平面组合模型也具有非常重要的意义。

在遥感图像目标的模板匹配过程中,通过引入遗传算法与模板匹配模型结合确定被识别目标的正确位置。通过构建图像,选择目标和模板之间的中心坐标、角度、尺度之间的函数关系,遗传算法的搜索方向(选择、交叉、变异)取决于匹配图像之间灰度差分值所确定的适应度函数。在随机搜索过程中,逐渐缩小模板图像与目标图像区域之间的差距,最终找到比较满意的目标区域。

如果将基于灰度模板和基于特征的匹配算法结合起来或者使用多光谱甚至高光谱图像,可能提高图像目标的匹配精度。本实验通过迭代 1000 次实现了目标定位,从提高匹配速度方面考虑,可以适当改变群体大小或者迭代次数。以后的研究可以在这两个方面进行,也可以将上述研究作为进一步探索智能遥感图像定位的基础。

高分辨率遥感图像的边缘提取是当前城市遥感信息提取的重要研究领域。实践中,传统的边缘检测算子(Sobel、Robert、Prewitt、Kirsch、Gauss-Laplace 等算子)主要是通过图像空域特征微分,建立不同结构的模板完成。高分辨率遥感数字图像包括空间域和光谱域两种信息,因此,借助于图像的光谱域和空间域两种特征信息提高提取城市边缘信息的精度已经成为当前算法开发的基本思路。我们采用"像元替换"的思想设计光谱分解和边缘检测的算子模板步骤,综合了图像的光谱和空间特征信息。研究结果表明,这种方法有效地提高了城市遥感数据边缘信息的提取精度,同时还具有方法简便、计算速度快的特点。

主要参考文献

陈国良,王煦法,庄镇泉等 . 1996. 遗传算法及其应用 . 北京:人民邮电出版社

何海峰,王林泉,葛元 . 2002. 灰度图像中基于像素分布特征的人脸定位 . 计算机工程,28(6): 158~160

李敏强,寇纪淞,林丹等 . 2002. 遗传算法的基本理论与应用 . 北京:科学出版社

梁路宏,艾海舟,何克忠 . 1999. 基于多模板匹配的单人脸检测 . 中国图形图像学报,4A(10):825~829

潘正君,康立山 . 2000. 演化计算 . 北京:清华大学出版社

史忠植 . 1998. 高级人工智能 . 北京:科学出版社

王煦法,杨奕若,张小俊等 . 1997. 遗传算法在模式识别中的应用 . 小型微型计算机,18(10):32~36

Bethke A D. 1978. Genetic algorithm as function optimizer. University of Michigan,Technical Report

Brunelli R,Poggio T. 1993. Face recognition:features versus templates. IEEE Trans Pattern Analysis and Machine Intelligence,15(10):1042~1052

Brumby S P,Harvey N R,Perkin S et al. 2000. A genetic algorithm for combining new and existing image processing tools for multispectral imagery. Algorithms for Multispectral,Hyperspectral,and Ultraspectral Imagery VI. Proceedings of SPIE. 480~490

Goldberg D E. 1989. Genetic Algorithms and walsh functions. Part II. Deceptive and its analysis. Complex Systems,3:153~171

Iisaka J. 2000. Automated detection of man-made disturbances in the forest from remotely sensed images. Proceeding of the 2nd International Conference on Geospatial Information in Agriculture and Forestry,Lake Buena Vista,USA. 135~322

Pal S K,Bandyopahayay S,Murthy C. 2001. A genetic classifiers for remotely sensed images:comparison with standard methods. International Journal of Remote Sensing,22(13):2545~2569

Yuen S Y,Ma C H. 2000. Genetic algorithm with competitive image labeling and least square. Pattern Recognition,33(3):1949~1966

第6章 神经网络

随着科学技术,特别是信息技术的发展,传统的图像处理方法已无法满足实际应用的需要,研究人员开始探索更新的和更有效的方法,其中研究利用神经网络进行图像处理是最活跃的方向之一。神经网络算法比起传统的算法表现出了很大的优越性:高度并行处理能力,人工神经网络并行分布工作,各组成部分同时参与运算,单个神经元的动作速度不快,但网络总体的处理速度极快,处理速度远远高于传统的序列处理算法;具有自适应功能,它可以模仿人脑处理不完整的,不准确的信息,甚至具有处理非常模糊的信息的能力,这种系统能够根据学习提供的数据样本找出和输出数据的内在联系,进而进行分类和识别;非线性映射功能,图像处理中的很多问题是非线性问题,神经网络为处理这些问题提供了有用的工具;具有泛化功能,能够处理带有噪声的或不完全的数据。

6.1 引　言

人工神经网络(artificial neural network,ANN)是由大规模神经元互联组成的高度非线性动力学系统,是在认识、理解人脑组织结构和运行机制的基础上模拟其结构和智能行为的一种工程系统。神经元生物学模型(MP模型)是第一个用数理语言描述脑的信息处理过程的模型。神经网络理论自从 McCulloch 和 Pitts(1943)提出(MP模型)以来至今已有60年的发展历史了。在这60年中,它的发展大体上可分为以下几个阶段。

自20世纪1943年 MP 模型产生至60年代,这一阶段可称为神经网络系统理论的初期阶段,这时的主要特点是多种网络模型的产生与学习算法的确定,如 Hebb 学习规则至今仍是神经网络系统理论的学习算法的一个基本规则。Rosenblatt(1957)提出了感知器(perceptron)模型,第一次从理论研究转入工程实现阶段,掀起了研究人工神经网络的高潮。感知器是一种多层的神经网络。Rosenblatt 在 IBM704 计算机上进行了模拟,从模拟结果看,感知器有能力通过调整权的学习达到正确分类的结果。这些算法与模型促进了神经网络的应用。

20世纪60年代末至70年代,Minsky 和 Papert(1969)发表了专著,名为《感知器》。在肯定感知器的研究价值以及它们有许多引起人们注意的特征之后,指出线性感知器功能是有限的。具体来说,简单的神经网络只能进行线性分类和求解一阶谓词问题,而不能进行非线性分类和解决比较复杂的高阶谓词问题(如 XOR、对称性判别和宇称问题等)。该书导致了对神经网络研究的热情骤然下降,迅速转入低潮。低潮的出现除上述原因外,还和当时的社会、技术和物质条件有关。

20世纪80年代,物理学家 Hopfield(1982)提出了 Hopfield 神经网络模型,提出了能量函数、稳定性等概念。若将约束和指标考虑到适当形式的能量函数中,则可利用

Hopfield 网络的神经计算能力来约束优化问题。例如，计算旅行推销员问题(travelling salesman problem，TSP)的近似解，就是使用这种方法求出的不是最小值的解，即不是最短路径而是一个较短路径。如果加上模拟退火技术(即引入一个全局性随机参量，可以使网络的状态变量从局部极小值跳出，趋向于全局稳定点)，则可得到接近最优解的解。80 年代后期至 90 年代初，神经网络形成一个发展的新热潮，多种模型、算法与应用问题被提出，许多国家纷纷增加经费，完成了许多有意义的工作。

在 1991 年召开的国际联合神经网络会议上，会议主席 Rumelhart 在开幕式中说："神经网络的发展已进入转折点，它的应用范围正在不断扩大，领域几乎包括各个方面"。

进入 21 世纪，神经网络与其他非线性算法结合已成为重要的发展趋势。目前国际上提出的计算智能就是以人工神经网络为指导，结合其他非线性算法的综合集成。计算智能研究正注意几个结合：人工神经网络模糊系统、粗糙集理论、混沌理论和进化计算的结合；人工神经网络与近代信号处理方法子波、分形等的结合，以更有效的模拟人脑的思维机制，将人工智能导向生物智能。最简单的办法是神经网络作为系统的前端即预处理来处理含糊不清或不完善的数据，或者也可以作为系统的后端来增强由非线性算法所进行的判断。

Poth 等(2001)通过自组织特征映射网络从 TM 数据的光谱波段、主成分和 NDVI 中选取最佳波段组合和类别数，然后，对此利用模糊 C-均值算法进行了聚类分析；Simpson 和 Mcintir(2001)等利用 BP(back propagation)算法对 AVHRR 数据进行了大范围的雪覆盖的检索，并且很好地区分了云、雪和裸地，并且识别了云雪混合的像元。

国内，人工神经网络(ANN)在遥感数据处理中的应用主要集中在对遥感数据的分类和识别中。毛建旭(2001)等提出了一种基于模糊高斯基函数神经网络的遥感图像分类器，应用于遥感图像的分类，得到了较好的分类结果；孙立新(2000)针对高光谱遥感影像的特点，提出了基于粗糙集的高光谱遥感影像优化分类波段组合选择方法。采取的策略是利用扩展的属性依赖性公式定义了波段间的相似度。通过模糊聚类，得到对原始波段集合的模糊等价划分。在每个模糊等价波段组中，选择一个代表性波段或进行线性融合，完成对原始波段集合的初步降维，基于遗传算法并结合粗糙集理论，给出能提高遗传搜索效率的增效措施，从而对降维后的波段集合进行不一致优化分类波段组合的选择。

6.2 神经网络的学习规则

神经元的权值的学习法则，一般为下列模式

$$\omega_i(t+1) = k\omega_i(t) + \Delta\omega_i, \ 0 < k < 1 \tag{6.1}$$

$$\Delta\omega_i = \eta\delta x_i, \ \alpha > 0 \tag{6.2}$$

式中：x 为输出；k 和 η 为学习效率的系数；δ 为学习信号；$\omega_i(t)$ 和 $\omega_i(t+1)$ 分别为第 t 次和第 $(t+1)$ 次时的权值。

依据神经网络的确定权值 ω_i 的方法不同，而提出了各种学习规则。下面介绍确定权值的几个常用规则。

1. Hebb 学习规则

Hebb 学习规则是最早的、最著名的训练算法，它基于的想法，就是当同一时刻两个被连接的神经元的状态都是"开"（+1 或称兴奋）时，加大连接两者的权值。在神经网络中 Hebb 算法简单描述为，如果一个处理单元从另一处理单元接收输入激励信号，而且如果两者都处于高激励电平，那么处理单元间的加权就应当增强。用数学方法来表示，就是两节点的连接权将根据两节点的激励电平的乘积来改变，即

$$\Delta\omega_{ij} = \omega_{ij}(n+1) - \omega_{ij}(n) = \eta y_i x_j \tag{6.3}$$

式中：$\omega_{ij}(n)$ 为第 $(n+1)$ 次调节前，从节点 j 到节点 i 的连接权值；$\omega_{ij}(n+1)$ 为第 $(n+1)$ 次调节后，从节点 j 到节点 i 的连接权值；η 为学习速率参数；x_j 为节点 j 的输出，并输入到节点 i；y_i 为节点 i 的输出。

对于 Hebb 学习规则，学习信号 δ 简单地等于神经元的输出，即

$$\delta = f(\mathbf{W}_i^{\mathrm{T}}\mathbf{X}) \tag{6.4}$$

权向量的增量变成

$$\Delta\mathbf{W}_i = \eta f(\mathbf{W}_i^{\mathrm{T}}\mathbf{X})\,\mathbf{X} = \eta\delta\mathbf{X} \tag{6.5}$$

对于单个的权用以下的增量得到修改

$$\Delta\omega_{ij} = \eta f(\mathbf{W}_i^{\mathrm{T}}\mathbf{X})x_j \tag{6.6}$$

即

$$\Delta\omega_{ij} = \eta y_i x_j, \quad j=1,2,\cdots,n \tag{6.7}$$

这个学习规则在学习之前要求在 $\mathbf{W}_i = 0$ 附近区域的小随机值上对权值进行初始化。规则说明了如果输出和输入的数量积是正的，将产生权值 ω_{ij} 的增加；否则，权值减小。

2. 感知器的学习规则

感知器的学习规则中，学习信号等于期望和实际神经元的响应之间的差，因而学习受到指导而学习信号等于

$$\delta = d_i - y_i \tag{6.8}$$

$$\omega_i(k+1) = \omega_i(k) + \eta(d_i - y_i)x_j, \quad i=0,1,2,\cdots,n \tag{6.9}$$

式中：$\omega_i(k)$ 为当前的权值；d_i 为导师信号；y_i 为感知器的输出值；η 为控制权值修正速度的常数（$0<\eta\leqslant1$）。权值的初始值一般取较小的随机非零的值。

值得注意的是感知器学习方法在函数不是线性可分时，得不出任何结果，另外也不能推广到一般的前馈网络中去。其主要原因是传递函数为阈值函数，因此人们用可微函数，如 sigmoid 函数来代替阈值函数，然后采用梯度下降算法来修正权值。

3. δ 学习规则

δ 学习规则又称最小均方误差（least mean square，LMS）。它利用目标激活值与所得的激活值之差进行学习（袁曾任，1999）。其方法是，调整函数单元的联系强度，使这个差最小。

δ 学习规则适用于

$$f(\mathrm{net}) = \frac{2}{1 + \exp(-\lambda\mathrm{net})} - 1$$

和

$$f(\mathrm{net}) = \frac{1}{1 + \exp(-\lambda\mathrm{net})}$$

以及可适用于有监督训练模式中的连续激活函数。这种学习规则的学习信号称为 δ,并定义如下

$$r = [d_i - f(\boldsymbol{W}_i^{\mathrm{T}}\boldsymbol{X})] f'(\boldsymbol{W}_i^{\mathrm{T}}\boldsymbol{X}) \tag{6.10}$$

式中：$\boldsymbol{X} = (x_1, x_2, \cdots, x_n)^{\mathrm{T}}$；$f'(\boldsymbol{W}_i^{\mathrm{T}}\boldsymbol{X})$ 为激活函数 $f(\mathrm{net})$ 的导数，$\mathrm{net} = \boldsymbol{W}_i^{\mathrm{T}}\boldsymbol{X}$。

学习规则能够很容易地由实际输出值和期望值之间的最小平方误差来推导出来。计算如下：令 i 表示是对第 i 个单元进行的计算，d_i 为第 i 个单元的期望输出值，$y_i = f(\mathrm{net})$ 为第 i 个单元实际输出值，计算平方误差关于第 i 个单元的权向量 $\boldsymbol{W}_i$ 的梯度向量，平方误差定义为

$$E = \frac{1}{2}(d_i - y_i)^2 \tag{6.11}$$

这里乘上因子 1/2 的目的仅仅是使得表达式可以用一种方便的形式来表示。上式即为

$$E = \frac{1}{2}[d_i - f(\boldsymbol{W}_i^{\mathrm{T}}\boldsymbol{X})]^2 \tag{6.12}$$

平方误差关于权向量 $\boldsymbol{W}_i$ 的梯度向量值为

$$\nabla E = -[d_i - f(\boldsymbol{W}_i^{\mathrm{T}}\boldsymbol{X})] f'(\boldsymbol{W}_i^{\mathrm{T}}\boldsymbol{X})\boldsymbol{X} \tag{6.13}$$

梯度向量的分量是

$$\frac{\partial E}{\partial \omega_{ij}} = -[d_i - f(\boldsymbol{W}_i^{\mathrm{T}}\boldsymbol{X})] f'(\boldsymbol{W}_i^{\mathrm{T}}\boldsymbol{X})x_j, \, j = 1, 2, \cdots, n \tag{6.14}$$

一般称 E 为误差能量。由于误差能量下降最快的方向就是沿着那一点的负梯度方向，所以取

$$\Delta\boldsymbol{W}_i = -\eta\nabla E, \eta > 0 \tag{6.15}$$

即

$$\Delta\boldsymbol{W}_i = \eta(d_i - y_i) f'(\mathrm{net}_i)\boldsymbol{X} \tag{6.16}$$

对于权向量的分量，调节变成

$$\Delta\omega_{ij} = \eta(d_i - y_i) f'(\mathrm{net}_i)x_j, \, j = 1, 2, \cdots, n \tag{6.17}$$

因此最小平方误差，通过式(6.16)可计算出权值的改变量。在式(6.16)中代入由式(6.5)定义的学习信号，权值调节变成

$$\Delta\boldsymbol{W}_i = c(d_i - y_i) f'(\mathrm{net}_i)\boldsymbol{X} \tag{6.18}$$

式中：c 为正常数，称为学习常数，确定学习的速率。因此式(6.16)和式(6.18)是等同的。对于这种训练方法，权值可以取任何初始值。δ 学习规则能够被推广用于多层网络。

4. 胜者为王(winner-take-all)学习规则

这个规则是竞争学习的一个例子，被用于无监督神经网络的训练(Grossberg and Mc loughlin, 1997; Shen et al., 1992)。这个学习是基于在某层，例如，m 层中神经元中的一个有最大响应为前提，例如，这个响应是由输入 $\boldsymbol{X}$ 引起的，则这个神经元被宣布为获胜者。由于这个事件的结果，权向量 $\boldsymbol{W}_m$ 为

$$\boldsymbol{W}_m = [\omega_{m1}, \omega_{m2}, \cdots, \omega_{mn}]^{\mathrm{T}} \tag{6.19}$$

得到调节，它的增量按下式计算

$$\Delta\boldsymbol{W}_m = \alpha(\boldsymbol{X} - \boldsymbol{W}_m) \tag{6.20}$$

式中：$\alpha > 0$ 是一个小的学习常数。选择获胜者的方法是基于参加竞争的 m 层中所有 p

个神经元中最大激活的准则。其表达式为

$$W_m^T = \max_{i=1,2,\cdots,p} (W_i^T X) \tag{6.21}$$

这个准则就是寻找最接近于输入矢量 X 的权向量,然后唯独对此获胜权向量的权值进行调整。输入后的权向量趋向于比较好地估计输入模式。

6.3 BP 网络分类

由误差反向传播(error back propagation,BP)算法训练的多层前馈型神经网络,是神经网络分类器中最普遍、最通用的形式(Rumelhart,1986)。已经证明由一个单隐层和非线性兴奋函数组成的多层感知器网络,是通用的分类器(Mougeot et al.,1991)。也就是说,这样的网络能逼近任意复杂的决策边界。

6.3.1 BP 算法

基于 BP 算法的多层前馈型神经网络(简称 BP 网络)不仅有输入层节点、输出层节点,而且有一层或多层隐含节点。对于输入信息,要先向前传播到隐含层的节点上,经过各单元的特性为 Sigmoid 型的激活函数运算后,把隐含层节点的输出信息传播到输出节点,最后输出结果。网络的学习过程由正向和反向传播两部分组成。在正向传播过程中,每一层神经元的状态只影响下一层神经元网络。如果输出层不能得到期望输出,即实际输出值与期望输出值之间有误差,那么转入反向传播过程,将误差信号沿原来的连接通道返回,通过修改各层神经元的权值,逐次地向输入层传播过去进行计算,然后,再进行正向传播过程,通过这两个过程的反复运用,使得误差信号最小。实际上,误差减小到允许范围内时,网络的学习过程就结束。BP 算法是在监督下进行学习,它的学习是建立在梯度下降法的基础上的。以下叙述算法过程。

设网络共有 L 层和 n 个节点,每层的各节点只接收前一层的输出信息并输出给下一层各单元,各节点的特性为 Sigmoid 型(它是连续可微的、不同于感知器中的符号函数,因为它是不连续的)激活函数。为简单起见,认为网络只有一个输出 y。设给定 N 个样本,任意一个节点 i 的输入为 x_k,网络的目标输出为 y_k,节点 i 的输出为 O_{ik},现在研究第 l 层的第 j 个单元,当输入第 k 个样本时,节点 j 的输入为

$$\mathrm{net}_{jk}^l = \sum_j \omega_{ij}^l O_{jk}^{l-1} \tag{6.22}$$

式中:O_{jk}^{l-1} 为 $l-1$ 层的输入。输入第 k 个样本时,l 层的第 j 个节点的输出为

$$O_{jk}^l = f(\mathrm{net}_{jk}^l) \tag{6.23}$$

使用的误差函数为平方度量型

$$E_k = \frac{1}{2} \sum_i (y_{jk} - \bar{y}_{jk})^2 \tag{6.24}$$

式中:$\bar{y}_{jk}$ 为节点 j 的实际输出。总误差为

$$E = \frac{1}{2N} \sum_{k=1}^N E_k \tag{6.25}$$

定义 $\delta_{jk}^l = \dfrac{\partial E_k}{\partial \mathrm{net}_{jk}^l}$ ，于是

$$\frac{\partial E_k}{\partial \omega_{ij}^l} = \frac{\partial E_k}{\partial \mathrm{net}_{jk}^l} \frac{\partial \mathrm{net}_{jk}^l}{\partial \omega_{ij}^l} = \frac{\partial E_k}{\partial \mathrm{net}_{jk}^l} O_{jk}^{l-1} = \delta_{jk}^l O_{jk}^{l-1} \tag{6.26}$$

下面分两种条件来讨论：

(1)若节点 j 为输出层节点，则 $O_{jk}^l = \overline{y}_{jk}$

$$\delta_{jk}^l = \frac{\partial E_k}{\partial \mathrm{net}_{jk}^l} = \frac{\partial E_k}{\partial \overline{y}_{jk}} \frac{\partial \overline{y}_{jk}}{\partial \mathrm{net}_{jk}^l} = -(y_k - \overline{y}_k) f'(\mathrm{net}_{jk}^l) \tag{6.27}$$

(2)若节点 j 不是输出层节点，则

$$\delta_{jk}^l = \frac{\partial E_k}{\partial \mathrm{net}_{jk}^l} = \frac{\partial E_k}{\partial O_{jk}^l} \frac{\partial O_{jk}^l}{\partial \mathrm{net}_{jk}^l} = \frac{\partial E_k}{\partial O_{jk}^l} f'(\mathrm{net}_{jk}^l) \tag{6.28}$$

由于 O_{jk}^l 是送到下一层，即$(l+1)$层中节点的输入，因此计算 $\dfrac{\partial E_k}{\partial O_{jk}^l}$ 时要从$(l+1)$层处算回来。对于$(l+1)$层的第 j 个节点，有

$$\frac{\partial E_k}{\partial O_{jk}^l} = \sum_m \frac{\partial E_k}{\partial \mathrm{net}_{mk}^{l+1}} \frac{\partial \mathrm{net}_{mk}^{l+1}}{\partial O_{jk}^l} = \sum_m \frac{\partial E_k}{\partial \mathrm{net}_{mk}^{l+1}} \omega_{mj}^{l+1} = \sum_m \delta_{mk}^{l+1} \omega_{mj}^{l+1} \tag{6.29}$$

将式(6.29)代入式(6.28)，则得

$$\delta_{jk}^l = \sum_m \delta_{mk}^{l+1} \omega_{mj}^{l+1} f'(\mathrm{net}_{jk}^l) \tag{6.30}$$

总结上述结果可得

$$\begin{cases} \delta_{jk}^l = \displaystyle\sum_m \delta_{mk}^{l+1} \omega_{mj}^{l+1} f'(\mathrm{net}_{jk}^l) \\ \dfrac{\partial E_k}{\partial \omega_{ij}^l} = \delta_{jk}^l O_{jk}^{l-1} \end{cases} \tag{6.31}$$

现在把 BP 算法的步骤概括为选定权重系数的初始值，重复下述过程直到收敛。

(1)对 $k = 1 \cdots N$。

正向计算过程：计算每层各节点的 O_{jk}^{l-1} ，net_{jk}^l 和 $\overline{y}_k$ ，$k = 1, 2, \cdots, N$。

反向计算过程：对各层$(l = L-1$ 到 $2)$的各节点，计算 δ_{jk}^l 。

(2)修正权值。

$$\omega_{ij} = \omega_{ij} - \mu \frac{\partial E}{\partial \omega_{ij}}, \quad \mu > 0$$

式中：μ 为步长，其中 $\dfrac{\partial E}{\partial \omega_{ij}} = \displaystyle\sum_{k=1}^N \frac{\partial E_k}{\partial \omega_{ij}}$ 。

根据上面误差反传算法的推导，要求激活函数的导数$[\,f'(\mathrm{net}_i)\,]$存在。因此，一般情况下采用 S 型函数作为反传网络的激活函数。S 型函数中用的最多的有两个：一是 Sigmoid 函数，其表达式为

$$f(x) = \frac{1}{1 + \exp(-x)} \tag{6.32}$$

另一个是双曲线正切函数，其表达式为

$$f(x) = \frac{1 - \exp^{-x}}{1 + \exp^{-x}} \tag{6.33}$$

6.3.2　遥感应用

遥感资料为 2001 年 3 月 26 日夜间的 NOAA/AVHRR 传感器接收到的 1 b 格式数据。在同一地区每天接收两轨图像数据,覆盖范围包括新疆、甘肃、宁夏及陕西等地区。我们所选图像范围为北纬 36°08′～50°,东经 75°10′～96°,此范围内共有 1498×1000 个像元。气象温度为国家气象局全国网站在 2001 年 3 月 27 日凌晨 2 点的实际测量温度,气象局全国网站在每一个县都有观测点,分布较均匀,与图像对应的范围内共有 54 个地点的温度数据可以利用。神经网络选用了 BP 网络,并用 C++语言编程实现。图 6.1 为本章使用的 BP 网络结构图。

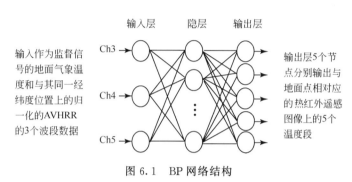

图 6.1　BP 网络结构

首先进行数据预处理,把地面气象温度按其凌晨 2 点的实际测量值划分为 5 类,第 1 类:－5℃以下;第 2 类:－5～－2℃;第 3 类:－2～1℃;第 4 类:1～5℃;第 5 类:5℃以上等温度段,令其依次对应输出层的 5 个节点。然后,对 AVHRR 的 3 个波段数据分别归一化为 0～1。

分类算法分两个步骤进行,即 BP 网络的训练和利用训练后的 BP 网络进行地面气象温度分类,如图 6.2 所示。

步骤 1 是网络训练过程,对 BP 网络的各层进行设计。其中,输入层:输入归一化的 3 个波段遥感数据和作为目标输出值(监督信号)的温度段,每一波段为一个输入层节点。输出层:由于是温度划分,输出层的每一节点对应一个温度段。中间隐层:对于 BP 网络,所取的隐层节点数少时,局部极小就多,容错性差;但是,隐层节点数过多易引起学习时间过长,误差也不一定最佳,因此需要多次试验后选取一个最佳的隐层节点数。步骤 2 是利用步骤 1 所得到的网络模型对归一化的热红外遥感数据进行地面气象温度划分。利用不同数据源的数据进行网络训练时,网络更易陷入局部极小误差和的收敛速度慢的问题,因而对 BP 算法进行了改进,改进后的算法和公式如下。

激活函数采用 Sigmoid 函数,为使对应输入样本 p 的最小二乘误差达到最小,通过学习不断修正权和阈值,计算最小二乘误差函数的公式为

$$E_p = 0.5 \times \sum (t_{pj} - o_{pj})^2 \tag{6.34}$$

式中:t_{pj} 为样本 p 在输出层节点 j 的目标输出值即地面气象温度段;o_{pj} 为样本 p 在输出层节点 j 的实际输出值。计算实际输出值是从输入层到输出层的方向进行,误差和权的调整方向是从输出层到输入层。

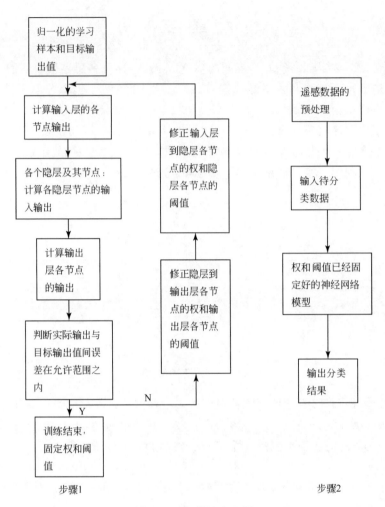

图 6.2　BP 算法流程图

（1）计算各节点 j 的输出值 o_{pj}（当节点 j 是输入层的节点，则其输出值等于输入的值）的公式为

$$o_{pj} = f(\text{net}_{pj}) = \frac{1}{(1 + \mathrm{e}^{-\sum w_{ji}o_{pi} - \theta_j})}$$ (6.35)

式中：w_{ji} 为连接节点 i 和节点 j 的权；θ_j 为节点 j 的阈值。阈值可认为是从输出恒为 1 的节点到其他节点间连接的权值，故同 w_{ji} 的学习调整过程一样。权 w_{ji} 的学习调整方法如下。

（2）当 j 是输出层节点时，通过下式修正连接隐层节点 i 到输出层节点 j 的权 w_{ji}，即

$$\Delta w_{ji}(n+1) = \eta \delta_{pj} o_{pi} + \alpha \Delta w_{ji}(n)$$ (6.36)

式中：η 为学习速率；α 为动量项；δ_{pj} 为输出层节点 j 的误差信号。δ_{pj} 的计算公式为

$$\delta_{pj} = (t_{pj} - o_{pj}) o_{pj}(1 - o_{pj})$$ (6.37)

（3）当 j 不是输出层节点时，也通过上式修正连接隐层节点 i 到隐层节点 j 的权 w_{ji}。但 δ_{pj} 的计算变为

$$\delta_{pj} = o_{pj}(1 - o_{pj}) \sum \delta_{pk} w_{kj} \tag{6.38}$$

式中:δ_{pk}为输入来自节点 j 的输出值的节点 k 的误差信息;w_{kj}为连接节点 $j \sim k$ 的权。

为避免 BP 网络在训练过程中陷入局部极小误差,对网络的初始权值和阈值,按随机数方式赋给接近零的初始值,保证每个神经元开始时都处在激活函数变化率最大的区域。学习速率 η 的取值应接近权重误差微商。对于输入样本,为避免按顺序输入方式输入则容易陷入局部极小误差,故采用随机输入的方式。

我们经过试验,确定的 BP 网络结构为 3 个输入层、32 个隐层和 5 个输出层,误差 0.05,α 为 0.8,η 为 0.02。

国家气象局 54 个观测点在 2001 年 3 月 27 日凌晨 2 点观测的西北地区地面气象温度数据及观测点的经纬度坐标如表 6.1 所示。图 6.3 是 2001 年 3 月 26 日 23 点 NOAA/AVHRR 12 的热红外 5、4、3 波段的 1b 格式数据经过几何校正后的合成图像 (彩图 18)。表 6.1 的 54 个样本点温度中含有 3 个云覆盖地区的温度数据,把这 3 个点去掉后将余下的 51 个数据按温度递增排列,然后,从第一个起每取 2 个后隔一个再取 2 个如此循环共取 34 个学习数据。余下的 17 个数据作为验证网络的独立测试数据,并在 17 个上加一个位于北纬 91°44′,东经 43°13′,温度 8.6℃ 的有云覆盖区的温度数据点,将其归入第 5 类,使测试数据变为 18 个。将有云覆盖区的温度数据点加入测试数据的目的是,考察训练成功的网络对云覆盖区如何进行识别。我们所用的 BP 网络结构中 3 个输入层节点依次为归一化为 0~1 的 NOAA/AVHRR 的 3、4、5 通道,输出层节点按作为监督信号的地面气象温度点依次划分为 1 类:−5℃ 以下;2 类:−5~−2℃;3 类:−2~1℃;4 类:1~5℃;5 类:5℃ 以上温度。

表 6.1 2001 年 3 月 27 日凌晨 2 点气象温度

地面温度/℃	经度	纬度	地面温度/℃	经度	纬度	地面温度/℃	经度	纬度
−135	9522	3751	−12	8154	4147	18	8934	4401
−134	9341	3648	−10	8552	4726	20	7817	3737
−104	9454	3625	−10	8624	4803	23	7903	4030
−96	9320	3845	−9	8243	3704	23	8014	4110
−95	9023	4640	−6	9441	4009	26	7716	3826
−54	9051	3815	−4	8742	4038	26	8810	3902
−51	8805	4744	−1	8732	4412	27	8336	4556
−40	8728	4707	4	9331	4249	28	8415	4147
−37	9032	4522	5	8108	4309	32	8300	4644
−37	9300	4336	6	8603	4419	34	8739	4347
−36	9546	4032	12	8139	3651	40	8304	4143
−32	8409	4302	15	8103	4030	55	8608	4145
−31	9440	4132	15	8533	3809	56	8340	3900
−27	7827	4056	16	7834	3948	63	8120	4357
−27	8634	4205	16	7956	3708	64	8235	4511

地面温度/℃	经度	纬度	地面温度/℃	经度	纬度	地面温度/℃	经度	纬度
—27	9442	4316	16	8440	4426	68	7559	3928
—23	8543	4647	17	8813	4214	68	8451	4537
—20	8931	4659	18	8254	4437	86	9144	4313

注:地面温度以 0.1℃ 为单位。

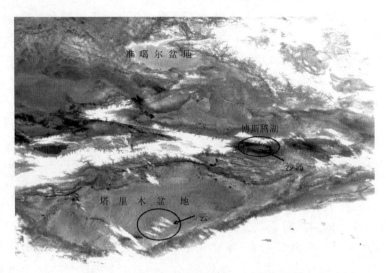

图 6.3　AVHRR ch5、ch4 和 ch3 合成图像

训练后的网络对 18 组测试数据的验证结果如下,如表 6.2 所示。

表 6.2　18 组测试数据的验证结果

类名	没能判别	第 1 类	第 2 类	第 3 类	第 4 类	第 5 类
第 1 类	0	2	0	0	0	0
第 2 类	0	0	3	0	0	0
第 3 类	0	0	3	1	0	0
第 4 类	0	0	1	1	4	0
第 5 类	1	0	0	1	0	1

　　从验证结果看,第 1 类的 2 个样本和第 2 类的 3 个样本被正确判别;第 3 类的 4 个样本被正确判别 1 个,而 3 个样本被判为第 2 类;第 4 类的 6 个样本被正确判别 4 个,各有 1 个样本被判为第 2 类和第 3 类;第 5 类中的 3 个样本被正确判别 1 个,1 个被判为第 3 类,对云覆盖地区的 1 个样本没能够判别。故对 18 组样本,正确判别 11 组,把 6 组样本判其为相邻类别,对有云覆盖区的 1 个样本判其为无法识别的点。故判别的总准确率是很高的。通过对比原始图像与人工神经网络分类后的图(图 6.4)可知,对有云覆盖区判其为没能识别的区域,这同我们的验证结果是一致的,对天山山脉等冰雪覆盖区、博斯腾湖中的沙岛及其周边的湖水温度和准噶尔盆地的地面温度分布状况也给出了清晰的结果。

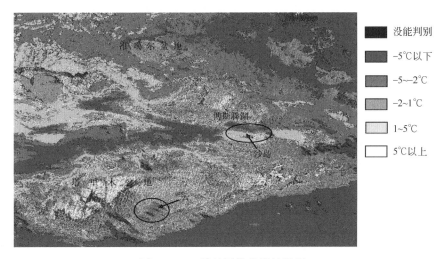

图 6.4　BP 神经网络分类结果图

6.4　SOFM-LVQ 网络分类

　　芬兰的 Kohonen 从生物系统中得到启发,根据大脑中视觉皮层中侧反馈的特征,提出了自组织映射神经网络(self organizing feature map,SOFM)理论(Kohonen,1982)。他认为神经网络中邻近的各个神经元通过彼此侧向交互作用,相互竞争,自适应发展成检测不同信号的特殊检测器,这就是自组织特征映射的含义。在 Kohonen 的模型中反映了上面提到的人脑中那些细胞结构和现象。当外界输入样本到人工的自组织映射神经网络中,一开始时,输入样本引起输出兴奋细胞的位置各不相同,但经过自组织后形成一些细胞群,它们分别反应了输入样本的特征。这些细胞群,如果在二维输出空间,则是一个平面区域,样本自学习后,在输出神经元层中排列成一张二维的映射图,功能相同的神经元靠得比较近,功能不相同的神经元分得比较开,这个映射过程是用竞争算法来实现的,其结果可以使一些无规则的输入自动排序,在调整连接权的过程中可以使权的分布与输入样本的概率分布密度相似。

6.4.1　自组织特征映射神经网络与学习矢量量化的原理

　　SOFM 网络结构由两层构成:输入层和输出层(Kohonen 层)。这两层是权连接的。每个输入层神经元与每个输出层神经元有一前馈连接。假设输入是标准化的(即 $\|x\|=1$)。通常,到 Kohonen 层的输入,可用以下公式计算,即

$$I_j = \sum_{i=1}^n (W_{ij} x_i) \tag{6.39}$$

　　应用胜者取全部(winner-takes-all)的原则,获胜的输出层神经元将是有最大 I_j 的神经元。而 Kohonen 层的所有其他神经元将无输出。事实上式(6.39)是神经元权值矢量和输入矢量之间的点积。因而这一方法选择一个获胜神经元,该神经元权值矢量与输入

矢量的夹角要小于其他所有神经元所对应的点积（注意输入矢量和权值矢量是归一化的），如图 6.5 所示。

　　另一种选择获胜神经元的方法，是简单地将权值矢量与输入矢量具有最小欧氏范数距离（$d_j = \| W_j - x \|$）的神经元作为获胜神经元。对于单位长度的矢量，这一方法与刚刚描述的方法，在选择同一神经元作为获胜者上是等价的。然而，利用欧氏距离来选择获胜神经元时不需要将权值矢量与输入矢量进行归一化。为了使聚类中心按特定方式有序化，在输出层上按相应的几何方法来组织特征，以便于在阵列中相互靠近的位置可以找到类似的特征，就必须在输出层建立反馈连接。图 6.6 列出了二维阵列的情形。

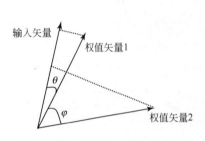

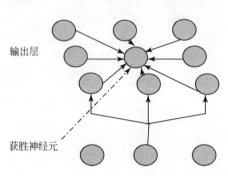

图 6.5　输入矢量与权值矢量的点积　　　　图 6.6　输出层为二维阵列的侧反馈连接图

　　反馈的大小和类型（兴奋或抑制）用侧向权值表示，它是阵列内神经元之间距离的一个函数，它决定了哪种侧向连接将产生预期的结果。

　　应用 SOFM 网络进行数据聚类时，SOFM 网络在输入模式上执行在线聚类过程，SOFM 网络对输出层神经元施加了一个侧反馈邻域约束，因而使得输入的多维数据中的拓扑性质可以聚类到输出层神经元的权值上。聚类中心以权值表示，通过竞争学习规则更新权值。在此聚类过程中，不仅更新获胜神经元的权值，而且更新获胜神经元周围侧反馈邻域内所有神经元的权值。侧反馈邻域的大小通常随每次迭代缓慢减少，SOFM 网络结构及其侧反馈邻域如图 6.7 所示。当此过程完成后，输入数据被划分成不相交的类别，使得相同类别中个体的相似性大于与其他类别中个体的相似性。

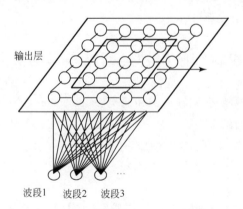

图 6.7　自组织特征映射神经网络结构

SOFM 网络训练结束后，应用学习矢量量化（learning vector quantization，LVQ）网络方法细调 SOFM 网络的权值。LVQ 方法融合了自组织和有监督的技术。它是 SOFM 网络方法的有监督学习的扩展形式，它允许对输入矢量将被分到哪一类进行指定。尽管仍然采用竞争学习，但是其产生方式是有教师监督的。用这种方法意味着，竞争学习是在由训练输入指定的各类中局部地发生的。LVQ 网络结构除了输出层的每个神经元被指定为属于几个类别之一外，与 SOFM 网络是相似的。一般地，每个类别将分得若干神经元，对于一给定输出单元的权值矢量，它代表在输出端的响应最大的输入矢量的样本。在 LVQ 方法中，这样的权值矢量有时被看作是一参考或码书矢量。当一种输入模式 x 输入到网络时，有最近（欧氏距离）的权值矢量的神经元被选定为获胜者。训练过程类似于 SOFM 网络的学习规则，只有获胜的神经元被修改。其训练调整公式如下。

分类正确时为

$$W_{ij}^{\text{new}} = W_{ij}^{\text{old}} + \eta(x_i - W_{ij}^{\text{old}}) \tag{6.40}$$

分类不正确时为

$$W_{ij}^{\text{new}} = W_{ij}^{\text{old}} - \eta(x_i - W_{ij}^{\text{old}}) \tag{6.41}$$

很明显，这一训练方法可获得一获胜神经元。如果它属于正确的类别，那么它将朝着输入矢量的方向移动；反之，如果获胜神经元不属于正确的类别，它将被迫向远离输入矢量的方向移动。

LVQ 方法有几种改进的形式，Kohonen 提出了 LVQ 方法的几种改进算法：LVQ2，LVQ2.1 和 LVQ3。所有这些算法，都围绕着如何训练网络这一问题来进行变化（Kohonen，1989，1990）。

6.4.2 自组织特征映射神经网络与矢量量化的算法步骤

SOFM 网络的训练步骤如下：

设 w_j 是从输出层的神经元 j 到输入层各节点 i 的连接权向量，$x = \{x_1, x_2, \cdots, x_n\}$ 是输入向量，n 是维数（输入的光谱波段数）。基本上，网络的训练过程就是调整过程，在每一次迭代中，针对那些和输入样本最为接近的神经元，称为获胜神经元，调整它的权重系数。这样就使它和输入样本更加接近，因此称为胜者全取学习规则。同时，在最初的迭代过程中，获胜神经元邻域中的神经元的权重系数也做相似的调整。

因此，权重系数的调整就发生在获胜输出神经元的邻域内。在开始阶段，这个邻域比较大，随着训练的进行，邻域开始不断减小。一个以获胜神经元为中心的方形或者六边形的网格就可以看成一个邻域，其中，方形邻域用的更为普遍。通常利用半径来度量定义邻域的大小。对于一个方形网格，半径就是到中心点的棋盘格距离。在整个学习过程中，神经元之间通过相互竞争来使得决策和某个输入最相似。

SOFM 网络的训练也称作粗调。粗调是自组织竞争学习过程，属于无监督的聚类，过程如下。

步骤 1：对每一个神经元的权值随机初始化为 0～255.0 的实数。

步骤 2：对每一输入向量 x，使用欧几里得距离作为不相似性度量，计算输出层各神经元的激活值（距离），即

$$a_j = \Big[\sum_{i=1}^{n} (x_i - w_j)^2 \Big]^{0.5} = \| x - w_j \| \tag{6.42}$$

步骤 3：找到对应输入向量 x 的具有最小激活值的神经元，然后按下式更新权值，即
$$w_{ij}(t+1) = w_{ij}(t) + \alpha(t)[x_i(t) - w_{ij}(t)], j \in N_{c_j}(t)$$
$$w_{ij}(t+1) = w_{ij}(t), j \notin N_{c_j}(t) \tag{6.43}$$
式中：$Nc_j(t)$ 为 t 时刻的获胜单元的侧邻域；j 为输出层神经元；$\alpha(t)$ 为学习速率，并随 t 逐渐减少，其初值一般设为 0~1.0 之间。

步骤 4：输入新的向量，重复步骤 2 到步骤 3，达到预设的循环次数或聚类为止。

步骤 5：对每一输入的向量标出其所属的类；按多数原则（如果在一个聚类中属于类别 c 的数据点占多数，则该聚类被标注成类别 c）对输出层各神经元标出其所属的类别。

学习速率 $\alpha(t)$ 随时间缓慢减少：$\alpha(t) = \alpha(t-1)\sigma$，$\alpha$ 的初始值选为 0.5~0.9。

自组织竞争学习完成后，输入空间被划分为一些不相交的类别，每一类由其聚类中心表示。这些聚类中心被称作模板、参考向量或译码向量。对于一个输入向量，使用相应的译码向量（权向量）来表示输入向量，而不是输入向量本身，此方法称为矢量量化。

对粗调后的网络权向量，应用学习矢量量化算法，按下式进行细调，此过程属于有监督的训练。

步骤 1：随机选择一个训练输入向量 x，并找到使 $\| x - w_c \|$ 最小的 c。

步骤 2：用 LVQ 算法，如果 x 和 w_c 属于同一类，按下式更新 w_c，即
$$w_c(t+1) = w_c(t) + \alpha(t)[x_i(t) - w_c(t)] \tag{6.44}$$
否则，按下式更新 w_c，即
$$w_c(t+1) = w_c(t) - \alpha(t)[x_i(t) - w_c(t)] \tag{6.45}$$
当 i 不等于 c 时，权向量为
$$w_i(t+1) = w_i(t) \tag{6.46}$$
学习速率 α 是小的正常数，随每次迭代递减，递减至 0.001 后不再减少。

步骤 3：如果已达到了最大迭代次数，停止；否则，返回步骤 1。

SOFM 网络算法的收敛性质已经得到证明。

6.4.3　TM 数据的自组织特征映射神经网络分类实验

利用 2001 年 5 月 19 日获取的 ETM＋数据进行了自组织特征映射神经网络分类实验。实验所用的波段数为 1~5 和 7 波段，地点是北京地区的一景图像。选取的区域大小为首都机场周围的 1600×1600 像元，彩图 19 为原始图。我们结合实地考察结果和土地覆盖利用图从图上选取了训练点，为了验证网络的分类精度，我们独立于训练集选取了验证数据集。表 6.3 为训练数据集合与验证数据集合。选取的 SOFM 网络结构为输入层 6 个节点，分别对应 6 个波段；输出层大小为 20×20 的二维结构，输出层上邻域的初始大小取 12，网络的学习速率为 0.05，网络的最大循环次数为 2500。彩图 20 为对应的分类结果图。为验证网络的分类精度，我们用独立选取的验证集对网络进行了验证。表 6.4 为 SOFM 网络验证结果的混淆矩阵，验证结果表明，SOFM 网络的整体精度达到了

94%以上。从分类过程上看,自组织特征映射神经网络分类在网络结构的选取、参数的确定等方面要比 BP 神经网络简单,而且对大量的训练数据很快就可训练完毕,训练时间要比 BP 神经网络短。从分类结果图和验证结果的混淆矩阵上可以看出,SOFM 网络很好地区分了道路和城镇类。

表 6.3　训练数据集合与验证数据集合

类别编号	土地覆盖	描述	训练数据集合	验证数据集合
1	耕地	农田、果园等	1668	905
2	交通用地	城镇道路、机场等	1196	683
3	城镇用地	城镇居民点	1061	725
4	绿地	草坪林地和绿化带	1649	857
5	水体	河流、水库和池塘	1258	794
6	其他	干涸的河道空旷地	956	538
	合计		7788	4502

表 6.4　SOFM 分类结果的混淆矩阵

类别	总样本 4502　正确分类的样本 4243　整体精度 94.2% kappa=0.9305						用户精度/%
	耕地	交通用地	城镇用地	绿地	水体	其他	
耕地	851	0	0	24	0	5	96.70
交通用地	0	671	29	0	0	16	93.72
城镇用地	1	12	691	0	0	114	84.47
绿地	35	0	3	833	0	0	95.64
水体	18	0	0	0	794	0	97.78
其他	0	0	2	0	0	403	99.51
合计	905	683	725	857	794	538	
地表真实精度/%	94.03	98.24	95.31	97.20	100	74.91	

6.4.4　小波融合与自组织神经网络算法的组合分类实验

1. ASTER 数据

本实验的研究区域选在天津市大港区独流减河流域。实验数据是 2000 年 8 月 20 日获得的 ASTER 卫星数据,数据中 1、2、3N 波段(15 m 分辨率)和 5、7、9 波段(30 m 分辨率)的光谱数据能够利用。选取的研究区域为 2048×2048 个像元(15 m 分辨率)。研究区域的 3N、2、1 波段 RGB 合成图如图 6.8 所示。为增强短波红外的 5、7 和 9 波段的空间分辨率和光谱分辨率,利用 ASTER 数据的 1 和 2 波段进行主成分变换,然后取其第一主成分,与 5、7 和 9 波段进行小波融合。

图 6.8　ASTER 3N、2、1 波段合成图

ASTER 数据的 1、2、3N 和 5、7、9 波段的空间分辨率不同,若用一般的自组织神经网络分类则只能使用 ASTER 数据的同一空间分辨率的几个波段进行分类,不能充分发挥多波段遥感数据所提供的光谱信息,而基于小波融合的自组织神经网络分类能够增加可利用的波段数,从而增加光谱分辨率,提高信息提取和分类的精度。因此,需要把 5、7、9 波段的空间分辨率与 1、2、3N 波段的空间分辨率变为一致。小波变换是融合不同分辨率图像的有力数学工具,小波变换融合主要利用多分辨率分析(MRA)的 Mallat 算法对高分辨率图像和低分辨率图像进行小波正变换,把高分辨率数据的各级各方向的高频成分与低分辨率数据相应的各级各方向的高频成分进行局部方差最大的比较,组成新的高频,然后与低分辨率数据的低频成分,进行小波逆变换,得到分辨率提高并且信息得到增强的融合图像(哈斯巴干等,2003)。

2. 实验与结果

实验选择的 Kohonen 自组织特征映射的网络结构如下:输入层共设 6 个节点,1、2 和 3N 及小波融合后的 5、7 和 9 光谱波段分别对应一个输入层节点;输出层神经元选择 25×25 的二维结构,根据 Ji(2000),25×25 的神经元网络结构在分类问题上其精度可以满足要求。学习速率 α 的初始值选为 0.9,α 随着训练时间的增加逐渐减少到 0.001 后不再减少,最大循环次数取 2000 次。输出层上的侧反馈邻域的初始大小选为 14。训练及验证数据集合如表 6.5 所示。图 6.9 为网络结构是 25×25 时,训练数据集经自组织特征映射训练后,7 个类别在输出层平面上的分布结果。

表 6.5　训练数据集合与验证数据集合

类别号	土地覆盖	描述	训练数据集合	验证数据集合
1	河湖	河流、池塘	2 898	622
2	海水	海水、盐池	4 832	745
3	浓悬浮物	浓海水悬浮物	4 234	776
4	淡悬浮物	淡海水悬浮物	4 200	648
5	湿地	湿地	4 039	654
6	城镇	人工建筑、房屋 公路、护岸、土路	3 886	773
7	植被	芦苇、庄稼和树木	2 300	846
		合计	26 389	5 024

```
G G G G G G G G G G E E E E E E E E O B B B B F B
G G G G G G G G G G E E E E E E E E O B B B B B B
G G G G G G G G G E E E E E E E E E E B B B B B B
G G G G G G G G E E E E E E E E E E O B B B B B B
F F F G G G G G E E E E E E E E E O E B B B B B B
F F F F G G G E E E E O E E E E E E O B B B B O B
F F F F E E E E O E E E E E E E E F A A B B B B B
F F F F F E E E E E E E E E A A A A A A B B B B B
F F F F F A A E E E A A A A A A A O A B B B O B B
F F F F F F A A A A A A A A A A A A A B B B B B B
F F F F F F A A A A A A A A A A A A B B B B B B B
F F F F F F F A A A A F A A A A A A A B B B B B B
F F F F F F F F F F F F F A A A A A B A B B B B B
F F F F F F F F F F F F F F C O A A B B B B B B B
F F F F F F F F F F F F F F C C C B B B B B B B B
F F F F F F F F F F F F F C C C C C B B B B B B B
F F F F F F F F F F F F C C C C C C C C C C C F F
F F F F F F F F F F C C C C C C C C C C C C C C C
F F D D D D D D D O D D D C F C C C C C C C C C C
F F D D D D D D D D D D D C C C C C C C C C C C C
D F D D D D D D D D D D D D D C C C C C C C C C C
D D D D D D D D D D D D O D D C C C C C C C C O C
D D D D D D D D D D D D D D D C C C O C C C C C C
D D D D D D D D D D D D D D D F C C C C C C C C C
```

A 河湖

B 海水

C 浓悬浮物

D 淡悬浮物

E 湿地

F 城镇

G 植被

图 6.9　25×25 的 SOFM 图标出的 7 个土地覆盖类型

图中符号 O 表示训练集中没有输入矢量与此神经元进行对应匹配。从图 6.9 看到，输入的 6 个波段训练数据在输出层平面上已经很好地聚类。在图的右下部分，有几个 F(城镇)落在 C(浓悬浮物)的区域中，这是由于城镇类包括的成分复杂，有些物体的光谱曲线在所选用的 6 个波段的范围内接近于海水悬浮物的光谱曲线而造成的。

SOFM 网络训练结束后开始进行分类。我们在分类的过程中没有设阈值，从而不产生属于未知类的像元。为进行比较，使用同样的训练集以最大似然判别法对 1、2 和 3N 及小波融合后的 5、7 和 9 光谱波段进行了分类试验，同样按最大似然法分类时也没有设阈值，从而也不产生属于未知类的像元。SOFM 网络和最大似然判别法对 6 个波段的分类结果,如图 6.10、图 6.11 所示。为了对比这两种方法的精度,用预先取得的独立验证数据对 SOFM 方法和 MLH 方法进行精度测试,将测试结果分别表示在一个混淆矩阵中,见表 6.6、表 6.7。通过比较混淆矩阵,SOFM 方法的整体精度是 90.363 35%,MLH 方法的整体精度是 83.2148%,可知 SOFM 方法的分类精度高于 MLH 方法。MLH 方法明显夸大了城镇的面积,把实际属于另一类的 666 像元归为城镇类,城镇类中额外像元占的比例达到了 46.38%(666/1436)。通过把原始的 3N、2、1(图 6.8)合成图分别与 SOFM 分类图(图 6.10)和 MLH 分类图(图 6.11)对照,城镇被夸大的结果在图中也很明显。

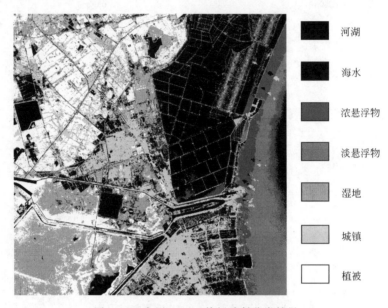

图 6.10　应用 SOFM 特征映射分类结果

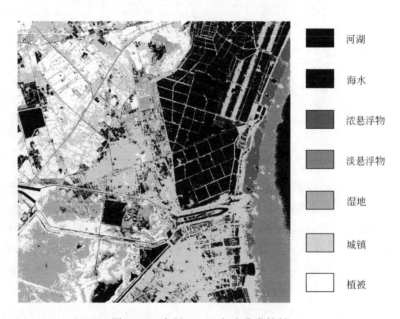

图 6.11　应用 MLH 方法分类结果

表 6.6　SOFM 分类结果的混淆矩阵

类别	总样本 5064		正确分类的样本 4576		整体精度 90.363 35%			用户精度/%
	河湖	海水	浓悬浮物	淡悬浮物	湿地	城镇	植被	
河湖	478	6	0	0	7	5	1	96.18
海水	140	737	0	0	2	0	0	83.85
浓悬浮物	0	1	740	138	0	0	1	84.09
淡悬浮物	0	0	0	510	0	16	0	96.96
湿地	4	0	0	0	640	0	114	84.43
城镇	0	1	36	0	0	752	11	94.00
植被	0	0	0	0	5	0	719	99.31
合计	622	745	776	648	654	773	846	
地表真实精度/%	76.80	98.93	95.36	78.70	97.86	97.28	84.99	

表 6.7　MLH 分类结果的混淆矩阵

类别	总样本 5064		正确分类的样本 4214		整体精度 83.2148%			用户精度/%
	河湖	海水	浓悬浮物	淡悬浮物	湿地	城镇	植被	
河湖	589	10	0	0	70	1	0	87.91
海水	3	632	0	0	0	0	0	99.53
浓悬浮物	0	0	573	0	0	0	0	100.00
淡悬浮物	0	0	0	504	0	2	0	99.60
湿地	0	0	0	0	478	0	82	85.36
城镇	30	103	203	144	90	770	96	53.62
植被	0	0	0	0	16	0	668	97.66
合计	622	745	776	648	654	773	846	
地表真实精度/%	94.69	84.83	73.84	77.78	73.09	99.61	78.96	

6.4.5　对多波段遥感数据降维的分类实验

多特征维数在模式识别中是个大问题,因而出现了很多降维(dimensionality reduction)算法。这些降维算法中的大部分都提供了一个函数映射过程,可以对任何一个特征向量求得在低维空间上的对应点。主成分分析(principal component analysis,PCA)和因子分析(factor analysis)都是经典算法,他们通过线性组合特征以达到降维的目的(马建文等,2001)。主成分分析的目标是在低维空间上找到最能反映原始数据方差的一种表示;因子分析的目的是在低维空间上找到最能体现原始数据之间相关性的一种表示。如果把降维问题看成去掉高度相关(冗余)的特征或合并这些相关特征,那么聚类技术就可以在这里发挥作用。

ASTER 卫星数据从可见光到热红外共分 14 个波段范围,它可以提供更多的光谱信息。由于 ASTER 卫星数据的各波段的空间分辨率不完全一样,为充分利用多波段数据所提供的光谱信息,提高分类精度,本节首先对短波红外的 5、6、7、8 和 9 波段进行主成分变换取其第一和第二主成分,然后利用小波变换融合提高第一和第二主成分和短波红外的 4 波段的空间分辨率增强其光谱特征信息之后,用 SOFM 网络进行了土地覆盖的分类研究,并把分类结果与基于统计方法的最大似然判别法的分类结果进行了比较,取得了优于 MLH 分类法的分类结果。

1. 算法

ASTER 数据的 1、2、3N 和 4~9 波段的空间分辨率不同,因此,需要把 4~9 波段的空间分辨率变为与 1、2、3N 波段的空间分辨率一致。为此,我们采用了小波融合提高分辨率的算法。融合过程结束后,进行神经网络分类实验。

实验中选择了输入层有 6 个节点、输出层是 8×8×8 的三维立体结构的 SOFM 网络结构。

设 w_j 是从输出层的神经元 j 到输入层各节点 i 的连接权向量,$\boldsymbol{x} = \{x_1, x_2, \cdots, x_n\}$ 是输入向量,n 是维数(输入的光谱波段数,本试验中为 6)。

网络训练分两个部分:粗调和细调。粗调是自组织竞争学习过程,属于无监督的聚类。过程如下。

步骤 1:对神经元的权值按式(6.47)进行随机初始化。

$$W_{ij} = (\text{double})\text{rand}() / [10.0 \times (\text{double})\text{RAND\_MAX}] \tag{6.47}$$

步骤 2:对每一输入向量 $\boldsymbol{x}$,使用欧几里得距离作为不相似性度量,计算输出层各神经元的激活值(距离),即

$$a_j = \left[\sum_{i=1}^{n} (\boldsymbol{x}_i - \boldsymbol{w}_{ij})^2 \right]^{0.5} = \| \boldsymbol{x} - \boldsymbol{w}_j \| \tag{6.48}$$

步骤 3:找到对应输入向量 $\boldsymbol{x}$ 的具有最小激活值的神经元,然后按下式更新权值,即

$$\boldsymbol{w}_{ij}(t+1) = \boldsymbol{w}_{ij}(t) + \alpha(t)[\boldsymbol{x}_i(t) - \boldsymbol{w}_{ij}(t)], j \in N_{c_j}(t)$$
$$\boldsymbol{w}_{ij}(t+1) = \boldsymbol{w}_{ij}(t), j \notin N_{c_j}(t) \tag{6.49}$$

式中:$Nc_j(t)$ 为 t 时刻的获胜单元的侧反馈邻域;j 为输出层神经元;$\alpha(t)$ 是学习速率,并随 t 逐渐减少,其初值一般设为 0~1.0。这里 $Nc_j(t)$ 从大到小的过程是网络的有序化过程;$Nc_j(t)$ 到零以后是网络的收敛过程。

学习速率 $\alpha(t)$ 随时间缓慢减少的计算方式如下:

前 500 回中学习速率 $\alpha(t)$ 按公式 $\alpha(t) = \alpha(t) - \delta/10.0$ 减少;$\alpha(t)$ 的初始值 $\alpha(0) = 0.9, \delta = 0.005$。然后以 $\alpha(t) = \alpha(t) - \delta$ 减少,$\alpha(t)$ 随着训练时间的增加逐渐减少到 0.001 后不再减少。

$Nc_j(t)$ 从大到小的过程如下:侧反馈邻域的初始大小 $Nc_j(0) = 6$,每 200 回半径减小 1,即 $t < 200$ 时,$Nc_j(t) = 6$;$200 \leqslant t < 400$ 时,$Nc_j(t) = 5$;$400 \leqslant t < 600$ 时,$Nc_j(t) = 4$;至 $Nc_j(t) = 0$ 后不再减少。

步骤 4:输入新的向量,重复步骤 2 到步骤 3,达到预设的循环次数为止。实验所选取的最大循环次数为 2500 次。

步骤 5:对输出层各神经元(聚类中心)标出其所属的类别;标示类别的方法是按多数原则来标类,即与此神经元匹配的输入数据中如果属于类别 c 的数据点占多数,则该神经

元被标注成类别 c 的聚类中心。

自组织竞争学习完成后,输入数据被划分为一些不相交的类别,每一类由其聚类中心表示。对粗调后的网络权向量,按学习矢量量化算法,按下式进行细调,此过程属于有监督的训练。

步骤 1:随机选择一个训练输入向量 x,并找到使 $||x-w_c||$ 最小的 c。

步骤 2:用 LVQ 算法,如果 x 和 w_c 属于同一类,按下式更新 w_c,即

$$w_c(t+1) = w_c(t) + \alpha(t)[x_i(t) - w_c(t)]$$

否则,按下式更新 w_c,即

$$w_c(t+1) = w_c(t) - \alpha(t)[x_i(t) - w_c(t)]$$

当 i 不等于 c 时,权向量为

$$w_i(t+1) = w_i(t) \tag{6.50}$$

学习速率 $\alpha(t)$ 随每次迭代递减,其计算公式和初始值的选法同上,递减至 0.001 后不再减少。

步骤 3:如果达到最大迭代次数,停止;否则,返回步骤 1。实验所选取的最大循环次数为 2000 次。

2. 处理过程与结果分析

实验的研究区域选在天津市大港区及其周边地区。实验数据是 2000 年 8 月 20 日获得的 ASTER 卫星数据,首先对图像数据进行几何校正,然后选用了数据中 1、2、3N 波段(15 m 分辨率),和 4~9 波段(30 m 分辨率)的光谱数据。所选研究区域大小 4096×4096 个像元(15 m 分辨率)。彩图 21(a)是研究区域的 3N、2、1 波段合成图。为增强 4~9 波段的空间分辨率和光谱分辨率,先对 ASTER 数据的 1、2 和 3 波段进行主成分变换,取其第一主成分;对 5~9 波段进行主成分变换,取第一和第二主成分,然后用 1、2 和 3 波段的第一主成分分别与 4 波段和 5~9 波段的第一和第二主成分进行小波融合。融合过程简述如下:首先,对 4 波段和 5~9 波段的第一和第二主成分按最近邻法重采样为 15m 分辨率;然后,用 1、2 和 3 波段的第一主成分和重采样后的 4 波段和 5~9 波段的第一和第二主成分进行小波正变换,把高分辨率数据(1、2 和 3 波段的第一主成分)的各级各方向的高频成分与低分辨率数据(重采样后的 4 波段和 5~9 波段的第一和第二主成分)相应的各级各方向的高频成分进行局部方差最大的比较,取方差大者组成新的高频,然后与低分辨率数据的低频成分,进行小波逆变换,得到空间分辨率和光谱分辨率提高了的新的 4 波段和 5~9 波段的第一和第二主成分。

融合过程结束后,用 ASTER 数据的 1、2 和 3N 及小波融合后的 4 波段和 5~9 波段的第一和第二主成分共 6 个波段数据,利用实地考察,结果结合目视解译和该地区的土地利用图,选取了训练和验证数据集。表 6.8 是实验所用的训练和验证样本点数据集合的构成描述。

表 6.8 训练数据集合与验证数据集合

类别号	土地覆盖	描述	训练数据集合	验证数据集合
1	淡水	河流、池塘	2 700	633
2	海水	海水、盐池	3 567	663

类别号	土地覆盖	描述	训练数据集合	验证数据集合
3	湿地	湿地	3 072	598
4	植被	高覆盖植被	1 710	798
5	耕地	农田、园林、菜园	1 945	512
6	城镇	城镇、农村居民点	2 177	657
7	其他	裸露的土地、植被稀疏区、公路护岸、收割后的农田	1 007	384
	合计		16 178	4 245

实验中选择了输入层有 6 个节点、输出层是 8×8×8 的三维立体结构的 SOFM 网络结构。ASTER 数据的 1、2 和 3N 及小波融合后的 4 波段和 5～9 波段的第一和第二主成分分别对应一个输入层节点,学习速率 α 的初始值为 0.9,α 随着训练时间的增加逐渐减少到 0.001 后不再减少,最大循环次数取 2500 次。输出层上的侧反馈邻域的初始大小选为 6。

图 6.12 为网络结构是 8×8×8 的三维立体结构时,训练数据集经自组织特征映射训练后,7 个类别在输出层空间上的分布结果的切面图。从图 6.12 看到,输入的 6 个波段训练数据在输出层空间上已经很好地聚类。

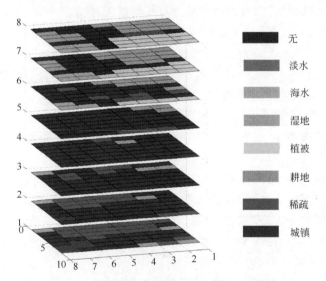

图 6.12　7 个类别在输出层空间上的拓扑分布的切面图

在实验中,ASTER 数据的 1、2 和 3N 及小波融合后的 4 波段和 5～9 波段的第一和第二主成分分别对应输入层 6 个节点中的一个节点。流程如图 6.13 所示。

为对比 SOFM 网络和 MLH 方法的分类结果,用预先选取的训练集,对 ASTER 数据的 1、2 和 3N 及小波融合后的 4 波段和 5～9 波段的第一和第二主成分共 6 个波段,按 MLH 方法进行了分类试验。彩图 21 的(B)、(C)和(D)分别对应 MLH、SOFM 粗调和最终的 LVQ 细调分类图。为比较三种方法的精度,用预先取得的独立验证数据集对

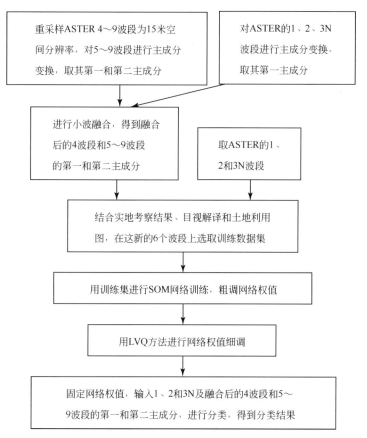

图 6.13　SOFM 网络的分类流程

MLH、SOFM 粗调和 SOFM 的 LVQ 细调方法进行了精度测试,将测试结果分别表示在混淆矩阵中,见表 6.9、表 6.10 和表 6.11。

表 6.9　MLH 分类结果的混淆矩阵

总样本 4245		正确分类的样本 3760		总体精度 88.57%		kappa 系数＝0.8667		
类别	淡水	海水	湿地	植被	耕地	城镇	其他	用户精度/%
没有分类	0	0	2	2	47	6	8	
淡水	573	23	0	0	0	0	0	96.14
海水	58	640	0	0	0	0	0	91.69
湿地	0	0	392	0	1	0	0	99.75
植被	0	0	0	742	0	0	0	100.00
耕地	0	0	3	0	431	4	16	94.93
城镇	2	0	0	0	0	642	20	96.69
其他	0	0	201	54	33	5	340	53.71
合计	633	663	598	798	512	657	384	
地表真实精度/%	90.52	96.53	65.55	92.98	84.18	97.72	88.57	

表 6.10　SOFM 分类结果的混淆矩阵

总样本 4245		正确分类的样本 3935		总体精度 92.70%		kappa 系数＝0.9429	
类别	淡水	海水	湿地	植被	耕地	城镇	其他	用户精度/%
没有分类	0	0	0	5	0	0	105	
淡水	526	6	0	0	0	0	0	98.87
海水	106	657	0	0	0	0	0	86.11
湿地	1	0	595	0	19	0	0	96.75
植被	0	0	0	779	0	0	0	100.00
耕地	0	0	0	0	490	0	25	95.15
城镇	0	0	0	0	3	652	18	96.88
其他	0	0	3	14	0	5	236	91.47
合计	633	663	598	798	512	657	384	
地表真实精度/%	83.10	99.10	99.498	97.619	95.70	99.24	61.458	

表 6.11　LVQ 细调分类结果的混淆矩阵

总样本 4245		正确分类的样本 4014		总体精度 94.56%		kappa 系数＝0.9649	
类别	淡水	海水	湿地	植被	耕地	城镇	其他	用户精度/%
没有分类	0	0	0	3	1	0	104	
淡水	580	5	0	0	0	0	0	99.15
海水	44	658	0	0	0	0	0	93.73
湿地	9	0	595	0	14	0	0	96.28
植被	0	0	0	789	0	0	0	100.00
耕地	0	0	0	0	494	0	23	95.55
城镇	0	0	0	0	3	655	14	92.51
其他	0	0	3	6	0	2	243	95.29
合计	633	663	598	798	512	657	384	
地表真实精度/%	91.63	99.25	99.498	98.87	96.48	99.70	63.28	

6.5　PCNN 神经网络

脉冲耦合神经网络(Pulse-Coupled Neural Network，PCNN)模型是具有自适应地利用邻域信息的算法机制，成为解决高分辨影像过分割的重要模型之一。Eckhorn 等(1990)模拟哺乳动物视觉机理提出了 PCNN 模型。Johnson 和 Padgeu(1999)分析讨论了 PCNN 模型的内在机理和实用性。Kuntimad 等(1999)总结提出了基于 PCNN 模型的数字图像处理框架。马义德等(2006)在前人基础上扩展了 PCNN 模型在非遥感图像处理中应用途径和范围，为处理遥感影像提供了最为贴近的借鉴。PCNN 主要包括阈值指数衰减和脉冲调制耦合两大机制，具有状态相近、空间相邻的神经元同步脉冲并行传播特性，可以综合利用灰度信息及其空间分布进行图像分割。PCNN 图像分割模型进行高分辨卫星影像地物目标分割有两个基本步骤：①根据影像地物目标灰度值空间分布及其脉冲耦合特性生成一个二值影像序列；②依据特定需求，选取合适工具对二值影像序列进行后处理得到分割结果。PCNN 模型影像地物目标分割的难点和关键在于模型参数组的选择。由于模型参数组非线性依赖于处理对象，参数组内部也存在非线性影响，当前行之有效的模型参数组选取方法为通过多次试验分析和总结规律，以确定最佳分割参数组。为了分析方便，可以将模型参数组形式化为三个方面内容：联结强度、联结域形态及作用过程、阈值衰减系数。更为简化的分析有，预先确定后两方面内容，通过调整联结域强度来实现最佳影像地物目标分割。通常联结强度由大到小可以得到尺度逐步精细的分割结果，然而，高分辨率卫星影像中地物目标内部灰度的复杂变化制约了这一良性过程，致使分割结果中存在大量细小分割块，给试验分析选取合适联接强度造成了困难，有必要对原始影像进行平滑预处理，提高分割结果的完整性、精度以及可分析性。常用平滑算法（如均值平滑、中值平滑等）会造成影像边缘模糊及纹理细节的丢失。针对高分辨率卫星影像地物目标分割存在的问题，结合 PCNN 模型的图像降噪滤波功能，我们提出一种双模态 PCNN 高分辨率卫星影像地物目标分割模型，包括：①零联接强度阈值指数衰减模态（non-interconnection and exponential-delay mode）；②快速联接单通式 S 联接过程阈值指数衰减模态（fast-linking，single-pass，exponential-delay and sigmoid-linking mode）。为方便界定和对比分析，定义单模态 PCNN 分割模型为关闭模态①后的双模态 PCNN 分割模型。

通过构建并利用双模态 PCNN 模型进行高分辨率卫星影像地物目标分割试验，依据模型内部机理分析双模态 PCNN 分割性质，将分割结果与单模态 PCNN、3×3 均值平滑后单模态 PCNN 分割结果进行了对比分析，并对比较结果进行分析和讨论（Li 等，2007）。

6.5.1 双模 PCNN 模型与技术流程

1. 双模 PCNN 模型

双模态脉冲耦合神经网络是改进型脉冲耦合神经网络，包括零联接强度阈值指数衰减模态和快速联接单通式 S 联接过程阈值指数衰减模态。

从 PCNN 基本模型出发，借鉴马义德等（2006）中分析结果，依次修改反馈输入域、联结域形态及作用过程，增加赋时矩阵计算等，构建双模态脉冲耦合神经网络，见式（6.51）至式（6.56）。

$$S_{ij}[n] = I_{ij}[n] \qquad (6.51)$$

式中：$S_{ij}[n]$ 为反馈输入域，等于外部刺激强度，即网络神经元对应像元的灰度值 $I_{ij}[n]$，即

$$L_{ij}[n] = \begin{cases} 1 & \text{if} \quad \sum_{N_{ij}} W \cdot Y_{ij}[n-1] > 1 \\ 0 & \text{otherwise} \end{cases} \qquad (6.52)$$

式中：$L_{ij}[n]$ 为联接输入项；N_{ij} 为联接域；$Y_{ij}[n-1]$ 为上一时刻脉冲输出项；W 为联接权重。

$$U_{ij}[n] = S_{ij} \cdot (1 + \beta \cdot L_{ij}[n]) \qquad (6.53)$$

式中：$U_{ij}[n]$ 为内部活动项；β 为联接强度，模态①时取 $\beta=0$。

$$Y_{ij}[n] = \begin{cases} 1 & \text{if} \quad U_{ij}[n] > T_{ij}[n-1] \\ 0 & \text{otherwise} \end{cases} \qquad (6.54)$$

式中：$Y_{ij}[n]$ 为脉冲输出项；$T_{ij}[n-1]$ 为上一时刻阈值。

$$T_{ij}[n] = \exp(-1/a_t) \cdot T_{ij}[n-1] + V_t \cdot Y_{ij}[n-1] \qquad (6.55)$$

式中：$Y_{ij}[n]$ 为当前阈值；$Y_{ij}[n-1]$ 为上一时刻脉冲输出项；a_t 为阈值衰减系数；V_t 为阈值幅度系数。

$$\boldsymbol{P}_{ij}[n] = \begin{cases} n & \text{if} \quad Y_{ij}[n] == 1 \\ \boldsymbol{P}_{ij}[n-1] & \text{otherwise} \end{cases} \qquad (6.56)$$

式中：$\boldsymbol{P}_{ij}[n]$ 为赋时矩阵。

双模态 PCNN 模型为一个二维平面结构，每个神经元对应一个像元，式（6.51）至式（6.55）是网络模型的核心。式（6.53）中 β 控制两种模态的转换，联结强度为 0 时，模态①工作，称零联接域阈值指数衰减模态；联结强度为非 0 时，模态②工作，称快速联接单通式 S 联接过程阈值指数衰减模态。其中式（6.52）表示 S 联接过程，式（6.55）表示阈值指数衰减。快速联接和单通式表示一种改进 PCNN 工作模式，单通式表示每个像元对应神经元只激发一次；快速联接表示对于每一个时刻，保持阈值和联接强度不变，迭代进行 PCNN 分割，直至达到平衡状态。两种模态依次保持固定工作时序，共享部分模型参数，共同完成影像地物目标分割任务。

2. 双模态 PCNN 分割技术流程

双模态 PCNN 影像分割技术流程，如图 6.14 所示，依据流程内部结构和逻辑关系，将其分为以下几个基本步骤，进行分别说明。

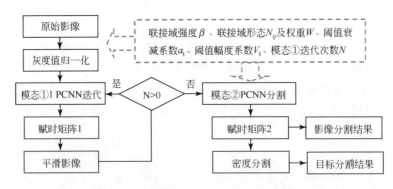

图 6.14 双模态 PCNN 影像分割流程图

（1）灰度值归一化和模型参数组确定。L 利用线性归一化将影像灰度值到区间 $[0,1]$；依据经验参数设定模型联接强度 β、联接域形态 N_{ij} 及其权重 W、阈值指数衰减系数 a_t、阈值幅度系数 V_t、模态① 迭代次数 N。

（2）模态①PCNN 迭代和赋时矩阵 1。保持联接强度为 0，按照指数衰减阈值进行

PCNN 运行迭代,直至所有像元都激发,记录每一像元第一次激发的时刻,按照对应坐标记录到赋时矩阵 1 中。

(3)平滑影像和条件循环部分。针对每一次模态 1 迭代产生的赋时矩阵,PCNN 平滑方法,重复以上操作,直到模态 1 循环次数 N 满足条件后跳出循环。

(4)模态②PCNN 分割、赋时矩阵 2 和影像分割结果。调整联接强度为既定的 β,利用模态② PCNN 对上一步平滑结果进行分割,记录每一像元对应神经元的激发时刻,按照对应坐标记录到赋时矩阵 2 中,赋时矩阵 2 中数据成像后就是影像分割结果。

(5)密度分割和目标分割结果。依据影像中地物目标特征,选择合适阈值区间对上一步结果进行密度分割,并将结果着色后作为目标分割结果。

6.5.2　数据试验与结果分析

实验数据为北京首都机场扩建工地 Quickbird 全色波段局部影像,获取时间为 2003 年 8 月,大小为 400×400 个像素,空间分辨率为 0.61 m,影像中地物目标信息纷繁交错,大小、灰度不一,呈现出很强的复合性和复杂性,如图 6.15 所示。

双模态 PCNN 影像地物目标分割结果同时依赖于模型参数、待分割影像、地物目标形态等多种因素。下面依据模型运作机理,通过试验和结果对比,分别从 3 个方面综合分析双模态 PCNN 卫星影像地物目标分割结果和性质。

(1)依据经验参数,选取模型主要参数为,联接强度 $\beta = 0.02$,联接域 $N_{ij} = 3 \times 3$ 方形邻域,联接权重 $W = [0.41, 1, 0, 41, 1, 0, 1, 0.41, 1, 0.41]$,阈值衰减系数 $at = 5$,阈值幅度系数 $Vt = 1000$(控制激发以满足上述单通式),模态①迭代次数 $N = 9$,PCNN 平滑方法所需灰度调节参数 $\Delta = (T[n] - T[n-1])/2.0$。利用双模态 PCNN 进行影像地物目标分割,影像分割结果共 28 个灰度级,灰度直方图(图 6.16),其中低灰度级代表

图 6.15　原始卫星影像
(白色虚框表示试验结果对比区域,
以下相同不再说明)

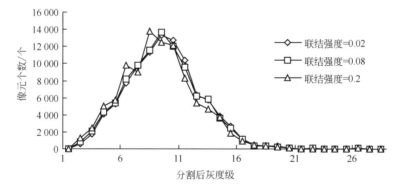

图 6.16　双模态 PCNN 试验影像分割结果直方图

原始影像中亮目标信息,为满足结果可比性,同时突出亮目标分割信息,依据5∶5∶5∶5∶8比例对分割结果进行密度分割(图6.17)。为分析方便,分别定义1~5个密度分割区间所包含地物目标为1~5级亮度目标。

图6.17 双模态 PCNN 试验影像
地物目标分割结果($\beta=0.02$)

结合分割结果直方图(图6.16),对比原始影像(图6.15)与地物目标分割结果(图6.18)可知,原始影像中亮目标信息较好地对应地物目标分割结果中1级亮度目标信息,暗目标信息分散在2~5级亮度目标信息中;原始影像中亮目标分割量化数目小于暗目标分割量化数目,整体上原始影像中亮目标的分割结果优于暗目标的分割结果。这主要是由于双模态 PCNN 运行所需的分割阈值受衰减系数决定呈指数下降,对应相邻激发阈值的灰度区间会不断减小,使得模型区分低对比度暗目标信息能力不断加强。因此,双模态 PCNN 能够比较好的分割亮目标,同时造成暗目标过分割,可以通过灰度翻转原始影像,用双模态 PCNN 实现暗目标正确有效分割。

(2)利用上述模型参数组,改变联结权重 β 对双模态 PCNN 进行影像地物目标分割性能分析。分别改变联结强度 β 为0.08、0.2,对试验影像进行双模态 PCNN 地物目标分割,影像分割结果均为28个灰度级,对应灰度直方图(图6.17),依据5∶5∶5∶5∶8比例密度分割后结果,见图6.18、图6.19。

图6.18 双模态 PCNN 试验影像地物目标　　图6.19 双模态 PCNN 试验影像地物目标
分割结果($\beta=0.08$)　　　　　　　　　分割结果($\beta=0.2$)

结合分割结果直方图(图6.16),对比影像地物目标分割结果,如图6.17、图6.18、图6.19所示,随着 β 的增大,分割结果中目标呈现出以下变化:①分割结果中大多数目标更加完整;②1级亮度目标保持一定几何形态,面积不断扩大,欠分割情况可能增加;③2~3级亮度目标变化比较复杂,占据分割结果的大多数面积;④4~5级亮度目标基本保持不变,均在分割结果中占据较小面积。影像地物目标分割结果的每一亮度级别目标中的像元可分为两类,一类为自主激发的像元,另一类为被俘获激发的像元。它们与阈值衰减系数及由其决定的一组激发阈值有着直接关系,易知,一组激发阈值对应于一组连续灰度区间,因此,随着 β 的增大,高灰度值区间中激发像元将更有能力俘获与它空间相邻、灰度区间相近的像元,使高灰度值区间面积不断增大,这是分割结果中 1 级亮度目标增加的主要因素,同样是 2～3 级亮度目标信息变化的主要因素。4～5 级亮度目标所在灰度值区间在空间上与其相近灰度值区间不相邻,因此,在影像地物目标分割结果中,它们基本保持不变。

(3)使用单模态 PCNN 模型和上述参数组对原始影像进行分割,影像分割结果为 28 个灰度级,依据 5∶5∶5∶5∶8 比例密度分割,结果如图 6.20 所示;通过 3×3 均值平滑滤波原始影像,使用单模态 PCNN 模型和上述参数组,进行平滑影像分割,分割结果为 22 个灰度级,依据 5∶5∶5∶7 比例密度分割,结果如图 6.21 所示;以上影像中白色虚框区域放大后如图 6.22 所示。

图 6.20　单模态 PCNN 试验影像目标　　图 6.21　单模态 PCNN 均值平滑后试验
　　　　分割结果(β=0.02)　　　　　　　　影像目标分割结果(β=0.02)

结合局部影像放大图 6.22,对比原始影像和影像地物目标分割结果(图 6.19、图 6.20、图 6.21)可知,图 6.17 和图 6.21 较图 6.20 更完整的分割出 1 级亮度目标,但是结果中 1 级亮度目标的空间结构信息丢失严重,致使目标特征信息丢失;图 6.17 和图 6.21 较图 6.20 在空间结构上更好地保持了 1 级亮度目标信息,但是图 6.20 中 1 级亮度目标信息包含大量噪声,致使难以提取主要特征信息。结果分析如下:①对原始影像进行 3×3 均值平滑造成地物目标边缘模糊,同时平滑掉地物目标重要细节信息,造成分割结果中地物目标空间结构信息的丢失;②高分辨率卫星影像主要记录了地物目标及其内部的电磁波反射特性信息,由于地物目标内部信息的复杂多变,原始影像地物目标信息中夹杂较多目标内部信息,致使直接 PCNN 分割产生较多小的分割块;③双模态 PCNN 结合地物目标灰度及其空间分布对影像进行平滑,在较好保持地物目标整体结构特征同时,减弱地物目标内部变化信息的影响,能够得到较好的分割结果。

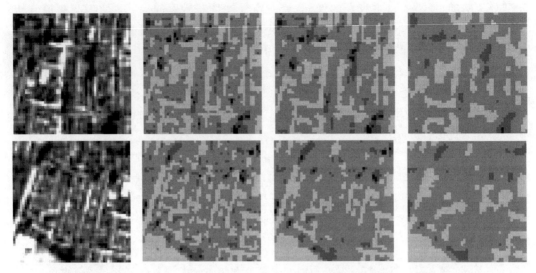

图 6.22　双模态 PCNN 试验影像目标分割结果局部放大图

自左向右依次对应图 6.17、图 6.18、图 6.19、图 6.16，第一行对应左边白色虚框，第二行对应右边白色虚框

6.6　本章小结

BP 网络被广泛应用于遥感数据分类，根据我们的经验，使用 BP 神经网络前必须选择神经网络的结构，定义学习率等参数，这些都会影响神经网络的训练时间、实现和收敛速率。BP 网络需要解决的问题有：①如何经过反复试验选取最佳的网络结构，使得网络能够识别未知的样本，对此至今没有严格证明；②如何恰当选取学习率和动量项问题以及权重系数初始化的区间；③如何避免过度训练学习所造成的网络性能变得低下问题，对此问题我们也作了一些尝试。

在实际选取分类特征时有太多的未知参数需要估计，而训练模式总是太有限，我们所寻求的是一种决定非线性映射的参数学习和控制线性判别函数的参数学习同时进行的方法，这就是多层神经网络，SOFM 网络为我们提供了 3D 拓扑网络结构和特征图。选取 SOFM 的网络结构时，为了逼近人脑的侧向交互方式，需在输出层（kohonen 层）建立侧反馈连接。反馈的大小和类型（兴奋或抑制）用侧向权值表示，它是阵列内神经元之间几何距离的一个函数，它决定了哪种侧向连接将产生预期的结果。由选取的输出层是一维阵列、二维阵列和三维阵列的不同，其聚类效果也不同，在侧反馈邻域的大小一样的情况下，显然三维阵列形式的侧反馈邻域所包含的神经元比一维和二维多，从而 SOFM 的网络的聚类效果优于一、二维阵列的情形。由于遥感数据的波段多、数据量大，数据中含有不确定因素，因此，在输出层中采用三维阵列可以更有效地对遥感数据进行聚类分析。输出层中聚类中心以权值表示，通过竞争学习规则更新权值。在此聚类过程中，不仅更新获胜神经元的权值，而且更新获胜神经元周围侧反馈邻域内所有神经元的权值。围绕获胜神经元的侧反馈邻域在网络训练过程中是变化的，邻域越大意味着正向反馈越多，训练区域越大。

自组织神经网络方法与小波变换结合将为多波段、多分辨率的遥感数据的降维分类处理提供新的方法。我们选择了天津大港地区的 ASTER 数据为实验数据,为充分利用 ASTER 数据的高空间分辨率和光谱信息,对 ASTER 数据的可见光、近红外和短波红外 的全部 9 个波段,采用主成分变换、小波融合等方法做了分类前的准备工作,然后对处理 后的 6 个波段,选用 3 维结构的 SOFM 神经网络,将 6 个波段数据按其拓扑性质不变的 前提下降到 3 维空间,进行了地表覆盖分类的方法实验。

在引进和学习脉冲耦合神经网络(PCNN)算法原理的基础上,将双模态 PCNN 分割 结果与单模态 PCNN、3×3 均值平滑后单模态 PCNN 分割结果进行了对比和分析,结果 表明,相对于单模态 PCNN,双模态 PCNN 模型能够保持地物目标整体结构特征,减弱地 物内部变化信息的影响,有效利用邻域信息。结合高分辨率影像开展方法的实验,结果 表明脉冲耦合神经网络在高分辨率卫星影像分割实验中表现出更好的适用性。

主要参考文献

哈斯巴干,马建文,李启青.2003.ASTER 数据的自组织神经网络分类研究.地球科学进展, 3:345~350

马建文,赵忠明,布和敖斯尔.2001.遥感数据模型与处理方法.北京:中国科学技术出版 社.156~161

马义德,李廉,王亚馥等.2006.脉冲耦合神经网络原理及其应用.北京:科学出版社

毛建旭.2001.基于神经网络的遥感图像分类.测控技术,20(5):29,30

孙立新.2000.基于粗糙集的遥感优化分类波段选择.模式识别与人工智能,13(2):181~186

袁曾任.1999.人工神经元网络及其应用.北京:清华大学出版社

Eckhorn R, Reitboeck H J, Arndt M et al. 1990. Feature linking via synchronization among distributed assemblies: simulation of results from cat cortex. Neural Computation, 2(3):293~307

Grossberg S, Mcloughlin N P. 1997. Cortical dynamics of three-dimensional surface perception-binocular and half-occluded scenic images. Neural Networks, 14(4):1583~1605

Hopfield J. 1982. Neural networks and physical systems with emergent collective computational abilities. Proceedings of the National Academy of Sciences of the USA, 79(8):2554~2558

Ji C Y. 2000. Land-use classification of remotely sensed data using kohonen self-organizing feature map neural networks. Photogrammetric Engineering & Remote Sensing, 66(12):1451~1460

Johnson J L, Padgett M L. 1999. PCNN models and applications. IEEE Transaction on Neural Networks, 10(3):100~105

Kohonen T. 1982. Self-organized formation of topologically correct feature maps. Biological Cybernetics, 43(1):59~69

Kohonen T. 1989. Self-Organization and Assiociative Memory. New York: John Wiley

Kohonen T. 1990. The self-organizing map. Proceedings of the IEEE, 78:1464~1480

Kuntimad G, Ranganath H S. 1999. Perfect image segmentation using pulse coupled neural networks. IEEE Transactions on Neural Networks, 10(3):100~105

Li L, Ma J, Wen Q. 2007. Parallel fine spatial resolution satellite sensor image segmentation based on an improved Pulse-Coupled Neural Network. International Journal of Remote Sensing, 28(18):4191~4198

McCulloch W S, Pitts W H. 1943. A logical calculus of the ideas immanent in nervous activity. Bulletin of Mathematical Biophysics, 5:115~133

Minsky M, Papert S. 1969. Perceptrons. Cambridge: MIT Press

Mougeot M, Azencott R, Angeniol B. 1991. Image compression with back propagation: improvement of the visual restoration using different cost functions. Neural Networks, 4(4): 467~476

Poth A, Klaus D, Vob M. 2001. Optimization at multi-spectral land cover classification with fuzzy clustering and the Kohonen feature map. International Journal of Remote Sensing, 22(8): 1423~1439

Rosenblatt F. 1957. Cornell aeronautical lab's. The Perceptron. Report, 85-460-1

Rumelhart D E. 1986. Learning representations by back-propagating errors. Nature, 323: 533~536

Shen J Y, Zhang Y X, Mu G. G. 1992. Optical pattern recognition system based on a winner-take-all model of a neural network. Optical Engineering, 32(5): 1053~1056

Simpson J J, Mcintir J T. 2001. A recurrent neural network classifier for improved retrievals of areal extent of snow cover. IEEE Transactions on Geosciences and Remote Sensing, 39(10): 2135~2147

第7章 模糊聚类

7.1 引　　言

模糊理论的创始人 Zadeh(1965)教授发表了关于模糊集的开创性论文"模糊集合"。他在研究人类思维、判断过程的建模中,提出了用模糊集作为定量化的手段。遥感数据的分类有监督分类和非监督分类两种,非监督分类也称聚类分析。聚类就是按照事物间的相似性进行区分和分类的过程,在这一过程中没有教师指导,因此是一种无监督的分类。遥感数据无监督分类最常用的方法之一是 K-均值聚类方法。K-均值聚类分析是一种硬划分,它把每个待辨识的对象严格地划分到某个类中,具有非此即彼的性质。而遥感信息的不确定性和混合像元问题使部分像元很难进行非此即彼的划分。实际上,遥感数据所反映的大多数地物覆盖在形态和类属方面存在着中介性,没有确定的边界来区分它们。例如,树林和草地的边界,城市和乡村的边界都是渐变的而非确定的。因此需要考虑各个像元属于各个类别的隶属度问题,进行软划分,从而才能更好地区分不同的地物类别(Foody,1996;Mathieu-Marni et al.,1996)。Zadeh 提出的模糊集理论为地物软划分提供了有力的分析工具,人们开始用模糊的方法来处理遥感数据的分类问题,模糊 C-均值聚类(fuzzy c-means clustering, FCM)就是结合模糊集理论和 K-均值聚类而提出来的适合进行软划分的模糊聚类分析方法(Bezdek,1981;Bezdek and Full,1984;Pal and Bezdek,1995,1997)。常规的模糊 C-均值聚类方法是使用基于欧氏距离,即各向同性的聚类方法,而遥感数据的实际散点图显示遥感数据像元的分布不服从各向同性或球体分布,因此在实际使用时往往得不到理想的结果。因而需要考虑遥感数据特点,选择适合遥感数据特点的距离度量方式,从而更好地发挥模糊 C-均值聚类在遥感数据分类方面的优点。

7.2　模糊聚类数学基础

聚类分析也称作非监督分类。非监督分类是指人们事先对分类过程不施加任何的先验知识,而仅凭遥感数据的地物光谱特性的分布规律,按其自然聚类的特性进行盲目的分类。其分类的结果只是对不同类别进行了区分。但并不能确定类别的属性。其类别的属性是通过分类结束后目视判读或实地调查确定的。一般的聚类算法是先选择若干个模式点作为聚类的中心,每一中心代表一个类别,按照某种相似性度量方法(如最小距离方法)将各模式归于各聚类中心所代表的类别,形成初始分类。然后由聚类准则判断初始分类是否合理,如果不合理就修改分类,如此反复迭代运算,直到合理为止。

K-均值聚类法。K-均值聚类算法准则是使每一聚类中,多模式点到该类别的中心的距离的平方和最小。其基本思想是,通过迭代,逐次移动各类的中心,直至得到最好的聚类结果为止。K-均值算法中聚类个数 m 是用户进行聚类之前预先确定。

ISODATA 算法聚类分析。ISODATA（iterative self-organizing data analysis techniques algorithm）算法也称为迭代自组织数据分析算法。它与 K-均值聚类算法有两点不同：它不是每调整一个样本的类别就重新计算一次各类样本的均值，而是在每次把所有样本都调整完毕之后才重新计算一次各类样本的均值，前者称为逐个样本修正法，后者称为成批样本修正法；ISODATA 算法不仅可以通过调整样本所属类别完成样本的聚类分析，而且可以自动地进行类别的"和并"和"分裂"，从而得到类数比较合理的聚类结果。

7.3　模糊 C-均值聚类和改进的模糊 C-均值聚类

模糊 C-均值算法是 Bezdek 在 1981 年提出的最著名的模糊聚类分析算法。相对于模糊 C-均值算法，K-均值算法也称作硬 C-均值算法。为了说明模糊 C-均值与 K-均值算法之间的关系，我们先说明硬 C-划分和模糊 C-划分。

7.3.1　模糊 C-均值聚类数学基础

给定数据集 $X=\{x_1, x_2, \cdots, x_n\}$，其中 $x_k \in R^p$，令 $P(X)$ 为 X 的幂集（集合 X 的所有子集组成的集合）。X 的硬 c-划分就是集合族 $\{A_i \in P(X) | 1 \leqslant i \leqslant c\}$（$c$ 是正整数），即 $\{A_1, A_2, \cdots, A_c\}$ 将 X 划分为 c 类，其中每个 A_i 就是一类。它满足

$$\begin{cases} \bigcup_{i=1}^c A_i = X \\ A_i \bigcap A_j = \phi, \quad 1 \leqslant i \neq j \leqslant c \end{cases} \tag{7.1}$$

硬 c-划分可以用 A_i 中元素 x_k 的特征（隶属度）函数来描述。x_k 属于 A_i，则 $u_{ik}=1$；x_k 不属于 A_i，则 $u_{ik}=0$。因此给定 $u_{ik}=$ 的值，则就可以唯一确定 X 的一个硬 c-划分，反之亦然。u_{ik} 应满足以下三个条件：

$$u_{ik} \in \{0,1\}, 1 \leqslant i \leqslant c, 1 \leqslant k \leqslant n \tag{7.2}$$

$$\sum_{i=1}^c u_{ik} = 1, \forall k \in \{1,2,\cdots,n\} \tag{7.3}$$

$$0 < \sum_{k=1}^n u_{ik} < n, \forall i \in \{1,2,\cdots,c\} \tag{7.4}$$

用元素 u_{ik} 构成矩阵 $U_{c \times n}$，即可得到硬 c-划分的矩阵形式，定义如下。

定义 7.1　硬 c-划分：令 $X=\{x_1, x_2, \cdots, x_n\}$ 为任意集合，V_{cn} 为实 $c \times n$ 阶矩阵 $U = [u_{ik}]_{c \times n}$ 的集合 U 满足公式（7.2）到式（7.4），c 为大于等于 2 小于 n 的整数，则 X 的硬 c-划分空间为集合

$$M_c = \{U \mid U \in V_{cn}\} \tag{7.5}$$

但是硬 c-划分存在两个问题：一是 X 中元素的非此即彼的性质，即隶属度 u_{ik} 只能取 0 或 1，而实际上的事物的划分不是严格的非此即彼的性质；硬 c-划分的另一个问题是空间 M_c 过大。事实上，把 X 划分为 c 个非空子集的划法共有

$$|M_c| = \frac{1}{c!} \left[\sum_{j=1}^c C_c^j (-1)^{c-j} j^n \right] \tag{7.6}$$

尽管离散的 u_{ik} 生成一个有限空间 M_c，但由于 M_c 中元素的数量太多，以至于寻求"最佳"划分成为令人生畏的任务（王立新，2003）。若将 u_{ik} 变为一个连续变量，使其在 $[0,1]$ 上任意取值，则就能够算出某个目标函数关于 u_{ik} 的梯度。进而利用梯度找到最好的搜索方向，从而大大简化寻求最佳划分的方法。

基于上述两种原因（概念上的适当性和计算上的简便性），引入模糊 C-划分概念。

定义 7.2 模糊 C-划分：令 X，$\boldsymbol{V}_{cn}$ 和 c 的含义同定义 7.1，则 X 的模糊 C-划分空间为集合

$$M_{fc} = \{U \in \boldsymbol{V}_{cn} \mid u_{ik} \in [0,1], 1 \leqslant i \leqslant c, 1 \leqslant k \leqslant n\} \tag{7.7}$$

式中：u_{ik} 为隶属于类 A_i 的隶属度，并满足 $\sum\limits_{i=1}^{c} u_{ik} = 1, \forall k \in \{1,2,\cdots,n\}$。

从空间 M_c 或 M_{fc} 中选取"最佳"划分的方法之一为目标函数法。研究的最多的目标函数是总体组内误差平方和（overall within-group sum of squared errors），其定义为

$$J_w(U,V) = \sum_{k=1}^{n} \sum_{i=1}^{c} u_{ik} \parallel x_k - v_i \parallel^2 \tag{7.8}$$

式中：$U \in M_{fc}$ 或 M_c，$\boldsymbol{V} = (v_1, v_2, \cdots, v_c)$，$v_i$ 是类 A_i 的中心，其定义为

$$v_i = \frac{\sum\limits_{k=1}^{n} u_{ik} x_k}{\sum\limits_{k=1}^{n} u_{ik}} \tag{7.9}$$

在目标函数法中，最优的类就是使目标函数达到局部最小值的类。如果一类中的所有点都贴近于它们的类中心，则目标函数很小。上面提到的 K-均值聚类算法其实就是常见的对应硬 C-划分空间的寻找目标函数最小值从而求得最优划分的算法之一。

模糊 C-均值算法的目标在于找到 $U = [u_{ik}] \in M_{fc}$ 和 $\boldsymbol{V} = (v_1, v_2, \cdots, v_c)(v_i \in R^P)$，使得目标函数

$$J_m(U,V) = \sum_{k=1}^{n} \sum_{i=1}^{c} (u_{ik})^m \parallel x_k - v_i \parallel^2 \tag{7.10}$$

最小，其中 $m \in (1, \infty)$ 为模糊加权指数。下面首先建立这个最小化问题的必要条件，然后根据此条件提出模糊 C-均值算法。

定理 令 $X = \{x_1, x_2, \cdots, x_n\}, x_k \in R^P$ 为一给定数据集。设定 $c \in \{2,3,\cdots,n-1\}$ 和 $m \in (1, \infty)$，假设对所有的 $1 \leqslant i \leqslant c$ 和 $1 \leqslant k \leqslant n$ 有 $\parallel x_k - v_i \parallel \neq 0$。则仅当

$$u_{ik} = \frac{1}{\sum\limits_{j=1}^{c} \left(\dfrac{\parallel x_k - v_i \parallel}{\parallel x_k - v_j \parallel} \right)^{\frac{2}{m-1}}}, 1 \leqslant i \leqslant c, 1 \leqslant k \leqslant n \tag{7.11}$$

和

$$v_i = \frac{\sum\limits_{k=1}^{n} (u_{ik})^m x_k}{\sum\limits_{k=1}^{n} (u_{ik})^m}, 1 \leqslant i \leqslant c \tag{7.12}$$

时，$U = [u_{ik}] \in M_{fc}$ 和 $\boldsymbol{V} = (v_1, v_2, \cdots, v_c)(v_i \in R^P)$ 才是 $J_m(U,V)$ 的局部最小值。

模糊 C-均值算法是建立在必要条件式（7.11）和式（7.12）的基础上的。下面结合遥

感影像说明算法及其步骤。

设要进行聚类分析的图像像元数 N,图像像元集合 $X=\{x_1,x_2,\cdots,x_N\}$,其中 $x_k=\{x_k^1,x_k^2,\cdots x_k^p\}^T$,$p$ 为波段数。设把图像像元分为 C 个类别,每个类别的聚类中心 $v_i=(v_i^1,v_i^2,\cdots,v_i^p)$,聚类中心集合 $V=\{v_1,v_2,\cdots,v_c\}$。用 u_{ik} 表示像元 x_k 隶属于以 v_i 为中心的类别 i 的隶属度,定义隶属度矩阵 U 为

$$U=[u_{ik}]_{C\times N} \tag{7.13}$$

矩阵 U 中每一列的元素表示所对应的像元隶属于 C 个类别中各个类的隶属度。满足以下的约束条件,即

$$\begin{cases} \sum\limits_{k=1}^{N} u_{ik} > 0 \\ \sum\limits_{i=1}^{C} u_{ik} = 1, \quad i=1,2,\cdots,C;\ k=1,2,\cdots,n \\ 0 \leqslant u_{ik} \leqslant 1 \end{cases} \tag{7.14}$$

对隶属度 u_{ik} 进行了模糊化,u_{ik} 可取 0 和 1 之间的任意实数,这样,一个像元可以同时隶属于不同的类别,但其隶属度的总和总是等于 1,这符合遥感像元的实际情况。而属于硬聚类的 K-均值聚类,其隶属度具有非此即彼的性质,隶属度 u_{ik} 只能取 0 或 1。

定义目标函数 J 为

$$J_m(U,V) = \sum_{k=1}^{N}\sum_{i=1}^{C} (u_{ik})^m \cdot (d_{ik})^2 \tag{7.15}$$

式中:$(d_{ik})^2 = \parallel x_k - v_i \parallel^2$ 为 Euclidean 距离;$m\in[1,\infty)$ 为模糊加权指数(当 $m=1$ 时,同 K-均值的目标函数一致)。在模糊聚类目标函数中$\{J_m:1<m<\infty\}$的加权指数 m 是 Bezdek 引入的,对于从硬聚类准则函数推广得到的目标函数(7.16)不给隶属度乘一个权重,这种推广则是无效的。参数 m 又称为平滑因子,控制着模式在模糊类间的分享程度,因此,要实现模糊聚类就必须选定一个 m,然而最佳 m 的选取目前尚缺乏理论指导。对目标函数进行最优化计算时,由于目标函数包含两个参数(U,V),故按拉普拉斯乘数法进行优化计算时,对(U,V)进行交替迭代优化计算。FCM 算法的步骤如下:

(1)确定聚类数 C,加权指数 m,中止误差 ε,最大迭代次数 LOOP。

(2)初始化隶属度矩阵 $U^{(0)}$。

(3)开始循环,当迭代次数为 IT(IT$=0,1,2,\cdots,C$)时,根据 $U^{(IT)}$ 计算 C-均值向量,即

$$v_i^{(IT)} = \left[\sum_{k=1}^{N}(u_{ik})^m x_k \Big/ \Big(\sum_{k=1}^{N}(u_{ik})^m\Big)\right], \quad i=1,2,\cdots,C \tag{7.16}$$

(4)对 $k=1,2,\cdots,N$,按以下公式更新 $U^{(IT)}$ 为 $U^{(IT+1)}$:

若 $x_k\neq v_i$ 对所有的 v_i(i$=1,2,\cdots,C$)满足,则对此 x_k 计算

$$u_{ik} = \left[\sum_{j=1}^{C}\left(\frac{d_{ik}}{d_{jk}}\right)^{\frac{2}{m-1}}\right]^{-1}, \quad x_k\neq v_i, i=1,2,\cdots,C \tag{7.17}$$

若对某一个 v_i,有 x_k 满足 $x_k=v_i$,则对应此 x_k,令 $u_{ik}=1$;$u_{jk}=0(j\neq i)$。这样,把聚类中心与样本一致的情形去掉,把隶属度模糊化为 0 和 1 之间的实数。

(5)若 $\parallel U^{(IT)} - U^{(IT+1)}\parallel < \varepsilon$ 或 IT$>$LOOP,停止;否则置 IT=IT+1,并返回第三步。

FCM 算法允许自由选取聚类个数,每一向量按其指定的隶属度 $u_{ik}\in[0,1]$聚类到每

一聚类中心。FCM 算法是通过最小化目标函数来实现数据聚类的。

7.3.2　改进的模糊 C-均值聚类及实例分析

实验区为北京地区,位于北京市区的东北部分。实验数据是 2001 年 6 月 4 日获得的 ASTER 卫星数据,获得的数据包括 1、2、3N 波段(15 m 分辨率),1、2 波段在可见光范围之内,其光谱范围为 0.52~0.60 μm 和 0.63~0.69 μm;3N 波段是近红外波段,其光谱范围为 0.76~0.86 μm。实验所选研究区域为 512×512 个像元(15 m 分辨率)。彩图 22 是实验区的原始 ASTER 卫星数据的 3N、2、1 波段的 RGB 彩色合成图。

实验中选择的聚类个数为 7,中止误差 ε=0.001,最大迭代次数 LOOP 为 50,由于加权指数 m=1 时,属于硬聚类,$m \to \infty$ 时隶属度过分平滑,故一般选 $m \in [2,5]$。由于 $m<2$ 时,趋于硬分类,而 $m>3$ 时对分类过分平滑,故选 m 为 2.5。

不同的距离度量用来检测不同结构的数据子集,Euclidean 距离可检测特征空间中超球体结构的数据子集,而 Mahalanobis 距离可用来检测特征空间中超椭球结构的数据子集。因此在模糊 C-均值分类中选用了 Mahalanobis 距离。Mahalanobis 距离的计算方法简述如下:首先,计算 3 个通道的协方差矩阵,计算其标准协方差矩阵 C(然后求标准协方差矩阵的逆矩阵),这样距离的计算公式变为

$$(d_{ik})^2 = (x_k - v_i)^{\mathrm{T}} C^{-1} (x_k - v_i) \tag{7.18}$$

式中:C^{-1} 为标准协方差矩阵 C 的逆矩阵。注意到,当矩阵 $C^{-1}=I$(单位矩阵)时,式(7.18)变为 Euclidean 距离尺度。

彩图 23 是利用距离式(7.18)的模糊 C-均值分类结果图。为比较与 K-均值的聚类结果,用遥感图像处理软件本身所携带的 K-均值的聚类功能进行了 K-均值的聚类分析,其中聚类个数 7,循环数 50。彩图 24 是 K-均值聚类结果图。为对比研究,又采用 Euclidean 距离公式进行了模糊 C-均值分类,实验中选择的聚类个数也是 7,中止误差 ε=0.001,最大迭代次数为 50,m 为 2.5,彩图 25 是其分类结果图。根据对原始 ASTER 卫星数据的 3N、2、1 波段合成图以及参考 2000 年北京土地覆盖利用图,对聚类结果的类别组成判别见表 7.1。

表 7.1　个类别的组成

类别号	土地覆盖	描述
1	水体	河流、池塘
2	草地	草坪、冬小麦
3	林地	天然林、人工林
4	耕地	耕地、人工种植的花草
5	稀疏地	植被覆盖稀少的土地
6	城镇	城镇、农村居民点主干马路
7	其他	建筑工地、大型厂矿

把各个聚类方法的聚类结果图对照原始 ASTER 图像的 3N、2、1 合成图并参考土地利用图可知,基于模糊 C-均值聚类的彩图 23 和彩图 25 的聚类结果很好地区分了不同的

地物覆盖情况,各个地物的边界清晰可见,而K-均值聚类的效果相比之下地物的边界比较模糊。例如,对于彩图22圆圈中所示的交叉的道路在彩图23和彩图25中得到很好的体现,而基于K-均值聚类的彩图24中交叉的道路模糊不清,比较彩图23和彩图25,彩图23中交叉的道路边界清晰于彩图25的情况。再比较一下彩图22中矩形范围内的各个地物的聚类结果可知,彩图23的结果明显优于彩图24和彩图25的结果。

7.4　本章小结

遥感数据聚类方法一般采取的是等距离球体的Euclidean距离作为判断聚类的依据(K-均值),多数原始波段的遥感数据散点图显示了非球型聚集特点,引入椭球体距离的Mahalanobis距离作为快速有效的聚类方法——C-均值聚类方法。

遥感数据由于存在信息的不确定性和混合像元问题,需要考虑各个像元属于各个类别的隶属度问题,从而才能更好地区分不同的地物类别。对此,基于模糊集理论而提出的模糊C-均值聚类可以很好地进行软划分。但是,由于遥感信息的不确定性及混合像元的存在,其各类别在特征空间中散点图的分布趋于超椭球体分布,因此,基于标准协方差矩阵的Mahalanobis距离公式的改进的模糊C-均值聚类算法可以更有效地检测超椭球体分布的各类别。对实验区的遥感数据进行K-均值聚类、模糊C-均值聚类和改进的模糊C-均值聚类的分析表明,改进的模糊C-均值聚类使得分类后的图像很好地区分了地物类别,取得了优于前两种方法的分类结果。

主要参考文献

王立新.2003.模糊系统与模糊控制教程.北京:清华大学出版社

Bezdek J C,Full W. 1984. FCM:the fuzzy c-means clustering algorithm. Computer and Geosciences,10(22):191～203

Bezdek J C. 1981. Pattern Recognition with Fuzzy Objective Function Algorithms. New York:Plenum Press

Foody G M. 1996. Approaches for the production and evaluation of fuzzy land cover classifications from remotely sensed data. International Journal of Remote Sensing,17(7):1317～1340

Mathieu-Marni S,Leymarie P,Berthod M. 1996. Removing ambiguities in a multi-spectral image classification. International Journal of Remote Sensing,17(8):1493～1504

Pal N R,Bezdek J C. 1995.On cluster validity for fuzzy-c-mean model. IEEE Transactions on Fuzzy Systems,3(3):370～379

Pal N R,Bezdek J C. 1997.Correction to on cluster validity for the fuzzy-c-mean model. IEEE Transactions on Fuzzy Systems,5(1):152～153

Zadeh L A. 1965. Fuzzy sets. Information and Control,8:338～353

第8章 粗糙集与容差粗糙集

8.1 引　言

集合论的创始人是康托尔(Cantor),他于1883年提出集合理论。康托尔所做的工作一般称为朴素集合论,由于在定义集合的方法上缺乏限制,会导致悖论。为了消除这些悖论,经过许多数学家的努力,20世纪初又创建了更精致的理论-公理化集合论,集合论至今仍在发展中。出于一些处理问题的需要,Zadeh(1965)提出了模糊集合的概念,模糊集理论在很多控制领域取得了很大的成功。波兰学者 Pawlak(1982)提出了粗糙集理论,是用于研究不完整数据、不确定知识的表达、学习及归纳等的数学方法。近年来,粗糙集理论及其应用得到了广泛的认可,许多国际会议、学术期刊都将它列为重要内容之一。对粗糙集理论及应用的研究已经成为国际学术界的一个热点,而国内也正处在一个迅猛发展的时期。

集合在数学中的定义都是精确的,但是在其他许多方面情况并非如此理想,例如,在医学领域中,"健康"与"生病"就不可能唯一精确地定义。这种不精确的定义称为"模糊"。模糊定义由一个"边界区域"来刻画,该区域由所有不能与概念及其补充相联系的元素组成。贴切地说,粗糙集理论就是一个模糊与不确定性的数学模型。模糊是集合(概念)的属性,并且严格地与集合边界区域的存在相关。而不确定性则是集合中元素的属性。现实世界中信息并非十分充分,导致了不可辨识性。因此在粗糙集理论中,模糊与不确定性是紧密相关的(Pawlak,1982)。

8.2　粗糙集理论

8.2.1　知识与知识库

与经典集合理论不同,粗糙集理论假设集合中的元素有一些附加信息(知识-数据等)。知识即是将对象进行分类的能力,对于知识可以用属性(attribute)和相应的属性值(value)来描述。假定我们起初对论域里的个体(对象)具有必要的信息或知识,通过这些知识能够将其划分到不同的类别。若两个元素具有相同的信息,则它们是不可区分的,即根据已有的信息不能够将其划分开,显然这是一种等价关系。对现实问题处理时,将现实的个体(或称元素、对象、样本)局限在某一个特定的区域范围内,这个区域内的所有个体就组成问题的论域 U,因此,由这个感兴趣的对象组成的有限集合称作论域 U,显然 U 不是空集。以分类为基础,可以将分类理解为等价关系,而这些等价关系对论域 U 进行划分。对于论域中由等价关系划分出的任意子集 X,都可称之为 U 中的一个概念。为规范化起见,我们认为空集也是一个概念。U 中的任何概念簇称为关于 U 的抽象知识,简称知识,它代表了 U 中个体的分类。

U 上的 $\mathscr{L}$ 划分 $\mathscr{L} = \{X_1, X_2, \cdots, X_n\}$ 定义为

$$X_i \subseteq U, X_i \neq \phi, X_i \bigcap X_j, i \neq j, i, j = 1, 2, \cdots, n, \bigcup_{i=1}^{n} X_i = U$$

U 上的一簇划分(或称对 U 的分类)称为关于 U 的一个知识库(knowledge base)。设 R 是 U 上的一个等价关系,U/R 表示 R 的所有等价类(或者 U 上的分类)构成的集合。$[x]_R$ 表示包含元素 x($x \in U$)的 R 等价类。一个知识库就是一个关系系统 $K = (U, \mathbf{R})$,其中 U 为非空有限集,称为论域,$\mathbf{R}$ 是 U 上的一簇等价关系。

若 $\mathbf{P} \subseteq \mathbf{R}$,且 $\mathbf{P} \neq \varnothing$,则 $\bigcap \mathbf{P}$($\mathbf{P}$ 中所有等价关系的交集)也是一个等价关系,称为 R 上的不可区分关系,即为 $\text{ind}(\mathbf{P})$,且有

$$[x]_{\text{ind}(\mathbf{P})} = \bigcap_{R \in \mathbf{P}} [x]_R \tag{8.1}$$

这样,$U/\text{ind}(\mathbf{P})$ 表示与等价关系簇 $\mathbf{P}$ 相关的知识,称为 K 中关于 U 的 $\mathbf{P}$ 基本知识(基本集),为简单起见,用 $U/\mathbf{P}$ 代替 $U/\text{ind}(\mathbf{P})$,$\text{ind}(\mathbf{P})$ 的等价类称为知识的 $\mathbf{P}$ 基本概念或基本范畴。特别地,如果 $Q \in \mathbf{R}$,则称 Q 为 K 中关于 U 的 Q 初等知识,Q 的等价类为知识 $\mathbf{R}$ 的 Q 初等概念或 Q 初等范畴。

令 $K = (U, \mathbf{P})$ 和 $K' = (U, \mathbf{Q})$ 为两个知识库,当 $\text{ind}(\mathbf{P}) = \text{ind}(\mathbf{Q})$,即 $U/\mathbf{P} = U/\mathbf{Q}$,则称 K 和 K'($\mathbf{P}$ 和 $\mathbf{Q}$)是等价的,记作 $K \cong K'$($\mathbf{P} \cong \mathbf{Q}$)。

知识库 K 和 K' 等价,意味着 K 和 K' 具有相同的,因而它们具有相同的表达能力。

8.2.2　近似与粗糙集

一般地,一个信息表知识表达系统 S 可定义为

$$S = \langle U, R, V, f \rangle$$

这里,U 是对象的集合,也称为论域,$R = C \bigcup D$ 是属性和非空有限集合,子集 C 和 D 分别称为条件属性集合决策属性集,$V = \bigcup_{r \in R} V_r$,$V_r$ 是属性 r 的值域。$f: U \times R \rightarrow V$ 是一个信息函数,它为 U 中的每个对象的每个属性赋予一个信息值,即 $x \in U, \forall r \in R, f(x, r) \in V_r$。具有条件属性和决策属性的知识表达系统称为决策表。

令 $X \subseteq U, R$ 为 U 上的一个等价关系。当 X 能够表达成某些 R 基本范畴的并时,称 X 是 R 可定义的;否则,称 R 是不可定义的。R 可定义集是论域 U 的子集,它可在知识库 K 中精确定义,而 R 不可定义集不能在这个知识库 K 中。R 可定义集也称为 R 精确集,而 R 不可定义集也可以称为 R 非精确集或 R 粗糙集。

当存在等价关系 $R \in \text{ind}(K)$ 且 X 为 R 精确集时,集合 $X \subseteq U$ 称为 K 中的精确集;对于任意的 $R \in \text{ind}(K)$,X 都为 R 粗糙集,则称 X 为 K 中的粗糙集。

对于粗糙集可以通过集合的上近似集和下近似集来描述。

给定知识库 $K = (U, \mathbf{P})$,对于每个子集 $X \subseteq U$ 和一个等价关系 $R \in \text{ind}(K)$,定义两个子集,即

$$R_{-}(X) = \bigcup \{Y \subset U/\text{ind}(R) \mid Y \subseteq X\} \tag{8.2}$$

$$R^{-}(X) = \bigcup \{Y \subset U/\text{ind}(R) \mid Y \bigcap X \neq \phi\} \tag{8.3}$$

分别称式(8.2)和式(8.3)为 X 的 R 下近似集和上近似集。

下近似集和上近似集也可用下面的等式表达,即

$$R_-(X) = \{x \mid x \in U \text{ 且 } [x]_R \subseteq X\} \tag{8.4}$$

$$R^-(X) = \{x \mid x \in U \text{ 且 } [x]_R \bigcap X \neq \phi\} \tag{8.5}$$

集合 $\mathrm{bn}_R(X) = R^-(X) - R_-(X)$ 称为 X 的 R 边界域;$\mathrm{pos}_R(X) = R_-(X)$ 称为 X 的 R 正域;$\mathrm{neg}_R(X) = U - R^-(X)$ 称为 X 的 R 负域。显然 $R^-(X) = \mathrm{pos}_R(X) \bigcup \mathrm{bn}_R(X)$。

$R_-(X)$ 或 $\mathrm{pos}_R(X)$ 是由那些根据知识 R 判断肯定属于 X 的 U 中元素组成的集合;$R^-(X)$ 是那些根据知识 R 判断可能属于 X 的 U 中元素组成的集合;$\mathrm{bn}_R(X)$ 是那些根据知识 R 既不能判断肯定属于 X 又不能判断肯定属于 $\sim X$(即 $U - X$)的 U 中元素组成的集合。显然有下列性质:

X 为 R 可定义集当且仅当 $R^-(X) = R_-(X)$。

X 为 R 粗糙集当且仅当 $R^-(X) \neq R_-(X)$。

我们也可将下近似集 $R_-(X)$ 描述为 X 中的最大可定义集,将上近似集 $R^-(X)$ 描述为含有 X 的最小可定义集。

集合 X 的 R 边界域、R 正域和 R 负域可以形象化地表示为图8.1。

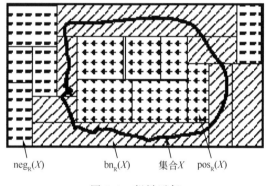

$$\mathrm{neg}_R(X) \qquad \mathrm{bn}_R(X) \qquad 集合 X \qquad \mathrm{pos}_R(X)$$

图 8.1　粗糙近似

8.2.3　粗糙度与分类质量

粗糙集的不可定义性(不确定性)是由于粗糙集的 X 的边界不确定性引起的。集合 X 的边界区域越大,其确定性程度就越小。我们可以用集合 X 的精度和粗糙度这两个概念来描述粗糙集 X 的不确定性程度。

假定集合 X 是论域 U 上的一个关于知识 R 的粗糙集,定义其 R 精度(在不发生混淆的情况下,也称精度)为

$$\alpha_R = \frac{\mid R_-(X) \mid}{\mid R^-(X) \mid} \tag{8.6}$$

式中:X 不是空集;$\mid R^-(X) \mid \{\mathrm{card}[R^-(X)]\}$ 表示集合 X 的基数。

精度 $\alpha_R(X)$ 用来反映我们对于了解集合 X 的知识的完全程度。显然对每一个 R 和 X 属于 U 有 $0 \leqslant \alpha_R(X) \leqslant 1$。当 $\alpha_R(X) = 1$ 时,X 的 R 边界域为空集,集合 X 为 R 可定义

的;当 $\alpha_R(X) < 1$ 时,集合 X 有非空 R 边界域,集合 X 为 R 不可定义的。

这样对集合 X 是论域 U 上的一个关于知识 R 的粗糙集,定义其 R 粗糙度为

$$\rho_R(X) = 1 - \alpha_R(X) \tag{8.7}$$

X 的 R 粗糙集与其精度恰恰相反,它表示的是集合 X 的知识的不完全程度。可以看到,不精确性的数值不是事先假定的,而是通过表达知识不精确概念的近似计算而得的,这样不精确性的数值表示的是有限知识(对象分类能力)的结果,这里不需要一个用一个机构来指定精确的数值来表达不精确的概念,而是采用量化概念(分类)来处理。不精确的数值用来表示概念的精确度。

除了用近似程度的精度来表示粗糙集的特征外,也可根据粗糙集 X 的上近似集、下近似集的特性,来表达粗糙集 X 的不确定性程度的拓扑特征:

(1)若 $R_-(X) \neq \varnothing$ 且 $R^-(X) \neq U$,则称 X 为 R 粗糙可定义。

(2)若 $R_-(X) = \varnothing$ 且 $R^-(X) \neq U$,则称 X 为 R 内不可定义。

(3)若 $R_-(X) \neq \varnothing$ 且 $R^-(X) = U$,则称 X 为 R 外不可定义。

(4)若 $R_-(X) = \varnothing$ 且 $R^-(X) = U$,则称 X 为 R 全不可定义。

这个划分的直观意义如下:

如果 X 为 R 粗糙可定义,则意味着可以确定 U 中某些元素属于 X 或 $\sim X$。

如果 X 为 R 内不可定义,则意味着可以确定 U 中某些元素是否属于 $\sim X$,但不能确定 U 中任意元素是否属于 X。

如果 X 为 R 外不可定义,则意味着可以确定 U 中某些元素是否属于 X,但不能确定 U 中的任意元素是否属于 $\sim X$。

如果 X 为 R 全不可定义,则意味着我们不能确定 U 中任一元素是否属于 X 或 $\sim X$。

显然有下列两个性质:

(1)集合 X 为 R 粗糙可定义(或 R 全不可定义)当且仅当 $\sim X$ 为 R 粗糙可定义(或 R 全不可定义)。

(2)集合 X 为 R 外(内)不可定义当且仅当 $\sim X$ 为 R 内(外)不可定义。

至此,刻画粗糙集的方法有两种:其一为近似程度的精度来表示粗糙集的数字特征;其二为用粗糙集的分类表示粗糙集的拓扑特征。粗糙集的数字特征表示了集合边界域的大小,但没有说明边界域的结构;而粗糙集的拓扑特征没有给出边界域大小的信息,它提供的是边界域的结构。但是,粗糙集的数字特征和拓扑特征之间存在着一种关系。

以下介绍近似分类问题。

令 $F = \{X_1, X_2, \cdots, X_n\}$ $(U = \bigcup_{i=1}^{n} X_I)$ 是论域 U 上的一个分类或划分,这个分类独立于知识 R。子集 $X_i(i = 1, 2, \cdots, n)$ 是划分 F 的类。F 的 R 下近似和 R 上近似分别定义为 $R_-(F) = \{R_-(X_1), R_-(X_2), \cdots, R_-(X_n)\}$ 和 $R^-(F) = \{R^-(X_1), R^-(X_2), \cdots, R^-(X_n)\}$。

我们定义两个量度来描述近似分类的不精确性。

第一个量度为根据 R、F 的近似分类精度,即

$$\alpha_R(F) = \frac{\sum_{i=1}^{n} |R_-(X_i)|}{\sum_{i=1}^{n} |R^-(X_i)|} \tag{8.8}$$

第二个量度为根据 R、F 的近似分类质量,即

$$\gamma_R(F) = \frac{\sum\limits_{i=1}^{n} |R_-(X_i)|}{|U|} \tag{8.9}$$

近似分类精度描述的是当使用知识 R 对对象分类时,可能的决策中正确决策的比例;分类质量表示的是应用知识 R 能确切地划入 F 类的对象的百分比。

粗糙集概念和通常的集合有着本质上的区别。在集合的相等上也有一个重要的区别。在普通集合里,如果两个集合有着完全相同的元素,则这两个集合相等。在粗糙集理论中,我们需要另一个集合相等的概念,既近似(粗糙)相等。两个集合在普通集合里不是相等的,但在粗糙集里可能是近似相等的。因为两个集合是否近似相等是根据我们得到的知识判断的。

由此,可以定义集合的三种近似相等概念。

令 $K=(U, R)$ 是一个知识库,$X \subseteq U$,$Y \subseteq U$ 且 $R \in \text{ind}(K)$。若 $R_-(X) \neq \varnothing$ 且 $R^-(X)$:

(1)若 $R_-(X)=R_-(Y)$,则称集合 X 和 Y 为 R 下粗相等。

(2)若 $R^-(X)=R^-(Y)$,则称集合 X 和 Y 为 R 上粗相等。

(3)若 X 和 Y 为 R 的下粗相等且为 R 的上粗相等,则称集合 X 和 Y 为 R 相等。

对于任何不可区分关系 R,R 下粗相等、R 上粗相等和 R 相等均为等价关系。

将粗糙集的概念与普通集合论相比较,可以看出粗糙集的基本性质,如元素的成员关系,集合的等价和包含,都与不可区分关系所表示的论域的知识有关。

8.3　容差粗糙集

8.3.1　不完备信息系统

在许多情况下,面临的信息系统是不完备的。主要问题之一是属性的缺省值。在现实生活中,绝大多数信息系统都是不完备的。而基于传统的不可区分关系的粗糙集理论是不能处理不完备系统的。在传统的粗糙集理论中,存在一个明显的假设,即所有可以获得的个体对象由这个属性集合给出完全的描述。例如,用 $U=\{a_1, a_2, \cdots, a_n\}$ 表示个体对象集合,$C=\{c_1, c_2, \cdots, c_m\}$ 表示属性集合,则对于任意 $a_j \in U$,$c_i \in C$,属性值 $c_i(a_j)$ 总是存在的,即 $c_i(a_j) \neq \varnothing$。

这个假设虽然是合理的,但与很多现实情况有差异。在这些情况下,由于不可能得到一部分属性值(例如,如果集合 U 是关于病人的集合,属性是一些临床检验,并非所有的检验结果在给定的时间都是可以得到的),或者有些对象的某个属性值是肯定不可能得到的,这导致关于对象集合 U 的描述是不完全的。这样,就导致了不完备信息系统的出现。

对于不完备信息的理解,存在两种语义解释:遗漏(missing)语意和缺席(absent)语意。遗漏语意下,认为遗漏值(未知值)将来总是可以得到的,并可以与任意值相比较(匹

配,相等);而缺席语意下,认为缺席值(未知值)是无法再得到的,不能与任一值相比较(匹配,相等)。

8.3.2　容差关系与容差粗糙集

讨论不完备信息系统的关系有容差关系(tolerance relation)。容差关系中,最主要的一个概念是赋予信息表中没有值的元素一个"Null"值,"Null"值是一种任何值都有可能的值。这个解释与这样的值仅仅是被遗漏但又确实存在的解释相对应。即不精确的知识迫使我们去处理只有部分信息的不完备信息表。各个对象具有潜在的完备信息,而我们当前只是遗漏了这些值。

给定信息表 $S = \langle U, C, V, f \rangle$,对于具有遗漏属性值的属性子集 $B \subseteq C$,记遗漏值为" $*$ ",我们引入容差关系 T 的定义为(Daijin,2001;Ho and Nguyen,2002)

$$T = \{(x, y) \in U \times U \mid 任意的 c \in B, c(x) = c(y) \text{ or } c(x) = * \text{ or } c(y) = * \} \quad (8.10)$$

显然,T 是自反的和对称的,但不一定是传递的。进一步,用符号 $I_B(x)$ 表示在属性集合 B 上满足关系 $T(x, y)$ 的个体对象 y 的集合,即对象 x 的容差类。

$$I_B(x) = \{ y \in U \mid 任意的 c \in B, c(x) = c(y) \text{ or } c(y) = * \} \quad (8.11)$$

基于容差类的定义,我们可以定义不完备信息表中对象集合 X 关于属性集 $B \subseteq C$ 的上近似和下近似。

不完备信息表 $S = \langle U, C, V, f \rangle$ 中对象集合 X 关于属性集 $B \subseteq C$ 的上近似(X^B)和下近似(X_B)分别定义为

$$X_B = \{x \in U \mid I_B(x) \subseteq X\} \quad (8.12)$$

$$X^B = \{x \in U \mid I_B(x) \bigcap X \neq \phi\} \quad (8.13)$$

显然,$X^B = \bigcup_{x \in X} I_B(x)$。

8.4　容差粗糙集数据预处理算法

粗糙集中的基本概念是近似空间(approximation space)和下/上近似集(lower/upper approximations)。论域 U (universe)内的对象按等价关系(equivalence relation)被分到不同的等价类(equivalence class)之中,属于同一个等价类中的对象称之为不可区分的。被等价类分割的集合叫近似空间。对近似空间内的任意子集 X,完全包含在 X 中的等价类的和所构成的集合叫下近似集,与 X 的交集不空的等价类的和所构成的集合叫上近似集。基于传统的不可区分关系的粗糙集理论中,等价关系是如下定义的,若论域 U 中的一些对象在其给定的属性范围内不可区分,则有一不可区分关系 I 满足:

自反性:$x I x$

对称性:$x I y \rightarrow y I x$

传递性:$x I y \wedge y I z \rightarrow x I z$ $\qquad (8.14)$

因此,不可区分关系 I 是一个等价关系,从而可以按这个等价关系把集合 U 划分成不同的等价类。这里 x, y 和 z 是论域 U 中的对象。

但是,在数据分类中,有时不便于按此等价关系描述数据之间的相似性,这是由于虽

然数据 x 和 y 属于同一类,数据 y 和 z 属于同一类,但不能保证数据 x 和 z 就属于同一类。即上面的等价关系中的传递性在数据分类中不一定总是成立的。例如,遥感图像中的混合像元就不满足传递性。因此,我们采用只满足自反性和对称性的容差粗糙集来进行数据分类。

令 $A=(U,A\cup d)$ 是一决策表,U 是对象集合,A 是条件属性集,每一属性 $a\in A$ 对应属性值集合 V_a 中的一个值,集合 $\{d\}$ 是一决策类集 $d=\{1,2,\cdots,r(d)\}$,这里 $r(d)$ 是决策类的个数。令 $R_A=\{Ra:Ra\subseteq Va\times Va\wedge a\in A\}$ 是一容差关系,容差关系满足

$$\text{自反性}:\forall v_1\in V_a,v_1R_av_1 \tag{8.15}$$
$$\text{对称性}:v_1R_av_2\rightarrow v_2R_av_1$$

v_1 和 v_2 属于 V_a。两个对象 x 和 y 若其属性值 $a(x)$ 和 $a(y)$ 满足 $a(x)R_aa(y)$,则我们说对象 x 和 y 关于属性 a 相似,若对 $\forall a\in A$,都满足 $a(x)R_aa(y)$,则说 x 和 y 满足容差关系,记为 $x\tau_Ay$。

对象 x 的容差粗糙集定义为,所有与 x 有容差关系的对象组成的集合,即

$$\text{TS}(x)=\{y\in U\mid x\tau_Ay\} \tag{8.16}$$

然后,定义集合 $Y\subseteq U$ 的关于属性集 A 的基于容差关系的下近似集 $\underline{\tau_A}(Y)$ 和上近似集 $\overline{\tau_A}(Y)$ 如下

$$\underline{\tau_A}(Y)=\bigcup_{x\in U}\{\text{TS}(x)\mid \text{TS}(x)\subseteq Y\}$$
$$\overline{\tau_A}(Y)=\bigcup_{x\in U}\{\text{TS}(x)\mid \text{TS}(x)\bigcap Y\neq\phi\} \tag{8.17}$$

为建立数据间的容差关系,需要定义相似性度量函数用于定量描述对象间关于属性的相似程度。令对象 x 和 y 对属性 a 的相似度量值为 $S_a(x,y)$,若对属性 a 有 $S_a(x,y)\geqslant t(a)$,则我们可以利用相似度量来定量地描述对属性 a 的容差关系为

$$a(x)R_aa(y)\Leftrightarrow S_a(x,y)\geqslant t(a) \tag{8.18}$$

$t(a)$ 是关于属性 a 的相似阈值,$t(a)\in[0,1]$。$S_a:V_a\times V_a\rightarrow[0,1]$,$S_a(x,y)$ 定义为

$$S_a(x,y)=1-\frac{d[a(x),a(y)]}{d_{\max}} \tag{8.19}$$

距离函数 $d[a(x),a(y)]=|a(x)-a(y)|$,$d_{\max}=\max_{a\in A}\{|a(x)-a(y)|\}$。

然后,定义对象 x 和 y 对属性集 A 的相似度量函数 $S_A(x,y)$ 为

$$S_A(x,y)=\frac{1}{|A|}\sum_{a\in A}S_a(x,y)=1-\frac{1}{d_{\max}\times|A|}\sum_{a\in A}d[a(x),a(y)] \tag{8.20}$$

式中:$|A|$ 是 A 中属性的个数。这样我们可以把容差关系与相似度量之间的关系统一为

$$x\tau_Ay\Leftrightarrow S_A(x,y)\geqslant t(A) \tag{8.21}$$

式中:$t(A)$ 为选取的与属性集 A 有关的阈值,$t(A)\in[0,1]$。易证,以上定义的相似度量算法满足自反性和对称性,但不满足传递性。

8.5 容差粗糙集与 BP 算法结合的分类实验

8.5.1 容差粗糙集分类预处理算法

本实验的研究区域为北京市首都机场的周边地区。实验数据是 TM 卫星数据,选取

的研究范围为 3400×3400 个像元(30 m 分辨率)。选用的波段范围为 $1 \sim 5$ 波段和 7 波段,共 6 个波段数据(Ma and Hasi,2005)。

在遥感图像上选取训练数据集然后选择合适的阈值 $t(A)$ 后,利用式(8.16)求每一训练样本 x 的容差粗糙集 $TS(x)$,然后计算训练数据的下/上近似集。为求出下/上近似集我们修改式(8.17)为

$$\underline{\tau_A}(x) \overset{\triangle}{=} \underline{\tau_A}[TS(x)] = \{x\} \bigcup \bigcup_{y \in U, y \neq x} \{TS(y) \mid TS(y) \subseteq TS(x)\} \qquad (8.22)$$

$$\overline{\tau_A}(x) \overset{\triangle}{=} \overline{\tau_A}[TS(x)] = \{x\} \bigcup \bigcup_{y \in U, y \neq x} \{TS(y) \mid TS(y) \bigcap TS(x) \neq \phi\} \qquad (8.23)$$

然后利用式(8.22)和式(8.23)计算每一对象 x 的容差粗糙集 $TS(x)$ 的下近似集 $\underline{\tau_A}(x)$ 与上近似集 $\overline{\tau_A}(x)$。

当样本 x 属于上近似集时,$TS(x)$ 中除 x 以外的其他样本的决策属性可能互不相同。此时,需要定量地描述样本 x 属于各决策类的隶属度。令 $TS(x)$ 中的对象 y 的决策类为 $d(y)$,记第 i 个决策类为 $d_i[i=1,2,\cdots,r(d)]$,$r(d)$ 是决策类的个数。然后定义粗糙隶属度 $\mu_{d_i}(x)$ 来描述样本 x 属于决策类 d_i 的隶属度。定义为

$$\mu_{d_i} = \frac{\text{card}(\{\forall y \in TS(x) \mid d(y) = d_i\})}{\text{card}[TS(x)]}, i = 1, 2, \cdots, r(d) \qquad (8.24)$$

从而可以按粗糙隶属度集合 $\{\mu_{d_i}(x) \mid i=1,2,\cdots,r(d)\}$ 来描述样本 x 位于上近似集中时,x 隶属于各类的情况。

求出训练数据集内各样本的下/上近似集后,按两个步骤对训练数据进行分类。

首先,利用下近似集对训练数据集进行分类。当样本 x 的下近似集 $TS_l(x)$,只包含一个对象,即 $TS_l(x) = \{x\}$,这里下标 l 表示下近似集,则,我们不能对其分类,放入第二步处理,若下近似集 $TS_l(x)$ 含有多个对象,则比较下近似集 $TS_l(x)$ 中各决策类的频率(对象个数),把 x 赋给频率大的决策类,但当第一大频率 frq_1 和第二大频率 frq_2 之间的差别不大,即 $(frq_1 - frq_2)/frq_1 \leqslant 1/[2 * r(d)]$ 时,同样放入第二步处理。原因在于样本 x 的类别信息在下近似集中过于模糊,从而难以辨别其类别属性。

然后,对第一步没能分类的数据利用上近似集再进行分类。上近似集 $TS_u(x)$ 包含了下近似集 $TS_l(x)$ 的所有元素,这里下标 u 表示上近似集,由于在第一步中已经对下近似集进行了分类,故我们只需考虑边界域,而不用对整个上近似集进行分类计算,由于边界域中的对象个数不是很多,因此第二步进行分类的计算时间很短。对第一步没能分类的元素 x 计算其容差粗糙集的边界域 $TS_b(x) = TS_u(x) - TS_l(x)$,下标 b 表示其为边界域。然后,利用式(8.24),获取 $TS_b(x)$ 中所有元素的粗糙隶属度。令 $TS_b(x) = \{y_1, y_2, \cdots, y_m\}$ 为在第一步没有参加分类的元素 x 的边界域中的元素集,计算每个元素 y_j 的粗糙隶属度 $\{\mu_{d_i}(y_j) \mid i=1,2,\cdots,r(d)\}$。然后计算对象 x 属于各决策类的平均粗糙隶属度,即

$$\overline{\mu_{d_i}} = \frac{1}{m} \sum_{j=1}^{m} \mu_{d_i}(y_j) \qquad (8.25)$$

求出 x 的平均粗糙隶属度后,把 x 赋给平均粗糙隶属度大的决策类,但当第一大平均粗糙隶属度和第二大平均粗糙隶属度之间的差别不大,即 $(\overline{\mu_{d_{\max1}}} - \overline{\mu_{d_{\max2}}})/\overline{\mu_{d_{\max1}}} \leqslant 1/[2r(d)]$ 时,我们认为 x 是不可分类的,把 x 从训练数据集中去除。

8.5.2 分 类 实 验

本实验的研究区域为北京市首都机场的周边地区。实验数据是 2003 年 5 月 1 日获取的 TM 卫星数据,选取的研究范围为 3400×3400 个像元(30 m 分辨率)。选用的波段范围为 1~5 波段和 7 波段,共 6 个波段数据。彩图 26 是研究区域的 5、4、3 波段合成图。

我们利用实地考察结果结合该地区的土地利用图,在 TM 卫星数据上选取了训练和验证数据集。表 8.1 是实验用训练和验证样本点数据集合的构成描述。

表 8.1 训练数据集合与验证数据集合

类别编号	土地覆盖	描述	训练数据集合	验证数据集合
1	水体	河流、水库和池塘	203	106
2	森林	成片林地与灌木林等	172	106
3	树木	疏林地、果园等	194	100
4	耕地	农田	190	95
5	绿化	草坪人工绿化带等	191	106
6	山区盆地	山区盆地	177	97
7	城市	城镇居民点	203	99
8	机场	机场等大型空旷场地	191	95
9	道路	城镇道路密聚区	191	108
		合计	1712	912

由于选用的波段是 6 个,因此,训练集中的每一样本有 6 个条件属性,属性值就取对应波段的灰度值。对土地覆盖类型分了 9 个类别并依次进行了编号,故训练集的决策类为 9 个。然后按容差粗糙集方法对 1712 个训练样本进行分类,筛选训练样本。实验中选取的阈值为 0.6。分类结果见表 8.2。

表 8.2 训练数据集的容差粗糙集分类预处理结果

```
1水体 1111111111111111111111111111111111111111111111111111111111
      1111111110111111111111111111111111111111111111111111111111
      1111111111111111111111111111111111111111111111111111111111
      1111111111111111111111111111111111111111111
2森林 2022022222222202200002202222222222222002222222222200222
      0220022222022022022222012122220220200202222222222200220
      0220022222222202220200002200202222222222202222222222222
      2202
3树木 3333333333303333333333333333333330333333333333333
      3333333333333333333333333333333333333330303333333333
      3333333333333333333333333333333333333333333333333333
      33333333333333333333333333333
4耕地 4444444444444444444444444444000040440400444444444404444
      4444444444444444444444444444444444444444444444444444
      4444444444444444444444444444444444444444444444444444
      4444444444444440044444044
5绿化 005555555555555555555555555555555555555550555555055555555
      55555555555555555555555555555555555555550555555055555555
      5555555555555555555555555555555555555555555555050550055
      553555055555555555555505555
```

6 山区盆地 6 6 6 6 6 6 6 6 6 6 6 6 6 6 6 6 6 6 6 6 6 6 6 0 6 6 6 6 6 6 6 6 6 6 6 6 6 6 6 0 6 6 6 6 6 6 6 6 6 6 6 6 6 6 6 6 6 6 6 6
6 6 6 6 6 6 6 6 6 6 7 0 6 0 6 0 6 6 6 6 6 6 6 0 6 6 6 6 6 6 0 0 6 6 6 6 6 6 4 6 6 6 6 6 6 6 6 6 6 6 6 6 6 6 0 0 6 6 0 6 6 6
6 6 6 6 6 6 0 6 0 6 6 6 6 6 0 6 6 6 6 6 6 6 6 6 6 6 0 6 0 0 6 0 6 6 6 6 6 6 6 6 6 6 6 0 6 6 6 6 0 6 0 6
6 6 6 6 6 6 6 0

7 城市 7 0 0 7 7 7 7 7 0 0 7 7 0 7 0 0 7 0 7 7 0 0 7 0 0 0 7 7 7 7 0 0 7 0 7 0 0 0 0 7 7 0 0 0 9 0 7 0 0 0 0 0 0 0
7 0 0 7 0 0 7 0 0 0 0 0 7 9 7 7 0 0 7 9 0 0 0 0 0 0 0 0 0 0 7 0 0 0 0 0 0 0 7 7 8 0 0 0 0 0 0 0 0 0 0
7 0 0 7 8 0 7 7 0 7 8 7 0 0 0 0 7 9 7 0 0 0 7 7 7 0 0 7 7 0 0 7 7 0 7 0 7 0 0 0 7 0 0 0 7 0 0 7 0 7 0 0 0 0 7 7
0 0 0 7 0 0 0 0 9 0 7 0 0 7 0 0 7 7 7 7 0 7 9 0 0 9 0 0 0 7

8 机场 8 8 8 8 8 8 8 8 8 8 8 8 8 8 8 8 8 8 0 8 0 8 8 8 8 8 8 8 8 8 8 8 8 8 8 8 0 0 8 0 0 0 8 0 0 0 0 8 0 8 0 8 8 0 0 0 0 8 8 0
8 0 0 0 0 0 8 0 0 0 0 0 8 0 0 8 0 0 0 8 0 0 0 8 0 8 8 8 8 8 8 8 0 8 8 8 0 8 8 8 0 8
8 0 8 0 0 8 7 0 8 0 0 8 8 0 8 8 8 8 8 8 8 8 0 0 0 8 8 0 0 0 0 0 0 8 0 8 0 8 0 0 0 0 0 0 8 0
0 0 0 0 8 0 0 0 8 8 0 8 0 8 8 0 0 0 0 8

9 道路 9 0 0 9 0 9 0 7 0 9 9 0 0 0 0 0 9 9 9 0 0 0 0 0 9 0 0 9 0 0 0 0 0 9 0 0 0 0 0 0 0 0 9 0 0 9 0 0 9 9 0 9 9 0 9 9
9 9 9 9 9 9 9 9 0 9 9 0 0 9 0 0 0 0 0 0 9 9 9 9 9 9 0 0 9 0 9 9 9 9 9 9 7 9 0 9 0 0 9 9 0 0 9 9 9 0 0 9 9 0
0 9 9 9 9 9 9 0 0 9 0 9 9 0 0 0 0 9 0 0 9 9 9 9 9 9 9 9 9 9 9 0 9 0 9 9 9 0 9 9 9 9 0 9 0 0 9 9
0 0 0 9 0 0 0 9 0 0 0 9 9 0 0 9 0 9 0 0 0 9

表 8.2 的数据表示对 9 个类别的 1712 个样本逐个进行了辨别,并按其辨别结果的类别编号标出。而 0 表示该位置的样本点的类别属性过于模糊,从而不可辨别。例如,在城镇类中,属于城镇类的标为 7,类别属性过于模糊的标为 0。城镇类中有的样本若属于其他类则按其所属的类别编号标出。例如,城镇类中的 9 表示该位置的样本点属于道路类。然后去除不可辨别的样本和类别属性属于其他类的样本后,得到新的 9 个类别的训练样本集。新的各类别的样本数依次为 202、133、188、177、172、155、66、98 和 103 个,共计 1294 个样本。这样经过容差粗糙集分类预处理后去除了类别关系比较模糊的像元和属于其他类的像元。然后,用原始的 1712 个训练点和经过容差粗糙集分类预处理后的 1294 个训练点分别进行 BP 神经网络的训练,BP 神经网络结构确定为 6 个输入层、35 个隐层和 9 个输出层,误差 0.1,α 为 0.8,η 为 0.05,最大学习次数 4000。训练结果表明由于经过容差粗糙集处理后的训练集比原始的要小,从而 BP 网络的训练时间也相应地变短。

BP 神经网络训练结束后,分别用原始训练集的训练结果和容差粗糙集分类预处理后的训练结果对所选的 TM 图像进行了分类,分类结果见彩图 27 和彩图 28。由于不可分辨的像元数很少,几乎可以忽略,因此把不可分辨的像元归入了机场类。彩图 27 是直接用 1712 个训练点的分类结果,彩图 28 是用容差粗糙集分类预处理后的 1294 个训练点的分类结果。

彩图 29 和彩图 30 是彩图 27 和彩图 28 的对应于彩图 26 中红框所示位置(四元桥周围地区)的子图。

为了对比两种方法的精度,用预先取得的独立验证数据对直接 BP 方法和容差粗糙集 BP 网络分类进行了精度测试,将测试结果分别表示在一个混淆矩阵中,见表 8.3、表 8.4。通过比较混淆矩阵,直接 BP 方法的整体精度是 87.61%,容差粗糙集 BP 网络分类方法的整体精度是 93.31%,可知容差粗糙集 BP 网络分类方法的分类精度除了道路外各种单项分类都高于或等于直接 BP 方法。通过比较分类结果的彩图 27 和彩图 28 可知,容差粗糙集 BP 网络分类方法的分类结果明显优于直接 BP 方法,较真实地反映了实际土地覆盖类型。局部放大的彩图 29 和彩图 30 也明显表明,容差粗糙集 BP 网络分类的结果符合实际土地覆盖类型,其结果优于直接 BP 方法。特别地,对照两个子图后,明显可以看出直接 BP 方法片面夸大了道路类,缩小了城市类。

表 8.3　直接 BP 网络分类结果的混淆矩阵

类别	水体	森林	树木	耕地	绿化	山区盆地	城市	机场	道路	合计	用户精度/%
没有分类	0	0	0	1	0	0	0	0	1	2	
水体	89	10	0	0	0	0	0	0	0	99	89.90
森林	0	96	0	0	0	0	0	0	0	96	100.00
树木	0	0	95	0	5	0	0	0	0	100	95.00
耕地	0	0	0	89	0	0	0	0	0	89	100.00
绿化	0	0	5	5	100	0	0	2	6	118	84.75
山区盆地	0	0	0	0	0	97	0	0	0	97	100.00
城市	0	0	0	0	0	0	54	11	4	69	78.26
机场	0	0	0	0	0	0	0	82	0	82	100.00
道路	17	0	0	0	1	0	45	0	97	160	60.63
合计	106	106	100	95	106	97	99	95	108	912	
地表真实精度/%	83.96	90.57	95.00	93.68	94.34	100.00	54.55	86.32	89.81		

注:总样本 912 个像元,正确分类的样本 799 个像元,总体精 87.61%,kappa 系数 k=0.862 647。

表 8.4　基于容差粗糙集的 BP 网络分类结果的混淆矩阵

类别	水体	森林	树木	耕地	绿化	山区盆地	城市	机场	道路	合计	用户精度/%
没有分类	4	0	0	0	0	0	0	2	16	22	
水体	97	2	0	0	0	0	0	0	0	99	97.98
森林	0	104	0	0	0	0	0	0	0	104	100.00
树木	0	0	100	0	1	0	0	0	0	101	99.01
耕地	0	0	0	92	0	0	0	0	0	92	100.00
绿化	0	0	0	3	104	0	0	0	4	111	93.69
山区盆地	0	0	0	0	0	97	0	0	0	97	100.00
城市	0	0	0	0	0	0	85	5	4	94	90.43
机场	0	0	0	0	0	0	0	88	0	88	100.00
道路	5	0	0	0	1	0	14	0	84	104	80.77
合计	106	106	100	95	106	97	99	95	108	912	
地表真实精度/%	91.51	98.11	100.00	96.84	98.11	100.00	85.86	92.63	77.78		

注:总样本 912 个像元,正确分类的样本 851 个像元,总体精度 93.31%,kappa 系数 k=0.950 689。

8.6　容差粗糙集监督分类

8.6.1　容差粗糙集基础

前一节介绍了容差粗糙集作为一种遥感数据的预处理技术的价值,可以提高 BP 神经网络的精度和帮助解决收敛问题。本节结合北京地区 Landsat ETM+影像数据分类问题,利用数据特征值空间中的邻近单元集合,提出一种新的、建立在自反关系上的邻近单元容差粗糙集监督分类方法。该方法分为三个基本步骤:①在训练数据空间中,利用每个元素的 K 个最邻近单元确立一个自反关系;②依据每个分类数据在训练数据空间中的

K 个最邻近单元定义一个粗糙集;③利用下、上近似集合实现多维数据分类。结合北京地区 Landsat ETM+影像数据分类,对该方法分类过程进行综合分析(Li et al. 2007)。

邻近单元的构建。为了定量化全域 U 中元素之间的邻近性,对 $\forall x,y\in U$,定义 x,y 之间的欧氏距离,得

$$d(x,y) = \sqrt{\sum_{i=1}^{card(A)}(x_i - y_i)^2} \tag{8.26}$$

式中:card(A)为属性集合 A 的基数,以下相同。

$\forall x\in U$,定义并计算 x 与 U 中所有元素之间的欧氏距离的集合

$$D(x) = \{d \mid \forall y,z\in U:d(x,y)=d(x,z)=d\} \tag{8.27}$$

将集合 $D(x)$ 中元素由小到大进行递增排列,对 $\forall d\in D$,定义并计算集合,得

$$N_n(x) = \{y \mid d(x,y)=d_n\} \tag{8.28}$$

式中:d_n 为 $D(x)$ 中第 n 元素,$1\leqslant n\leqslant card[D(x)]$,称 $N_n(x)$ 为元素 x 在 U 中的邻近单元。

二元关系的构建。依据式(8.26)、式(8.27)和式(8.28)在全域 U 上建立一个二元关系 $I^{N(k)}$,对 $\forall x\in U$,有

$$I^{N(k)}(x) = \{y \mid y\in U \wedge y\in N_k(x)\} \tag{8.29}$$

式中:$N_k(x)=\bigcup_{i=1}^{k}N_i(x)$,$1\leqslant k\leqslant \min\{card(D)\}$,min 表示集合的最小值,以下相同。

粗糙集的构建。假设全域 U 上一个子集 $X\subseteq U$,依赖二元关系 $I^{N(k)}$,定义 X 的上、下近似集合和边界集合:

下近似集合:$I^{N(k)*}(X)=\{x \mid \forall x\in U:I^{N(k)}(x)\subseteq X\}$ (8.30)

上近似集合:$I^{N(k)*}(X)=\{x \mid \forall x\in U:I^{N(k)}(x)\bigcap X\neq\Theta\}$ (8.31)

边界集合:$B_{I^{N(k)}}(X)=I^{N(k)*}(X)-R^{N(k)*}(X)$ (8.32)

当 $B_{I^{N(k)}}(X)\neq\Theta$ 时,X 是全域 U 中二元关系 $I^{N(k)}$ 下的粗糙集,粗糙隶属函数为

$$\mu_X{}^{I^{N(k)}}(x) = card[X\bigcap I^{N(k)}(x)]/card[I^{N(k)}(x)] \tag{8.33}$$

式中:$\mu_X{}^{I^{N(k)}}(x)$ 为 $\forall x\in U$,$x\in X$ 的不确定程度,显然 $\mu_X{}^{I^{N(k)}}(x)\in[0,1]$。

例如,遥感训练数据特征值集合 Ut_c,依据类别的不同,构造集合 Ut_c 的一个划分:c_i,$1\leqslant i\leqslant r(d)$,其中 $r(d)$ 表是类别数。依据公式建立 Ut_c 上的二元关系 $I^{N(k)}$。定义并计算 $\forall x\in Ut_c$ 在 c_i 中的粗糙隶属度 $\mu_{c_i}{}^{I^{N(k)}}(x)[1\leqslant i\leqslant r(d)]$。假设分类数据特征值集合 Uv_c,对于 $\forall x\in Uv_c$,定义 $V(x)=\{y|y\in Ut_c\wedge y\in N_k(x)\}$,依据 Ut_c 上的二元关系 $I^{N(k)}$,计算 $V(x)$ 的上、下近似集合 $I^{N(k)*}[V(x)]$、$I^{N(k)*}[V(x)]$,构造一个双层粗糙集分类器对 Uv 中每一个元素 x 进行分类。

8.6.2 容差粗糙集分类技术流程

实现遥感影像邻域特征的容差粗糙集分类技术流程包括以下主要几个步骤:

(1)利用下近似集合 $I^{N(k)*}[V(x)]$ 对 x 进行分类:

若 $I^{N(k)*}[V(x)]=\Theta$,则跳转入下一层进行判别;若 $I^{N(k)*}[V(x)]\neq\Theta$,对应每一类

别,求和并归一化 $I^{N(k)*}[V(x)]$ 中所有元素的粗糙隶属度：$\overline{\mu_{c_i}{}^{I^{N(k)}}(x)} = \dfrac{1}{N}\sum\limits_{j=1}^{N}\mu_{c_i}{}^{I^{N(k)}}(x)$，其中 $N = \mathrm{card}\{I^{N(k)}[V(x)]\}$，$1 \leqslant i \leqslant r(d)$。若 x 对应于所有类别,存在最大且唯一的粗糙隶属度,则依据最大隶属度确定 x 的类别。否则,跳转入下一层进行判别。

(2)利用上近似集合 $I^{N(k)*}[V(x)]$ 对 x 进行分类：

由定义易知,$I^{N(k)}[V(x)] \neq \Theta$。对应每一类别,求和并归一化 $I^{N(k)*}[V(x)]$ 中所有元素的粗糙隶属度：$\overline{\mu_{c_i}{}^{I^{N(k)}}(x)} = \dfrac{1}{N}\sum\limits_{j=1}^{N}\mu_{c_i}{}^{I^{N(k)}}(x)$，其中 $N = \mathrm{card}\{I^{N(k)*}[V(x)]\}$，$1 \leqslant i \leqslant r(d)$。若 x 对应于所有类别,存在最大且唯一的粗糙隶属度,则依据最大隶属度确定 x 的类别。否则,x 不能被分类,输出 x 对应于每一类别的粗糙隶属度。分类流程,如图 8.2 所示。

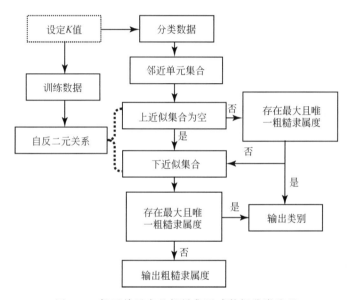

图 8.2　邻近单元容差粗糙集遥感数据分类流程

8.6.3　分类结果与分析

实验选取北京市东部昆玉河沿岸地区 Landsat ETM＋影像数据(轨道号：123/32),大小为 400×400 个像元,获取时间为 2003 年 5 月 1 日,大气状况良好,如图 8.3 所示。影像数据分为 5 类,分别为城镇(居民点、交通设施、人工建筑等)、农作物(有作物覆盖的耕地)、裸土(裸露耕地、裸露工矿土地等)、水体(水田、河流、人工湖等)、绿地(护岸林、稀疏草地、城市绿化带等)。采用 2003 年 5 月北京地区的 ADS40 航空影像作为参考数据,同时选取样本点 2709 个,其中训练点 1131 个,验证点 1578 个。分别选取 $K=1,2,3,4,5$,$6,7,8,9,10,15,20$ 进行邻近单元容差粗糙集方法分类试验,并将 $K=7$ 的分类结果与 Ouyang 和 Ma(2006)中方法的分类结果进行比较和 McNemar 统计验证。其中,Ouyang 和 Ma(2006)中方法依据经验并进行多次试验选取满足总体精度最大的阈值 0.95,二者分类结果影像图,如图 8.4 所示,其中现有容差粗糙集方法表示 Ouyang 和 Ma(2006)中方法。

图 8.3 原始影像图

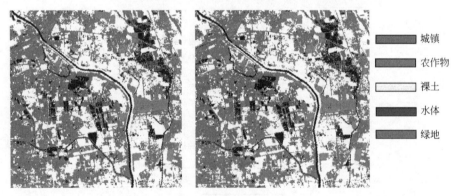

城镇
农作物
裸土
水体
绿地

图 8.4 现有容差粗糙集方法(左)与邻近单元容差粗糙集(右)分类结果影像比较图

选取部分实验数据,分别对邻近单元容差粗糙集方法的训练和分类过程进行分析。表 8.5 为部分原始数据,其中,4~6 列与 1~3 列具有相同意义。第 1~3 列中,第 1 列表示数据编号,其中训练数据以 T 开头,验证数据以 V 开头;第 2 列表示数据所属类别,其中字符"一"表示不存在,以下相同;第 3 列表示数据光谱值。

表 8.5 部分原始数据

编号	类别	光谱值	编号	类别	光谱值
T1	城镇	83,54,66,61,90,59	T7	水体	54,29,24,48,41,19
T2	城镇	85,52,68,59,90,59	T8	绿地	56,33,28,55,37,18
T3	城镇	83,50,66,61,91,61	T9	绿地	54,31,26,56,47,20
T4	农作物	49,27,26,109,65,30	T10	城镇	61,35,54,53,111,71
T5	农作物	49,27,26,111,68,30	T11	裸土	58,37,56,53,107,69
T6	绿地	45,25,21,108,67,22	T12	裸土	58,40,54,55,112,71

编号	类别	光谱值	编号	类别	光谱值
T13	裸土	78,46,61,58,101,69	T20	城镇	78,52,67,64,100,67
T14	城镇	76,50,64,63,100,66	T21	城镇	74,50,60,61,100,63
T15	城镇	83,50,64,61,96,67	T22	城镇	81,50,63,59,85,58
T16	裸土	78,48,60,59,105,68	T23	城镇	81,50,64,58,87,58
T17	裸土	78,46,63,59,107,69	T24	城镇	81,48,63,58,86,59
T18	城镇	83,50,66,63,99,65	T25	城镇	83,50,64,59,87,59
T19	城镇	81,52,67,63,98,65	—	—	—
V1	—	78,48,64,59,98,67	V2	—	81,50,63,59,85,57

表 8.6 为 $K=3$ 时,表 8.5 中编号为 T1、T4、T7、T10 的训练数据的学习结果。其中,第 1 行为每 1 列的属性名称。从第 2 行开始,每行的描述如下:第 1 列为其在表 8.5 中的编号;第 2 列为第 1 列中像元所生成的关系类 $I^{N(3)}(x)$,其元素包含在表 8.5 中,用表 8.5 中的编号表示;第 3～7 列为第 1 列中像元所对应于每一类的粗糙隶属度。可知,若像元 x 在非边界区域,则其对应于所属类别的隶属度为 1,对应其他类别的粗糙隶属度为 0,如 T1;若像元 x 在边界区域,则可以得到其对应于每一个类别的粗糙隶属度,如 T4;若训练数据中存在误差,该方法具有包容性,如 T7、T10。

表 8.6　$K=3$ 时部分训练数据的学习结果

编号	关系类	城镇	农作物	裸土	水体	绿地
T1	T1,T2,T3	1	0	0	0	0
T4	T4,T5,T6	0	0.6666	0	0	0.3333
T7	T7,T8,T9	0	0	0	0.3333	0.6667
T10	T11,T12,T13	0.3333	0	0.6667	0	0

表 8.7 为 $K=3$ 时,表 8.5 中编号 V1、V2 的验证数据的处理结果。其中,第 1 行为每列的属性名称。从第 2 行开始,每行的描述如下:第 1 列为表 8.5 中的像元编号;第 2 列为第 1 列的编号对应像元所生成的集合 $V(x)$;第 3 列为 $V(x)$ 的下近似集合,第 4 列为 $V(x)$ 的上近似集合;第 5～9 列为第 1 列的编号对应像元对于每一类别的粗糙隶属度。可知,若验证像元 x 在非边界区域,则其对应于所属类别的隶属度为 1,对应其他类别的粗糙隶属度为 0,如 V2;若像元 x 在边界区域,则可以得到其对应于每一个类别的粗糙隶属度,如 V1。利用分类结果中粗糙隶属度信息可以满足特殊的分类需求。

表 8.7　$K=3$ 时部分验证数据的处理结果

编号	邻近单元集合	下近似集合	上近似集合	城镇	农作物	裸土	水体	绿地
V1	T13,T14,T15	—	T13, T14, T15, T16, T17, T18, T19, T20, T21	0.667	0	0.333	0	0
V2	T22,T23,T24	T22,T23,T24	T22, T23, T24, T25	1	0	0	0	0

试验并分析不同的 K 值对邻近单元容差粗糙集方法分类结果的影响。针对不同的

K 值,对分类结果进行验证,如表 8.8 所示。随着 K 的增大,城镇、裸土的分类精度总体上呈现上升后下降的变化趋势,且在一定范围内都能达到最高值;农作物、水体的分类精度总体上呈递增变化趋势;绿地的分类精度总体上呈递减变化趋势;总体精度呈现上升后下降的变化趋势,与城镇和裸土的变化趋势基本一致。

由此可知,K 的取值对分类精度有一定的影响。对于光谱特征多变且边界复杂的地物,如城镇和裸土,K 的取值在一定范围内时,分类精度能达到最大值;对于光谱特征固定且易于区分的地物,如水体和农作物,K 的取值增大,可以不断提高分类精度;由于绿地与农作物在光谱空间上存在着交叉混淆,仅依靠光谱信息很大程度上是不能分类的,从二者的分类精度变化趋势可知,存在部分绿地与农作物有着相同或相近的光谱特征,而农作物与大部分的绿地在光谱上是可分的;总体精度随城镇和裸土的分类精度变化比较明显。

表 8.8　粗糙集分类精度验证结果($K=1,2,3,4,5,6,7,8,9,10,15,20$)

K 值	城镇	农作物	裸土	水体	绿地	总体精度
$K=1$	0.9194	0.9325	0.9109	0.9883	0.8067	0.9005
$K=2$	0.9048	0.9367	0.9008	0.9883	0.8067	0.8961
$K=3$	0.9267	0.9536	0.9338	0.9883	0.8043	0.9100
$K=4$	0.9231	0.9705	0.9237	0.9922	0.7876	0.9055
$K=5$	0.9231	0.9705	0.9338	0.9961	0.7781	0.9062
$K=6$	0.9341	0.9789	0.9364	0.9961	0.7995	0.9157
$K=7$	0.9304	0.9831	0.9419	0.9961	0.7852	0.9132
$K=8$	0.9340	0.9831	0.9364	0.9961	0.7709	0.9087
$K=9$	0.9304	0.9789	0.9389	0.9961	0.7709	0.9081
$K=10$	0.9194	0.9789	0.9338	0.9961	0.7685	0.9043
$K=15$	0.9158	0.9917	0.9212	0.9961	0.7732	0.9036
$K=20$	0.8865	1.0000	0.8855	0.9961	0.7637	0.8884

邻近单元容差粗糙集方法与 Ouyang 和 Ma(2006)中方法在总体分类精度和复杂地物边界分类精度上的比较,如图 8.5 所示,其中现有容差粗糙集方法表示 Ouyang 和 Ma(2006)中方法。对于城镇、裸土和绿地,前者的分类精度都是最高的;对于农作物,后者的分类精度较高;对于水体,两种方法有着相同的分类精度;对于总体精度,前者较高。由此可知:①邻近单元容差粗糙集方法在总体精度上高于现有容差粗糙集方法;②邻近单元容差粗糙集方法在保持总体精度最高的情况下,具有更好的处理复杂地物边界的效果。利用 McNemar 测试对两种方法在总体分类精度上的差异进行统计显著性验证,验证结果为 $|z|=5.04$。由此可知,两种方法在总体分类精度上的差异是具有明显统计意义的。

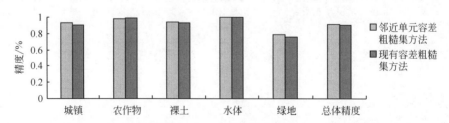

图 8.5　邻近单元容差粗糙集与现有容差粗糙集方法的分类精度比较图

8.7 本章小结

粗糙集理论出现在 20 世纪 80 年代,粗糙集基本思想是采用内与外逼近的方法来确定过渡性边界,书中给出容差粗糙作为 BP 网络分类预处理的实例。采用北京地区的 TM 数据进行了算法验证,利用分类前数据和经过分类处理后的数据对 BP 算法分别进行了训练。通过对比分类结果图像和实验验证数据可知,基于容差粗糙集方法对训练数据预处理然后进行 BP 算法的分类方法不仅缩短 BP 算法的训练时间,而且明显提高 BP 算法的训练成功率,从而提高了分类精度。为实现不同地物组合的精确分类,在容差粗糙集方法中怎样选择合适阈值是下一步研究的任务之一。

本书通过对现有容差粗糙集分类方法进行分析,依据数据光谱空间中的邻近单元集合,提出一种新的建立在自反关系上的容差粗糙集监督分类方法。利用该方法进行了影像数据分类试验,并对分类过程进行了综合分析,以及对试验结果和现有粗糙集方法处理结果进行了比较分析和统计验证。结果表明,该方法在可解释性、分类精度、处理复杂地物边界上具有较好的性质。已有信息或知识不完整程度,对粗糙集方法遥感数据分类有着直接的影响,因此,可以通过引入新的信息或知识,如纹理信息、不同时像影像信息等,来降低不完整程度,进而提高遥感数据分类精度。

主要参考文献

Cantor G. 1883. Uber unendliche, lineare Punktmannigfaltigkeiten. 5. Mathematische Annalen, 21: 545~586

Daijin K. 2001. Data classification based on tolerant rough set. Pattern Recognition, 34 (8): 1613~1624

Ho. T B, Nguyen N B. 2002. Nonhierarchical document clustering by a tolerance rough set model. International Journal of Intelligent Systems, 17: 199~212

Li L, Ma J, Chen X, Wen Q. 2007. High Spatial resolution remote sensing image segmentation using temporal independent pulse-coupled neural network. 2007 IEEE international Geosciences and Remote sensing Symposium (IGARSS07), Barcelona, Spain. 23~27

Ma J, Hasi B. 2005. Remote sensing data classification using tolerant rough set and neural networks. Science in China Ser D Earth Sciences, 48(12):2251~2259

Ouyang Y, Ma J. 2006. Land cover classification based on tolerant rough set. International Journal of Remote Sensing, 27(14):3041~3047

Pawlak Z. 1982. Rough sets. International Journal of Computer and Information Sciences, 11:341~356

Zadeh L A. 1965. Fuzzy sets. Information and Control, 8:338~353

第9章　支持向量机

9.1　引　　言

从 1995 年 Vapnik 发表 The Nature of Statistical Learning Theory 开始（Vapnik，1995），支持向量机（support vector machine，SVM）算法得到了广泛的关注，并被成功应用于模式识别和机器学习领域。该算法旨在解决现实问题中小样本条件下的模式识别问题，并且构建在不同于传统统计学的被称为统计学习理论（statistical learning theory）的基础上，从算法本质上更加适合真实问题。SVM 算法具有小样本训练、支持高维特征空间的特点，可以很好的避免"维数灾难"和过学习问题。SVM 被成功地应用于文本分类、手写体识别以及生物信息学等领域，并且该算法一直是这些领域的研究热点。对 SVM 理论的详细介绍，可参见 Vapnik(1995,1998)、Cristianini 和 Shawe-Taylor (2000) 的论文。

遥感数据的分类是遥感数据分析和信息提取的重要工具，一直是遥感领域的研究热点。从 20 世纪 90 年代末开始，支持向量机算法被用于遥感数据的分类。该算法最先用于多光谱遥感影像的分类，并且与传统遥感数据分类算法进行了对比研究，得出了令人满意的分类精度，在大多数情况下都可以得到更好的分类结果（Huang et al.，2002；Zhu and Blumberg，2002）。由于 SVM 可以支持高维特征空间的分类，大量研究将 SVM 用于高光谱数据的分类，结果表明，该算法几乎不受"维数灾难"的影响，在高维特征空间中仍可以获得较高的分类精度（Camps-Valls et al.，2004；Melgani and Bruzzone，2004）。随着 SVM 理论和方法的发展，该算法已经在商业软件系统中得到了应用。ITTVIS 公司的 ENVI 软件已经集成 SVM 算法作为监督分类的算法之一。近几年 SVM 算法在遥感领域中的应用进入了更深层次。例如，将 SVM 用于遥感影像分割（Mitra et al.，2004；Song and Civco，2004）、变化检测（Bovolo et al.，2008；Camps-Valls et al.，2008）、地物提取（Inglada，2007）、混合像元分解（Brown et al.，2000）等。由于这些研究的基础仍然是遥感数据的分类，因此，对于追踪 SVM 算法在遥感数据分类中的应用进展是非常有意义的。

9.2　支持向量机原理

在监督分类中，给定训练样本及所对应的类别，通过某种算法从样本计算出分类模型并将该模型推广到待分类点，根据判别函数的指示，最终得出该分类点所属的类别。SVM 算法从经典的线性二类分类问题开始，探讨了传统分类模型中的分类风险问题以及推广能力问题，从理论上提出了一种新的分类模型。SVM 不同于传统的人工神经网络等方法的基本原理是，它使用了结构风险最小化原则（structural risk minimization）代替经典的经验风险最小化原则(empirical risk minimization)。对 SRM 的详细描述,请参见 Vapnik (1995,1998)的论文。根据分类问题复杂度的不同,SVM 算法可处理线性可分问题、线性不可分问题和非线性问题。另外,将 SVM 从只支持二类分类扩展到支持多类分类问题以及 SVM 模型选择问题都将在本节进行探讨。

9.2.1　线性可分问题

假设在 d 维特征空间有包含 N 个元素的特征向量 $x_i \in R^d (i=1,2,\cdots,N)$,对应每个向量 x_i 有类别 $y_i \in \{+1,-1\}$。当二类问题是线性可分时,我们至少可以找到一个分类超平面将二类问题没有错误的分开。这一分类超平面可以用式(9.1)表示,即

$$f(x) = w \cdot x + b \tag{9.1}$$

式中:$w=(w_1,w_2,\cdots,w_N)$ 为垂直于超平面的向量;$b \in R^d$ 为偏移量。当二类问题可以被超平面 $f(x)$ 分开时,存在平行于该超平面的两个平面使待分类点满足

$$w \cdot x_i + b \geqslant 1, y_i = 1, i = 1,2,\cdots,N \tag{9.2}$$

$$w \cdot x_i + b \leqslant -1, y_i = -1 \tag{9.3}$$

将两式合并,得

$$y_i(w \cdot x_i + b) \geqslant 1, i = 1,2,\cdots,N \tag{9.4}$$

从最近的待分类数据点到超平面 $f(x)$ 的距离称为间隔,可以用 $1/\|w\|$ 表示,因此,两个类别的最近几何距离可以表示为 $2/\|w\|$。间隔是 SVM 分类的一个基本概念,较大的间隔可以使分类器更好的推广能力(Vapnik,1998),因此 SVM 寻找该超平面的原则为最大化二类间隔 $2/\|w\|$,而寻找到的该超平面称为最优分类超平面。如图 9.1 所示(Vapnik,1995)。

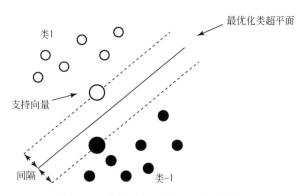

图 9.1　线性可分支持向量机原理图

寻找最优超平面可以通过解算下面的最优化问题得

$$\min \frac{1}{2} \| w \|^2 \tag{9.5}$$

$$\text{s. t. :} y_i(w \cdot x_i + b) \geqslant 1, i = 1,2,\cdots,N \tag{9.6}$$

式(9.5)称为目标函数,式(9.6)称为约束条件。为方便解算,使用拉格朗日乘子法将上述原始优化问题转化为对偶表示。

$$L(\boldsymbol{w},b,\boldsymbol{\alpha}) = \frac{1}{2} \| \boldsymbol{w} \|^2 - \sum_{i=1}^{N} \alpha_i [y_i (\boldsymbol{w} \cdot \boldsymbol{x}_i + b) - 1] \tag{9.7}$$

式中:$\alpha_i \geqslant 0$ 为拉格朗日乘子,得到的对偶优化问题为

$$\max \sum_{i=1}^{N} \alpha_i - \frac{1}{2} \sum_{i=1}^{N} \sum_{j=1}^{N} \alpha_i \alpha_j y_i y_j (\boldsymbol{x}_i \cdot \boldsymbol{x}_j) \tag{9.8}$$

$$\text{s. t. :} \sum_{i=1}^{N} \alpha_i y_j = 0, \alpha_i \geqslant 0, i = 1,2,\cdots,N \tag{9.9}$$

拉格朗日乘子 α_i 的解算一般使用二次规划法(QP)。最终分类判别函数可以表达为

$$f(\boldsymbol{x}) = \sum_{i=1}^{N} \alpha_i y_i (\boldsymbol{x}_i \cdot \boldsymbol{x}) + b \tag{9.10}$$

因为 SVM 结果具有稀疏性,因此大部分 α_i 都等于 0,不对判别结果产生影响。而 α_i 非 0 时对应的训练样本点称为支持向量(SV),在几何位置上位于分类边界,参见图 9.1。

9.2.2　线性不可分问题

在真实的线性分类问题中,很少可以完全满足线性可分的条件,如图 9.2 所示。为了解决线性不可分问题的分类,引入松弛变量 ξ_i 和惩罚系数 C,目标函数(9.5)可以转为最小化损失函数(9.11),从而达到最大化间隔的同时使得错误最小化的平衡。这一分类过程可称为"软分类",相对应的线性可分的情况下的分类称为"硬分类"。将原始优化问题转化为对偶表示,使用与上一节相同的方法解算最优化问题。

$$\Psi(\boldsymbol{w},\boldsymbol{\xi}) = \frac{1}{2} \| \boldsymbol{w} \|^2 + C \sum_{i=1}^{N} \xi_i \tag{9.11}$$

约束条件变为

$$y_i (\boldsymbol{w} \cdot \boldsymbol{x}_i + b) \geqslant 1 - \xi_i, i = 1,2,\cdots,N \tag{9.12}$$

$$\xi_i \geqslant 0, i = 1,2,\cdots,N \tag{9.13}$$

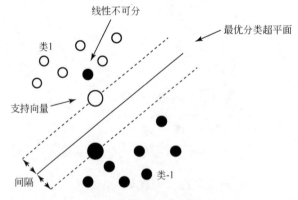

图 9.2　线性不可分支持向量机原理图

9.2.3　非线性问题

由于遥感数据的非线性本质,对遥感数据的分类绝大多数都属于非线性问题的分

类。SVM 使用核方法解决非线性问题的分类，其主要思路是将低维特征空间中非线性问题映射到高维特征空间，使得映射后的数据线性可分，从而将这一问题简化为解算线性 SVM 分类问题。如图 9.3 所示（Cristianini and Shawe-Taylor，2000）。这一映射表示为 $\Phi(\cdot)$，而 $\Phi(x) \in R^{d'}$ $(d' > d)$。式（9.8）中的向量内积 $(\boldsymbol{x}_i \cdot \boldsymbol{x}_j)$ 在非线性问题中可以使用 $[\Phi(x_i) \cdot \Phi(x_j)]$ 进行代替。直接计算 $\Phi(x)$ 会有很大的计算量，因此 SVM 使用了一种更加简便的核方法进行映射的计算。SVM 中使用的核函数必须满足 Mercer 定理，即必须为半正定 Gram 矩阵，可得

$$K(x_i, x_j) = \Phi(x_i) \cdot \Phi(x_j) \tag{9.14}$$

具体的推导过程请参见 Vapnik（1995，1998）的论文。

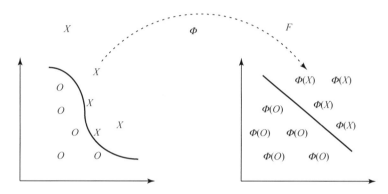

图 9.3　特征空间映射

对于非线性问题，对偶优化问题表达为

$$\max \sum_{i=1}^{N} \alpha_i - \frac{1}{2} \sum_{i=1}^{N} \sum_{j=1}^{N} \alpha_i \alpha_j y_i y_j K(\boldsymbol{x}_i \cdot \boldsymbol{x}_j) \tag{9.15}$$

$$\text{s. t. :} \sum_{i=1}^{N} \alpha_i y_j = 0 \ , \ 0 \leqslant \alpha_i \leqslant C \ , i = 1, 2, \cdots, N \tag{9.16}$$

最终的分类判别函数可以表达为

$$f(\boldsymbol{x}) = \sum_{i=1}^{N} \alpha_i y_i K(\boldsymbol{x}_i \cdot \boldsymbol{x}) + b \tag{9.17}$$

遥感应用中常用的核函数有高斯径向基函数（RBF）［式（9.18）］和多项式函数［式（9.19）］。

$$K(\boldsymbol{x}_i \cdot \boldsymbol{x}) = \exp(-\gamma \| \boldsymbol{x}_i - \boldsymbol{x} \|^2) \tag{9.18}$$

$$K(\boldsymbol{x}_i \cdot \boldsymbol{x}) = (\boldsymbol{x}_i \cdot \boldsymbol{x} + 1)^p \tag{9.19}$$

式（9.18）中 γ 控制着径向基函数的宽度，而式（9.19）中 p 为多项式的次数。

9.2.4　多类分类问题

由于原始的 SVM 算法只能处理二类分类问题，因此，对于现实中的多类分类问题（如遥感数据的分类），需要将二类分类问题扩展到支持多类分类。通用的策略是将多类分类问题分解为多个二类分类问题，同时训练多个 SVM，通过某种合并决策机制，得出最后的多类问题分类判别，如图 9.4 所示。这其中又分为“一对多”（one-against-all，

OAA)策略和"一对一"(one-against-one,OAO)策略。对于 N 类分类问题,OAA 策略[图 9.5(a)]将某一类与其余所有类的集合作为二类分类问题,使用二类分类 SVM 进行解算。将每一类与其余所有类都组成二类分类,共有 N 次 SVM 解算过程,得出的结果使用 Winner-takes-all 的决策策略判别某一数据点所属的类别。OAO 策略[图 9.5(b)]与 OAA 策略不同,它从所有 N 类中取出某两个类别组成二类分类问题,任意类别样本都与其他类别样本进行训练和判别,最后对某个数据点所属类别进行投票,票数最多的类别即为其最终类别。OAO 策略共需进行 $N(N-1)/2$ 次 SVM 解算。对两种方法的详细描述,请参见 Hsu 和 Lin (2002)。对于两种方法的优劣目前仍处于研究中,OAA 策略所需 SVM 解算次数较少,但二类问题的划分可能会造成二类分类样本数据量的不平衡,从而可能会影响最终精度。OAO 策略所需 SVM 解算次数较多,特别是当类别数较大时,可能会产生潜在的精度问题。Hsu 和 Lin (2002)认为,OAO 策略可以获得较高的分类精度;但 Rifkin 和 Klautau(2004)认为,OAA 策略从理论上可以得到更高的精度。

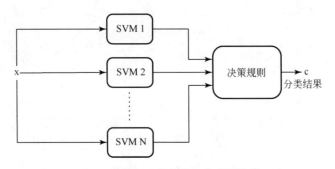

图 9.4　并行二类分类解决多类分类

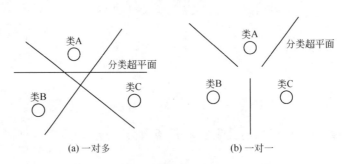

(a) 一对多　　　　　　　　　(b) 一对一

图 9.5　两种多类分类策略

对于 SVM 多类分类策略的研究仍在进行中。Hsu 等提出了一种称为"one-shot"的多类分类策略,它通过解算一个复杂的优化问题,将多类分类合并到解算一个 SVM 中。Melgani 和 Bruzzone (2004)使用两种基于二叉树的多类分类策略,分别称为二叉树平衡策略(BHT-BB)和二叉树一对多策略(BHT-OAA),两种算法的示意图如图 9.6 所示。各种不同的策略最终目的都是为了提高多类分类的速度同时减小多类合并时的累计误差。但在目前的遥感应用中,一般使用 OAA 策略和 OAO 策略的多类分类策略,因为这两种方法实现简单而且分类精度在通常情况下都可以达到要求。

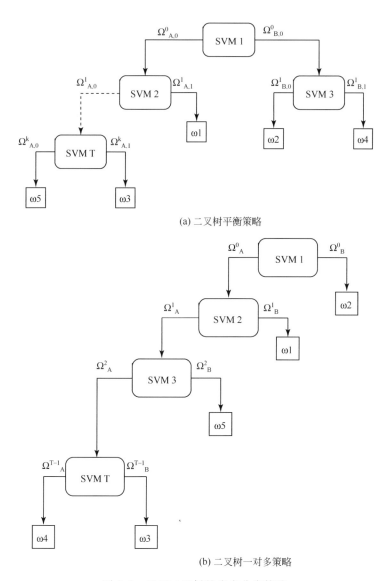

(a) 二叉树平衡策略

(b) 二叉树一对多策略

图 9.6 基于二叉树的多类分类策略

9.3 新型支持向量机与遥感影像分类

随着 SVM 算法本身的发展,各种新型的 SVM 算法不断涌现。这些算法在一定程度上改进了传统 SVM 算法的缺陷或不足,在分类精度、消耗时间、鲁棒性等方面有所提高。遥感领域的研究人员将这些新型 SVM 算法尝试应用于遥感数据的处理中,提出了一些基于新型 SVM 算法的遥感数据分类算法或系统。

Mantero 等(2005) 将 SVM 用于估计概率密度函数,结合贝叶斯决策方法,提出了一种用于解决遥感影像的部分监督分类方法。Bruzzone 等(2006) 使用转导 SVM(transductive SVM,TSVM)进行遥感影像的半监督分类。Chi 和 Bruzzone (2007) 将半监督

SVM 算法用于高光谱影像的分类,与传统的 SVM 解算方法不同的是,这一研究探索了在原始优化问题下直接解算 SVM,而不是通过拉格朗日法转换到对偶优化表示。Demir等(2007) 使用称为相关向量机的新型 SVM 对高光谱遥感影像进行了分类。Munoz-Mari 等(2007)研究了遥感影像分类中的单类分类问题。在本章中,我们探讨了一种 Potential SVM (P-SVM)的新型支持向量机的原理及其在遥感分类中的应用,并与标准支持向量机算法进行了遥感分类试验对比。

9.3.1 一种新型的支持向量机

2006 年 Hochreiter 等在将支持向量机用于分子生物学的研究中,提出了一种旨在改进传统 SVM 算法不足的新的支持向量机方法——Potential SVM(P-SVM)(Hochreiter and Obermayer,2006)。为了改进传统 SVM 的原理性限制,P-SVM 定义了新的目标函数和约束条件,提出了使用非 Mercer 核函数用于支持向量机的训练和分类的方法。

SVM 算法寻求最大间隔的分类超平面是来源于对期望推广误差(expected generalization error)的控制,这可以通过 VC 维 h 进行衡量。对于定义在 X_ϕ 空间中的所有分类超平面,设 γ 代表间隔,并且 $\gamma \geqslant \gamma_{min}$,$R$ 代表包含数据集的最小球半径,N 代表空间维度,得(Vapnik,1998)

$$h \leqslant \min\{[R^2/\gamma_{min}^2],N\}+1 \tag{9.20}$$

可以得出结论,期望推广误差依赖于 R/γ_{min}。

根据最大间隔原理在选择分类超平面的过程中,分类面是随着线性变换尺度的变化而变化的,这一问题称之为对尺度敏感,可以通过图 9.7 表示(Hochreiter and Obermayer,2006)。

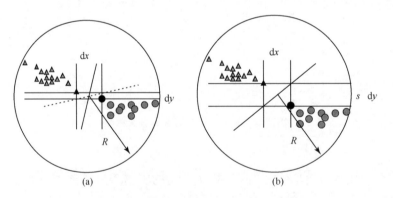

图 9.7　SVM 二类分类的尺度敏感示意图

在图 9.7 (a)中,两类问题被最大间隔的超平面分开(中间的实线)。在图 9.7(b)中展示了相同的两类分类问题,将数据集沿着 y 方向进行尺度为 s 的缩放,实线仍然代表最大间隔的超平面,再将图 9.7(b)中的数据尺度重新缩放到 $s=1$,最大间隔分类超平面已经发生了变化,如图 9.7(a)中的虚线所示。

在图 9.7 中,黑色标记代表支持向量,dx 表示水平方向上的距离,dy 表示垂直方向上的距离,在图 9.7(a)中 $4\gamma^2=d_x^2+d_y^2$,$R^2/(4\gamma^2)=R^2/(d_x^2+d_y^2)$,在图 9.7(b)中,数据沿

着 y 方向进行了缩放，$4\gamma^2 = d_x^2 + s^2 d_y^2$，$R^2/(4\gamma^2) = R^2/(d_x^2 + s^2 d_y^2)$。对于 $d_y \neq 0$，间隔 γ 和比值 R/γ 是依赖于尺度 s 的。

这带来的问题是当训练前对数据进行尺度变换，对于某一数据点的预测类别可能发生变化，直接影响了最优分类面的寻找过程。为了解决 SVM 算法对尺度敏感的问题，Hochreiter 等提出了 P-SVM。

如图 9.7 所示，当对输入样本数据进行尺度变换时，保持间隔 γ 不变，而包含所有数据的球体的半径 R 尽可能小，这时的球体半径定义为 $\widetilde{R}$。使用下面的不等式最小化推广误差的上界，即

$$\frac{\widetilde{R}^2}{\gamma^2} \leqslant \max_i <w, x_\phi^i>^2 \leqslant \sum_i <w, x_\phi^i>^2 = \| X_\phi^\mathrm{T} w \|^2 \tag{9.21}$$

式中：矩阵 $X_\phi = (x_\phi^1, x_\phi^2, \cdots, x_\phi^l)$ 包含训练样本 x_ϕ^i；w 为分类超平面的法向量。

$$w^\mathrm{T} X_\phi X_\phi^\mathrm{T} w = \| X_\phi^\mathrm{T} w \|^2 \tag{9.22}$$

使用式(9.22)代替式(9.11)，解决传统 SVM 算法对尺度敏感的问题。

考虑两类分类问题，假设有 m 个输入向量 $X = (x_1, \cdots, x_m)$ 和输出向量 y，得到用于分类的原始问题的目标函数和约束条件为

$$\min_{w, \xi^+, \xi^-} \frac{1}{2} \| X_\phi^\mathrm{T} w \|^2 + C(\xi^+ + \xi^-) \tag{9.23}$$

$$\text{s. t. } K^\mathrm{T}(X_\phi^\mathrm{T} - y) + \xi^+ \geqslant 0, K^\mathrm{T}(X_\phi^\mathrm{T} - y) - \xi^- \leqslant 0, 0 \leqslant \xi^+, \xi^- \tag{9.24}$$

式中：ξ^+、ξ^- 分别为松弛变量；X_ϕ 为向量 X 在高维空间中的映射；K 为核函数。

为了得出原始问题的对偶问题，引入拉格朗日函数 L，设 $\alpha^+ \geqslant 0, \alpha^- \geqslant 0, \mu^+ \geqslant 0, \mu^- \geqslant 0$ 都为拉格朗日乘子，$\alpha = \alpha^+ - \alpha^-$，有

$$L = \frac{1}{2} w^\mathrm{T} X_\phi X_\phi^\mathrm{T} w + C(\xi^+ + \xi^-) - (\alpha^+)^\mathrm{T} [K^\mathrm{T}(X_\phi^\mathrm{T} w - y) + \xi^+] \tag{9.25}$$
$$+ (\alpha^-)^\mathrm{T} [K^\mathrm{T}(X_\phi^\mathrm{T} w - y) - \xi^-] - (\mu^+)^\mathrm{T} \xi^+ - (\mu^-)^\mathrm{T} \xi^-$$

最优化条件满足

$$\nabla_w L = X_\phi X_\phi^\mathrm{T} w - X_\phi K\alpha = 0 \tag{9.26}$$

得到对偶优化问题为

$$\min_\alpha \frac{1}{2} \alpha^\mathrm{T} K^\mathrm{T} K\alpha - y^\mathrm{T} K\alpha \tag{9.27}$$

$$\text{s. t. } -C \leqslant \alpha \leqslant C \tag{9.28}$$

式中：C 为常数，用于约束 α 的上限。

使用改进的 SMO 算法解算上述对偶优化问题，解算得到分类决策函数为

$$f(x) = \mathrm{sgn} \left[\sum_{\text{support vector}} \alpha_i K(x_i \cdot x) + b \right] \tag{9.29}$$

在计算过程中，在使用相同核函数的条件下，P-SVM 相比 SVM 往往可以得到较少的支持向量，而分类精度可以得到保证。这主要是由于传统 SVM 方法会将间隔误差传递到最终的支持向量中去，而产生了多于实际需求的支持向量。P-SVM 突破了传统 SVM 方法只能使用 Mercer 核函数的限制，从理论上证明了非 Mercer 核函数用于支持向量机计算的可行性，并且用软件实现了 sine 核等非 Mercer 核的 SVM 计算。

9.3.2 SVM 及 P-SVM 遥感数据分类

在本节中,我们将标准 SVM 及 P-SVM 应用于遥感影像分类,分别进行了 ASTER 传感器影像以及 ADS40 传感器影像的土地利用分类试验。对比分析了这两种算法在分类精度、分类时间、获取的支持向量数目等方面的不同。

1. ASTER 数据实验

使用 2004 年 7 月 2 日获取的北京市 ASTER 数据,使用 SWIR 数据,即 4～9 波段。波长分别为 $1.6\sim1.7\mu m$、$2.145\sim2.185\mu m$、$2.185\sim2.225\mu m$、$2.235\sim2.285\mu m$、$2.295\sim2.365\mu m$、$2.36\sim2.43\mu m$,空间分辨率为 30m,截取 1033×1112 像素进行试验。

类别及样本选择如表 9.1 所示。

表 9.1　类别及样本

类别	训练样本	验证样本
水体	40	410
林地及绿化	40	269
耕地(有覆盖)	30	352
耕地(裸)	30	349
城市	42	567
裸地	30	387
交通用地	31	102
其他	23	138

使用交叉验证获取最优参数。对 P-SVM,$C=25$,$\varepsilon=0.05$;对 SVM,$C=2048$、$\gamma=2$。得到的支持向量个数及训练、分类时间如表 9.2 所示。

表 9.2　支持向量个数及时间

方法	训练时间/s	分类时间/s	SV
P-SVM	<1	48	12,5,7,11,14,6,6,10(71)
SVM	<1	114	9,14,7,10,6,6,14,12(78)

分类效果如彩图 31 所示。

使用混淆矩阵评价 P-SVM 和 SVM 分类精度如表 9.3 和表 9.4 所示。

表 9.3　P-SVM 分类混淆矩阵及 Kappa 系数

类别	水体	林地	耕地1	耕地2	城市	裸地	交通	其他	用户精度 %
水体	409	0	0	0	0	0	0	0	100.00
植被*	1	230	0	0	0	0	63	0	78.23
耕地1*	0	0	306	0	36	0	0	0	89.47

类别	水体	林地	耕地1	耕地2	城市	裸地	交通	其他	用户精度/%
耕地2*	0	0	46	278	0	59	0	12	70.38
城市	0	0	0	0	523	0	0	0	100.00
裸地	0	0	0	71	0	328	0	35	75.58
交通*	0	39	0	0	8	0	39	0	45.35
其他	0	0	0	0	0	0	0	91	100.00
生产精度/%	99.76	85.50	86.93	79.66	92.24	84.75	38.24	65.94	

注:植被*是指林地及绿化,耕地1*是指耕地(有覆盖),耕地2*是指耕地(裸),交通*是指交通用地。

总精度:(2204/2574)85.63%,Kappa=0.8310。

表9.4 SVM分类混淆矩阵及Kappa系数

类别	水体	林地	耕地1	耕地2	城市	裸地	交通	其他	用户精度/%
水体	410	0	0	0	0	0	0	0	100.00
植被*	0	222	0	0	0	0	59	0	79.00
耕地1*	0	0	296	0	103	0	0	2	73.82
耕地2*	0	0	56	243	0	33	0	6	71.89
城市	0	0	0	0	454	0	0	0	100.00
裸地	0	0	0	106	0	352	0	48	69.57
交通*	0	47	0	0	10	0	43	0	43.00
其他	0	0	0	0	2	0	0	82	97.62
生产精度/%	100.00	82.53	84.09	69.63	80.07	90.96	42.16	59.42	

注:植被*是指林地及绿化,耕地1*是指耕地(有覆盖),耕地2*是指耕地(裸),交通*是指交通用地。

总精度:(2102/2574)81.66%,Kappa=0.7849。

从表9.2可以看出,两种方法进行训练的时间都小于1s。P-SVM得到的支持向量个数稍少于SVM的支持向量数。从分类决策原理上来看,较少的支持向量数可以使得分类时间减少;与此同时,P-SVM算法实现代码在进行分类决策过程中较多的考虑了算法的计算时间问题,这也会使得分类速度得到较大提高。从表9.2的分类时间一项可以看出,使用P-SVM算法进行分类的时间远小于SVM的分类时间。

彩图31(c)和(d)对北京市中心的分类结果图(a)、(b)进行了局部放大。从对比图上可以看出,P-SVM分类图斑的破碎程度要弱于SVM分类。对于水体的分类,P-SVM和SVM都得到了令人满意的结果,而对于交通用地的分类,两种算法都有较大程度的错分。对于城市部分的分类,P-SVM图斑的破碎程度要明显小于SVM的分类结果。使用混淆矩阵评价分类结果,P-SVM在分类总精度和Kappa系数上都要好于SVM分类结果(85.63% vs. 81.66%,0.8310 vs. 0.7849)。而使用图9.8的用户精度和生产精度对比折线图可以看出,两种算法总的分类效果是相近的,在用户精度上,P-SVM耕地(有覆盖)和裸地的分类精度要明显高于SVM分类,其余的分类结果都相近。从生产精度上看,P-SVM在林地及绿化、耕地(有覆盖)、耕地(裸)、其他的分类精度上都要好于SVM,而SVM在裸地和交通的分类上好于P-SVM。

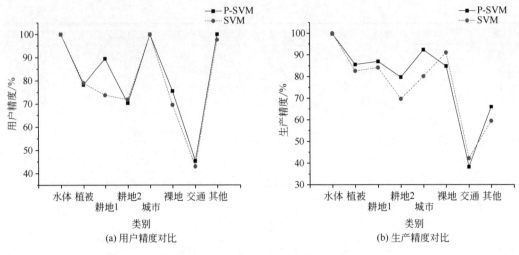

(a) 用户精度对比   (b) 生产精度对比

图 9.8   P-SVM 及 SVM 分类精度对比图

2. ADS 数据实验

使用 2005 年获取的北京北五环路附近的航空 ADS40 三线针数字影像,共有 R,G,B 三个波段,其空间分辨率约为 0.2 m,截取 1952×1980 像素进行试验。

类别及样本选择如表 9.5 所示。

表 9.5   类别及样本

类别	训练样本	验证样本
水体	29	873
草地	25	928
树木	26	686
公路	27	466
内部道路	30	488
房屋	36	1140

使用交叉验证获取最优参数。对 P-SVM,$C=25$,$\varepsilon=0.01$;对 SVM,$C=512$、$\gamma=0.5$。得到的支持向量个数及训练、分类时间如表 9.6 所示。

表 9.6   支持向量个数及时间

方法	训练时间/s	分类时间/s	SV
P-SVM	<1	147	23,17,22,13,26,38(139)
SVM	<1	246	16,11,6,11,12,12(68)

分类结果如彩图 32 所示。

使用混淆矩阵评价分类精度如表 9.7 和表 9.8 所示。

表 9.7   P-SVM 分类混淆矩阵及 Kappa 系数

类别	水体	草地	树木	公路	道路 1*	房屋	用户精度/%
水体	866	0	0	0	0	9	98.97
草地	0	910	11	0	0	0	98.81

类别	水体	草地	树木	公路	道路 1*	房屋	用户精度/%
树木	0	0	551	0	0	0	100.00
公路	6	0	0	466	0	34	92.09
道路 1*	0	0	1	0	486	333	59.27
房屋	1	18	123	0	2	764	84.14
生产精度 %	99.20	98.06	80.32	100.00	99.59	67.02	

注:道路 1* 代表内部道路。

总精度:(4043/4581)88.26%,Kappa=0.8577。

表 9.8 SVM 分类混淆矩阵及 Kappa 系数

类别	水体	草地	树木	公路	道路 1*	房屋	用户精度/%
水体	823	0	1	0	0	2	99.64
草地	0	928	28	0	0	0	97.07
树木	0	0	575	0	0	0	100.00
公路	50	0	10	466	0	62	79.25
道路 1*	0	0	1	0	456	416	52.23
房屋	0	0	71	0	32	660	86.50
生产精度/%	94.27	100.00	83.82	100.00	93.44	57.89	

注:道路 1* 代表内部道路。

总精度:(3908/4581)85.31%,Kappa=0.8229。

ADS 数据实验对 ADS40 高分辨率影像进行了分类实验。高分辨率遥感影像的地物内部细节信息得到表征,空间信息更加丰富,地物形状及邻域的信息得到很好地反映,但光谱分辨率普遍较低,对于该 ADS40 试验数据,只有 RGB 三个波段,这从一定程度上限制了 SVM 类方法的优势。对于高分辨率遥感影像的分类一直是研究的难题,高分辨率带来的图像细节高度细节化会对基于像素的分类方法产生较大的不利影响,对于基于像素的 P-SVM 和 SVM 分类方法同样存在这样的问题。

从彩图 32 可以看出,两种分类方法的分类总体可视效果相近,但从图像北部可以明显看出,P-SVM 与 SVM 方法最大的不同是 SVM 方法对公路、内部道路、房屋的混分较为严重,而对水体、草地、树木的分类结果这两种算法都较为理想,这从图 9.9 的用户精度和

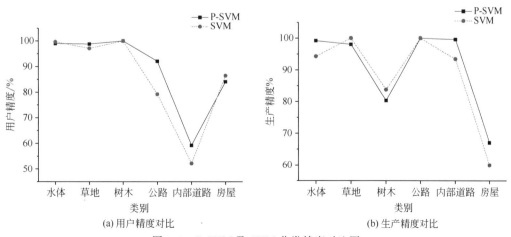

(a) 用户精度对比　　　　　　　　(b) 生产精度对比

图 9.9 P-SVM 及 SVM 分类精度对比图

生产精度对比折线图也可以体现出。从表 9.7 和表 9.8 的混淆矩阵可以看出,P-SVM 在总精度和 Kappa 系数都领先 SVM 分类(88.26% vs. 85.31%,0.8577 vs. 0.8229)。

9.4　本章小结

本章介绍了支持向量机理论及其在遥感中的应用。作为一种成功的模式分类方法,SVM 在遥感领域已经得到了广泛的应用,各种新型 SVM 算法也正在不断涌现。本章介绍了一种称为 P-SVM 的新型 SVM 算法,并通过遥感数据分类试验,对比分析了该算法与标准 SVM 在分类精度以及分类时间等方面的差异。试验结果表明,新方法在保持了较高的训练和分类速度的同时,可以获得不低于标准 SVM 的分类精度。

支持向量机是统计学、机器学习以及模式识别领域的热点研究课题,随着这些领域对 SVM 理论研究的不断推进,SVM 在遥感领域中的应用也将不断产生新的成果。

主要参考文献

Bovolo F, Bruzzone L, Marconcini M. 2008. A novel approach to unsupervised change detection based on a semisupervised SVM and a similarity measure. IEEE Transactions on Geoscience and Remote Sensing, 46(7):2070~2082

Brown M, Lewis H G, Gunn S R. 2000. Linear spectral mixture models and support vector machines for remote sensing. IEEE Transactions on Geoscience and Remote Sensing, 38(5): 2346~2360

Bruzzone L, Chi M M, Marconcini M. 2006. A novel transductive SVM for semisupervised classification of remote-sensing images. IEEE Transactions on Geoscience and Remote Sensing, 44(11): 3363~3373

Camps-Valls G, Gomez-Chova L, Calpe-Maravilla J et al. 2004. Robust support vector method for hyperspectral data classification and knowledge discovery. IEEE Transactions on Geoscience and Remote Sensing, 42(7):1530~1542

Camps-Valls G, Gomez-Chova L, Munoz-Mari J et al. 2008. Kernel-based framework for multitemporal and multisource remote sensing data classification and change detection. IEEE Transactions on Geoscience and Remote Sensing, 46(6):1822~1835

Chi M M, Bruzzone L. 2007. Semisupervised classification of hyperspectral images by SVMs optimized in the primal. IEEE Transactions on Geoscience and Remote Sensing, 45(6):1870~1880

Cristianini N, Shawe-Taylor J. 2000. An Introduction to Support Vector Machines and Other Kernel-based Learning Methods. Cambrideg:Cambridge University Press

Demir B, Erturk S. 2007. Hyperspectral image classification using relevance vector machines. IEEE Geoscience and Remote Sensing Letters, 4(4):586~590

Hochreiter S, Obermayer K. 2006. Support vector machines for dyadic data. Neural Computation, 18(6):1472~1510

Hsu C W, Lin C J. 2002. A comparison of methods for multiclass support vector machines. IEEE Transactions on Neural Networks, 13(2):415~425

Huang C, Davis L S, Townshend J R G. 2002. An assessment of support vector machines for land cover classification. International Journal of Remote Sensing, 23(4):725~749

Inglada J. 2007. Automatic recognition of man-made objects in high resolution optical remote sensing images by SVM classification of geometric image features. ISPRS Journal of Photogrammetry and

Remote Sensing, 62(3): 236~248

Mantero P, Moser G, Serpico S B. 2005. Partially supervised classification of remote sensing images through SVM-based probability density estimation. IEEE Transactions on Geoscience and Remote Sensing, 43(3): 559~570

Melgani F, Bruzzone L. 2004. Classification of hyperspectral remote sensing images with support vector machines. IEEE Transactions on Geoscience and Remote Sensing, 42(8): 1778~1790

Mitra P, Shankar B U, Pal S K. 2004. Segmentation of multispectral remote sensing images using active support vector machines. Pattern Recognition Letters, 25(9): 1067~1074

Munoz-Mari J, Bruzzone L, Camps-Valls G. 2007. A support vector domain description approach to supervised classification of remote sensing images. IEEE Transactions on Geoscience and Remote Sensing, 45(8): 2683~2692

Rifkin R, Klautau A. 2004. In defense of one-vs-all classification. Journal of Machine Learning Research, 5: 101~141

Song M J, Civco D. 2004. Road extraction using SVM and image segmentation. Photogrammetric Engineering and Remote Sensing, 70(12): 1365~1371

Vapnik V N. 1998. Statistical Learning Theory. New York: Wiley

Vapnik V N. 1995. The Nature of Statistical Learning Theory. New York: Springer-Verlag

Zhu G B, Blumberg D G. 2002. Classification using ASTER data and SVM algorithms: the case study of Beer Sheva, Israel. Remote Sensing of Environment, 80(2): 233~240

第10章 禁忌人工免疫网络算法

10.1 引　言

　　人工免疫系统(Artificial Immune System，AIS)是借鉴、利用生物免疫系统各种原理和机制而发展的各类信息处理技术、计算技术及其在工程和科学中应用而产生的各种智能系统的统称。从计算机科学的角度来看，生物免疫系统是一个高度并行、分布、自适应和自组织的系统，它具有很强的学习、识别、记忆和特征提取能力。基于人工免疫原理，研究人员提出了许多免疫算法，免疫算法从体细胞理论和网络理论等得到启发，实现了类似于免疫系统的自我调节功能和生成不同抗体的功能。

　　遥感图像配准就是用计算机图像处理技术使各种影像模式统一在一个公共坐标系里，并融合成一个新的影像模式显示在计算机屏幕上，使感兴趣地区或目标有明确的可视性。实际工作中，由于图像可能是来自于性质完全不同的传感器，其分辨率、波段、景物特征等差别很大，并且待配准图像之间平移、旋转角及比例尺之间的差别较大，因此寻找待配准图像之间的最优配准参数是一个复杂的、非凸的最优化问题。

　　本章在介绍了禁忌搜索算法和人工免疫网络优化算法的基础上，阐述了禁忌搜索算法和人工免疫网络算法混合算法——禁忌人工免疫网络优化算法，并尝试应用禁忌人工免疫网络优化算法解决遥感影像的自动配准这个最优化问题。

10.2　禁忌搜索和人工免疫网络

10.2.1　禁忌搜索

　　禁忌搜索的思想最早由 Glover 在 1986 年提出，它是对局部邻域搜索扩展后的一种全局逐步寻优算法。目前，禁忌搜索算法已被广泛而成功地应用于调度问题(张炯和郎茂祥，2004；黄志和黄文奇，2006)、工作流程排序问题(Hurink et al.，1994)、旅行商问题(Yin and Germany，1993；贺一和刘光远，2002)和路由选择(Tan and Rasmussen，2002；Liu and Wang，2004；张琨等，2005)等。在这主要介绍禁忌搜索算法在全局优化方面的应用。

　　设有组合优化问题为

$$\begin{aligned} \min \quad & C(x) \\ s.t. \quad & x \in X \end{aligned} \tag{10.1}$$

式中：X 为 x 的约束空间；$C(x)$ 为目标函数。利用简单禁忌搜索算法解决优化问题的步骤如下。

　　(1)给定算法参数，随机产生初始解 x，置禁忌表 $H = \phi$。

（2）当算法不满足停止条件时进行循环计算。利用当前解 $X=x^{now}$ 的邻域函数产生的 x^{now} 邻域 $N(H,x^{now})$，并从中选出候选解 $Can\_N(x^{now})$。

判断候选解 $Can\_N(x^{now})$ 是否满足藐视准则，若满足，最佳状态 Y 替代 x^{now} 成为新的当前解，即 $x^{now}=Y$，并用与 Y 对应的禁忌对象替换最早进入禁忌表的禁忌对象，同时用 Y 替换"当前最佳"状态，即 $x^{best}=Y$；否则，继续。

判断候选解 $Can\_N(x^{now})$ 对应的各对象的禁忌属性，选择候选解中非禁忌对象对应的最佳状态为新的当前解，即 $x^{no}=x^{best}$，同时用与之对应的禁忌对象替换最早进入禁忌表的禁忌对象元素。

（3）输出结果，停止计算。从以上算法可以看出邻域函数、禁忌表、候选解、特赦准则等概念构成了禁忌搜索的关键。下面对这些概念作进一步的阐述（邢文训和谢金鑫，1999；王凌，2001）。

邻域函数。邻域函数是优化中的一个重要概念，其作用就是指导如何由一个（组）解来产生一个（组）新的解。邻域函数的设计往往依赖于问题的特性和解的表达方式，应结合具体问题进行分析。邻域函数设计的好坏不仅影响着算法的收敛速度，关系到算法的效率；而且关系到是否能够保证解的全局性。

禁忌表。禁忌表是用于保存那些最近被禁忌的操作的表，禁忌表中的操作都不能成为下一步的搜索方向。禁忌表的主要目的是阻止搜索过程中出现循环和避免陷入局部最优，它通过记录前若干次的操作，禁止这些操作在近期内返回。在迭代固定次数后，禁忌表释放这些操作，使其重新参加运算，因此它是一个循环表，每迭代一次，将最近的一次操作放在禁忌表的末端，而它的最早的一个操作就从禁忌表中释放出来。

禁忌表是禁忌搜索算法的核心，禁忌表的大小是影响禁忌算法性能的关键参数，它的选取与问题特性有关，它决定了算法的计算复杂性。禁忌长度的选取一般有两种方法：固定长度和动态长度。固定长度是将长度固定为某个值，实现起来简单、方便。动态长度是动态变化的，可以根据搜索性能和问题的特性设定长度的变化区间，禁忌长度按某种原则或公式在其区间内变化。当然区间大小也可随搜索性能的变化而动态变化。大量研究表明，禁忌长度的动态设置比静态设置方式具有更好的性能和鲁棒性。

禁忌表记录的禁忌对象的选取有三种方法：以状态本身或其变化作为禁忌对象；以状态分量的变化作为禁忌对象；以适配值或其变化作为禁忌对象。选取何种禁忌对象也要视具体问题而定。

候选解。候选解是由从当前状态的邻域中择优选取的一些解组成。这里的择优指所选的解在适配值、搜索方向等某一方面是优良的。候选解选取过多将造成较大的计算量，而选取过少则容易造成早熟收敛。然而，要做到整个邻域的择优往往需要大量的计算，因此可以确定性或随机性地在部分邻域解中选取候选解，具体数据大小则可视问题特性和对算法的要求而定。

特赦准则。在禁忌搜索算法的迭代过程中，候选解中的全部对象或某一对象会被禁忌，但若解禁则其目标值将有非常大的下降情况。在这种情况下，为了达到全局的最优，我们会让一些禁忌对象重新可选，这种方法称为特赦，相应的规则称为特赦规则。

特赦准则的应用使得某些状态解禁，以实现更高效的优化性能。常用的特赦准则的方式有基于适配值的准则、基于搜索方向的准则、基于最小错误的准则和基于影响力的准则。

由于禁忌搜索算法具有灵活的记忆功能和特赦准则,并且在搜索过程中可以接受劣解,所以具有较强的爬山能力,搜索时能够跳出局部最优解,转向解空间的其他区域,从而增加获得更好的全局最优解的概率,所以禁忌搜索算法是一种局部搜索能力很强的全局迭代寻优算法。但是禁忌搜索也有明显不足:

对初始解有较强的依赖性,好的初始解可使禁忌搜索算法在解空间中搜索到好的解,而较差的初始解则会降低禁忌搜索的收敛速度。

迭代搜索过程是串行的,仅是单一状态的移动,而非并行搜索。

10.2.2　人工免疫网络

人工免疫网络算法(TS-aiNet)主要是基于克隆选择、高频变异及免疫网络等免疫学原理实现的。人工免疫网络算法最初是用来解决数据聚类问题,然后被用于函数优化,形成 Opt-aiNet 算法。

人工免疫网络算法模拟了免疫网络原理,人工免疫网络由网络细胞组成,网络细胞通过克隆、高斯变异等操作进化,当网络趋于稳定时,网络细胞之间相互作用,通过阴性选择对亲和力小于预设抑制阈值的细胞进行抑制。人工免疫网络算法寻找最优解的具体步骤如下。

(1)随机生成一定数量的网络细胞,形成初始网络;

(2)计算所有网络细胞的适应度,并将该适应度矢量标准化;

(3)对于每个网络细胞产生数目为 N_c 的克隆;

(4)对产生的克隆根据式(10.2)和式(10.3)进行变异,变异概率与父代网络细胞的适应度成反比,同时将父代网络细胞保留在群体中;

(5)计算群体中克隆体变异后形成的网络细胞的适应度值;

(6)在每个网络细胞的克隆体中选择适应度最高的细胞组成新的网络,并计算新网络的平均适应度;

(7)如果新网络的平均适应度与上一代相比没有明显差异,则继续,否则,将该适应度矢量标准化,然后返回到(3);

(8)计算网络中所有细胞的亲和力,对亲和力小于抑制阈值 σ_s 并且适应度最高的个体予以保留,而抑制其他所有的细胞;

(9)引入数目为占网络 $d\%$ 的随机生成的细胞,并返回到(2);

(10)输出网络中的细胞。

在第一步中生成网络细胞的数量 N 是随机生成的,每个细胞是一个候选解。从(2)~(6),每个细胞经过了克隆扩增 $N \times N_c$ 和细胞体变异过程,每个细胞的克隆体的变异程度与父细胞的适应度有关,并根据以下公式进行突变,即

$$C' = C + aN(0,1) \tag{10.2}$$

$$a = (1/\beta)\exp(-f^*) \tag{10.3}$$

式中:细胞 C' 为细胞 C 的变异后产生的新细胞;$N(0,1)$ 为一个均值为 0、标准偏差为 1 的 Gauss 随机变量;β 为用于控制指数函数衰减的变量;f^* 为经过标准化处理后的细胞适应

值(函数取值为 0～1),变异后的个体如果不在可行域内,则不予保留。从(7)～(9),通过网络的平均适应度的变化,来判断网络是否达到了一个相对平衡的状态,如果达到了,让网络中的细胞互相作用,通过阴性选择对亲和力小于预设抑制阈值的个体进行抑制,剩下的个体则作为记忆单元保留起来。最后随机引入新的个体,重新开始局部优化。算法结束时的网络中适应度最高的细胞即为搜索得到的最优解。

人工免疫网络算法用于一般的多峰值函数优化时,采用的收敛条件是基于网络细胞的数量。假如经过一次抑制过程,网络细胞的数量不发生变化,就说明网络趋于稳定,那么剩下的网络细胞即是问题的解。

人工免疫网络算法模拟了免疫网络原理,网络细胞之间能够相互作用,并具备群体数量自动调节和实数编码等优良特性,能够有效提取出多峰函数的绝大部分局部峰值,但是还存在以下问题。

(1)出现早熟现象。在目标函数的极值点过多和过于密集的情况下,采用上述收敛条件有可能使算法过早收敛而搜索不到全部的极值点。其原因在于,通常初始种群的个体数量不会太大(一般数量只有几十)。经过第一次循环中的克隆选择,就可能出现全部个体均趋向不同的局部极值点的情况,即使再通过阴性选择进行网络抑制,种群数量也不产生变化,此时算法就认为达到了收敛条件而不再进行全局搜索,可实际上还有大量的极值点并没有搜索到(漆安慎和杜蝉英,1998)。

(2)迂回搜索。人工免疫网络算法在增加随机生成的细胞时,没有考虑当前网络也存在的细胞,盲目的增加随机生成的网络细胞,这往往会导致迂回搜索,结果很多时候都是在已搜索到的极值点附近搜索,这样不但增加了计算量,同时还会使算法过早收敛而搜索不到全部的极值点。

(3)细胞克隆体的变异是采用高斯变异,这种变异方式往往会使细胞的克隆体与上一代细胞克隆体有一定的重合,在搜索局部极值时,收敛速度较慢。

(4)应用人工免疫网络算法时尤其是采用较小的规模群体时,当在进化初期出现一些超常的个体,若按适应度大小进行克隆增生,除了这个超常的个体增生的数目很大,其他的个体克隆增生的数目将很小。因此,会影响网络进化速度,并且有可能导致未成熟收敛现象。显然,这些异常个体因竞争力太突出会控制克隆增生过程,从而影响算法的全局优化性能。

为了解决以上存在的问题,本章提出了一种结合禁忌搜索算法(tabu search 或 taboo search,TS)的改进人工免疫网络算法——禁忌人工免疫网络算法(TS-aiNet)。

10.3 禁忌人工免疫网络算法设计与实现

10.3.1 禁忌人工免疫网络算法设计

禁忌人工免疫网络算法综合了人工免疫算法和禁忌搜索算法的优点,相对于人工免疫算法,该方法主要作了三点改进。

1. 利用禁忌搜索算法改进人工免疫网络

在禁忌人工免疫网络算法中，借鉴禁忌搜索算法的思想，引入一个禁忌表，用于记忆那些在最近的一些迭代过程中适应度没有增加的网络细胞，并将这些细胞禁忌。在随机生成细胞时，生成的细胞如果在禁忌表中的细胞的形成的邻域中，将不会被引入网络。当禁忌表中的细胞禁忌次数已超过一定的阈值时，将这些细胞特赦。这样可以使得引入网络的随机生成的细胞有更好的分布性，可以减少迂回搜索，使禁忌人工免疫网络算法能够搜索到更多极值点，同时提高搜索全局最优点的速度。

2. 在人工免疫网络中增加免疫记忆

免疫细胞经历骨髓模型成熟并进入免疫循环。成熟的免疫细胞具有固定的生命周期 T，若在 T 时间内遇抗原未能积累足够的亲和力变成记忆细胞，则走向死亡并被新生的免疫细胞代替，进行新的循环。若免疫细胞在其生命周期内积累了足够的亲和力，则成为记忆细胞。和绝大多数免疫细胞相比，记忆细胞是长寿的。

在禁忌人工免疫网络算法中模拟了这个机制，当网络中的细胞逐步成熟，并进入禁忌表，禁忌一段时间以后，该细胞将被释放，我们就认为该细胞成为记忆细胞。为了保存记忆细胞，在禁忌人工免疫网络算法中，还增加了一个记忆表。记忆细胞会不断被更新，当每次进行网络抑制时，如果网络中存在一个细胞，它在某个记忆细胞的邻域中，并且它的适应度比该记忆细胞的还要大时，该记忆细胞将被其替换。这样使得记忆细胞逐渐趋近于局部极值。同时，通过更新替换，这样也可以避免记忆表增长的太大。

通过引入记忆细胞这个机制，记忆表保存了搜索到的局部极值，使得这些局部极值对应细胞不再参与细胞网络的迭代，这样可以使细胞网络保持原有的规模，而不是逐渐增大，这可以大大减少计算量。另外，当算法结束时，记忆表中的记忆细胞和将进入记忆表中的细胞（在禁忌表中的细胞）就是所有的局部极值点，从中我们可以找到全局最优点。

3. 修改高斯变异

在人工免疫网络算法中采用的高斯变异方法为

$$C^* = C + aN(0,1) \tag{10.4}$$

$$a = (1/\beta)\exp(-f^*) \tag{10.5}$$

式中：细胞 C^* 为细胞 C 的变异后产生的新细胞；$N(0,1)$ 为一个均值为 0、标准偏差为 1 的 Gauss 随机变量；β 为用于控制指数函数衰减的变量；f^* 为经过标准化处理后的细胞适应值（函数取值为 0～1）。

采用该方法有以下缺点：

从式(10.4)可以看出，采用这种变异方式往往会使细胞的克隆体与上一代细胞克隆体有一定的重合。

从式(10.5)可以看出，细胞的变异大小与细胞所对应的解所在的位置无关，而与网络中其他的细胞的适应度有关，当该细胞的适应度在网络中排在越前面，变异的范围就越小，这是不合理的。

针对以上问题,我们利用迭代过程中细胞的变化来估计下一代的大致位置,然后以这个位置为中心进行搜索。具体变异公式为

$$
\begin{cases}
C^* = C + aN(0,1), d = 0 \\
C^* = C + d + |d|N(0,1), d \neq 0
\end{cases}
\tag{10.6}
$$

式中:$a = (R/\beta)\exp(-f^*)$;$d = C_i - C_{i-1}$,C_i 细胞在第 i 次迭代取值;R 为细胞变量的取值范围大小。

当细胞初次进入网络中,没有任何先验信息时,$d = 0$,变异方式与高斯变异相似,只是增加了一个变量取值范围大小,这是因为不同的变量,取值范围可能不一样,所以它的步长也应该不同。

另外,当细胞趋近局部极值时,$|d|$ 可能会越来越小,这样会影响收敛速度,所以可以为 $|d|$ 设定一个下限,规定 $|d|$ 不能小于这个值。例如,下限可取

$$
T_d = \text{range}/100 \tag{10.7}
$$

通过这些改进,禁忌人工免疫网络算法具有更好的极值搜索能力和更快的收敛速度。

免疫禁忌网络算法相比人工免疫网络算法增加了一个禁忌表 CT、记忆表 CA 和进化方向表(漆安慎和杜蝉英,1998)。禁忌表用于存储网络中在迭代过程中一些适应度没有增加的次数已达到设定的阈值的细胞,禁忌表记录细胞各变量取值、适应度和禁忌次数。记忆表中存储记忆细胞,记录记忆细胞各变量取值和适应度。进化方向表用于存储网络中的细胞变异时,细胞进化的方向。当网络中的细胞是新生成的时,该细胞的方向初始值为 0。

10.3.2 禁忌人工免疫网络算法实现

完成一个禁忌人工免疫网络计算需要的基本参数与流程图。禁忌人工免疫网络算法使用的参数有 12 个:

(1)CN,细胞网络($C \in S^{N \times L}$);

(2)CT,禁忌表($CT \in S^{T_t \times L}$);

(3)CM,记忆表($CA \in S^{A_t \times L}$);

(4)D_C,方向列表,存储网络中细胞的进化方向的表;

(5)f_i,第 i 个细胞的适应度;

(6)f_i^*,标准化后第 i 个细胞的适应度;

(7)N_m,网络细胞最大克隆个数;

(8)C,每个网络细胞产生克隆体的集合($C \in S^{N_c \times L}$);

(9)C^*,克隆体的集合 C 经过变异后形成的集合;

(10)σ_t,禁忌阈值,当某一个细胞的适应度连续不变的次数超过这个阈值时,将该细胞加入禁忌表;

(11)σ_a,特赦阈值,当禁忌表中的某一个细胞连续禁忌次数超过这个阈值时,将该细胞加入记忆表;

(12)σ_s,抑制阈值。

禁忌人工免疫网络算法的流程图如图 10.1。

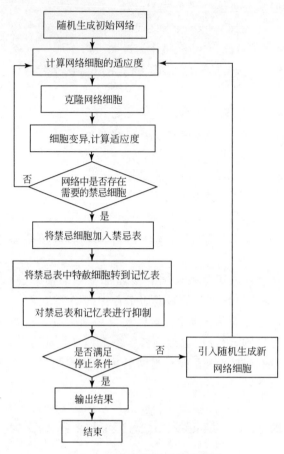

图 10.1　免疫禁忌网络流程图

(1)随机生成 N 个网络细胞，计算所有网络细胞的适应度 f，形成初始网络 CN。

(2)当满足迭代条件时：

将所有网络细胞的适应度 f 标准化。标准化时，不考虑适应度最大的细胞，适应度最大的细胞的适应度 $f_i^* = 1$。

对于每个网络细胞产生数目为 N_c 的克隆形成 C，N_c 的大小与该细胞的适应度成正比，计算公式为

$$N_c^i = \text{round}(f_i^* \cdot N_m) + 1 \tag{10.8}$$

式中：round()为四舍五入的函数。

对产生的克隆 C 进行高斯变异，如果变异后的个体不在可行域内，则不予保留。

计算变异后的形成的 C^* 中的细胞适应度。

在每个网络细胞的克隆体 C^* 和父代细胞中选择适应度最高的细胞组成新的网络 CN。

判断新的网络 CN 中的每个细胞的适应度是否增加，并计算细胞下一次的进化方向，将计算结果存入进化方向表。

判断网络中是否存在细胞的适应度大小没有变化的次数已达到阈值 σ_t，如果没有，

返回到(2);否则,继续。

将那些已达到阈值 σ_t 的细胞加入禁忌表 CT,如果网络中适应度最高的细胞也已达到了,该细胞被特赦,不加入禁忌表。

将禁忌表 CT 中禁忌次数达到特赦阈值 σ_t 的细胞移到记忆表 CM 中。

计算 CT 和 CM 中所有细胞的亲和力,抑制亲和力小于抑制阈值 σ_s,并且适应度不是最高的个体。引入一定数目细胞补充到网络中,使网络大小不变。这些引入的细胞是随机生成的,但是不在禁忌表中细胞形成的邻域中。

(3)输出 CT 和 CM 中所有细胞和网络中最大适应度细胞。

禁忌人工免疫网络算法的停止迭代的条件是基于禁忌表和记忆表中细胞的总数或者是达到最大迭代次数。在第(2)的最后一步中,让禁忌表和记忆表中细胞互相作用,通过阴性选择对亲和力小于预设抑制阈值的个体进行抑制,剩下的个体则保留起来。如果经过抑制后,禁忌表和记忆表中的细胞总数比上一代的总数多,表示找到新的极值点。假如经过几次抑制过程,禁忌表和记忆表中的细胞总数的数量不发生变化,那就表明找不到新的极值点,就停止搜索,那么禁忌表和记忆表中剩下的细胞和网络中最大适应度细胞即是问题的解。

10.3.3 禁忌人工免疫网络算法全局收敛性问题

从禁忌人工免疫网络算法的流程图 10.1 可以看出,算法的每一代计算从细胞网络 CN 中的细胞开始,其分布反映了免疫网络的基本状况,其他细胞群体实际上是细胞网络 CN 的一部分衍生体,可以通过研究不同代免疫响应中细胞网络 CN 的变化来讨论算法的收敛性能。

从禁忌人工免疫网络算法流程中可以看出细胞网络 CN 更新主要通过以下两个途径。

(1)网络细胞 CN 中的细胞克隆后得到 C,进行高斯变异,如果变异后形成的 C^* 中细胞最大的适应度大于父代细胞的适应度,则用 C^* 中最大的适应度细胞替代网络中父代细胞。

(2)网络细胞 CN 在进行禁忌操作和抑制操作后,引入随机生成的细胞到网络中更新那些被禁忌和抑制的细胞。需要指出的是,在禁忌操作和抑制操作中,网络中的最大适应度的细胞都不会受到影响,也就是说,最大适应度的细胞会一直保留在网络中。

从上可以看出每代网络细胞 CN 都是由 N 个细胞组成,并且每个细胞的取值是有限的,所以,在 t 代细胞网络的状态{CN(t)}是有限的。记 N-细胞网络的状态空间为 Ω^N。同时可以看出,每代网络细胞 CN 中的部分个体通过克隆扩增、高频变异和引进随机生成的细胞过程进行更新,本代中的个体分布可以完全确定下一代个体的分布概率,而与本代之前的分布和网络进化的代数无关。因此,可以认为禁忌人工免疫网络算法是时齐 Markov 过程,而序列{CN(t)}构成了一个有限状态的时齐 Markov 链。则可以定义算法的收敛性如下。

定义 设 $Z_t = \max\{f(\text{CN}^{(i)}(t):i=1,2,\cdots,N)\}$ 是一个随机变量序列,该变量代表时间步 t 状态中网络中最佳的适应度。如果

$$\lim_{t \to \infty} P\{Z_t = f^*\} = 1 \tag{10.9}$$

成立,其中 $f^* = \max\{f(b) | b \in \Omega\}$,即全局最优值,则算法以概率收敛到全局最佳解。

定理 10.1 禁忌人工免疫网络算法是以概率 1 收敛到全局最优解。

设 P_{ij} 为从状态 E_i 到 E_j 的转移概率,从保留最优细胞(状态)的角度来考虑:

$$P_{ij} = \begin{cases} 1, \text{若 } f(E_j) > f(E_i), \text{则 } P_{ij} \text{ 由正态分布的概率密度函数来确定} \\ 2, \text{若满足 } f(E_j) > f(E_i) \text{ 的所有 } E_j \text{ 形成的空间为 } C, \text{则 } P_{ii} = 1 - \sum_{E_j \in C} P_{ij} \\ 3, \text{若满足 } f(E_j) < f(E_i), \text{则 } P_{ij} = 0 \end{cases}$$

如果将细胞(状态)按适应度从大到小进行排列,则改进的人工免疫网络算法有限状态 Markov 链一步转移概率矩阵为

$$\boldsymbol{P} = \{P_{ij}\}_{|\Omega||\Omega|} = \begin{bmatrix} P_{11} & & & \\ P_{21} & P_{22} & & \\ \vdots & \vdots & \ddots & \\ P_{|\Omega|1} & P_{|\Omega|1} & \cdots & P_{|\Omega||\Omega|} \end{bmatrix} \tag{10.10}$$

式中:$\boldsymbol{P}$ 为下三角随机矩阵;$P_{ij} > 0, i > j, P_{11} = 1$。

定理 10.2 设 $\boldsymbol{P}$ 是可归约随机矩阵,其中 $\boldsymbol{C}_{m \times m}$ 是一个基本随机矩阵,R 和 T 不为 0,则

$$\boldsymbol{P}^\infty = \lim_{k \to \infty} \boldsymbol{P}^k = \lim_{k \to \infty} \begin{bmatrix} C^k & & 0 \\ \sum_{i=0}^{k-1} T^i R C^{k-1} & & T^k \end{bmatrix} \tag{10.11}$$

是一个稳定的随机矩阵,其中 $\boldsymbol{P}^\infty = 1'\boldsymbol{P}^0$;$\boldsymbol{P}^\infty = \boldsymbol{P}^0 \times \boldsymbol{P}^\infty$ 是唯一的,与初始分布无关,且满足 $\boldsymbol{P}_i^\infty > 0, 1 \leqslant i \leqslant m$;$\boldsymbol{P}_i^\infty = 0, m \leqslant i \leqslant |\Omega|$。

根据以上定理可得所有包含在非全局最优状态中的概率收敛于 0,则所有包含在全局最优状态中的概率收敛于 1,因此有

$$\lim_{t \to \infty} P\{Z_t = f^*\} = 1 \tag{10.12}$$

即算法收敛于全局最优解。

上述分析表明,禁忌人工免疫网络算法是全局收敛的。另外,值得一提的是禁忌人工免疫网络算法不仅对初始网络的分布,而且对初始网络规模的影响有很好的免疫性,这无疑对算法的稳定性具有很大的意义。

10.4　基于禁忌人工免疫网络算法的影像自动配准

自动配准是多星、多传感器影像自动融合的基础。由于成像时间、成像角度和成像机理不同,但是图像包含了地面的物理生物特性和几何特征两种基本信息,图论定义图的边缘形状信息是图像物理生物特性和几何特征的共性信息,因此,提取影像的边缘特征信息,作为不同影像的配准基础成为实现自动影像配准和融合的技术路径之一。因为全局边缘是高频信息,在不同分辨率传感器的影像都能保持相对清晰和稳定,较容易被检测和提取,同时也可以帮助局部边缘配准和提高配准的精度和速度。本节重点介绍:①为了能够较好地提取图像边缘信息采用小波变换与 Canny 算法相结合的影像全局边

缘检测方法;②采用两幅边缘图像的 partial Hausdorff 距离作为匹配准则和禁忌人工免疫网络算法作为搜索策略的配准方法。

10.4.1　自适应影像全局边缘提取

小波变换与 Canny 算法结合自适应边缘检测算法基本路线是将遥感图像先利用小波变换进行多分辨率分解,生成不同分辨率的图像,再对每个分辨率的图像计算梯度的幅值、方向和对梯度幅值进行非极大值抑制,然后结合多层梯度幅值信息采用双阈值算法对边缘点进行检测和连接,形成边缘。算法主要步骤如下。

1. 生成多尺度梯度图像

先应用离散小波变换将原始图像进行多尺度分解。对原始图像通过 2D 离散小波分解可以得到 4 个子图像,一个低频信号 LL_1 和三个方向的高频分量信号 LH_1、HL_1、HH_1。在第一层分解时,不进行下采样(down sample),所以得到 4 个子图像与原始图像大小相同。低频信号 LL_1 又可以进一步分解成 4 个子带,可以根据需要继续往下分解,本书一般分解到第三四层。分解完成以后分别计算每一层图像的梯度幅值 $M_{2j}f$ 生成相应的梯度幅值图像,并计算梯度方向 $A_{2j}f$。

2. 对梯度进行非极大值抑制

梯度幅值图像阵列 $M(i,j)$ 的值越大,其对应的图像梯度值也越大,但这还不足以确定边缘。为确定边缘,必须细化幅值图像中的屋脊带,这样才会生成细化的边缘。

非极大值抑制通过抑制梯度方向上所有非屋脊峰值的幅值来细化 $M(i,j)$ 中的梯度幅值屋脊。这一过程具体如下:首先将梯度方向 $A(i,j)$ 变成属于如图 10.2 所示的 4 个区之一,再使用 3×3 大小,包含 8 方向的邻域对梯度幅值阵列 $M(i,j)$ 的所有像素沿梯度方向进行梯度幅值的插值。在每一个点上,邻域的中心像素与沿梯度方向的 2 个梯度幅值的插值进行比较,如果邻域中心点的幅值不比梯度方向上的 2 个插值结果大,则将该点幅值 $M(i,j)$ 标志为 0。经过这一过程处理后宽屋脊带细化成只有一个像素点宽,在非极大值抑制过程中,保留了屋脊的高度值。

3	2	1
0	X	0
1	2	3

图 10.2　扇区示意图

对每一层的梯度图像都进行非极大值抑制生成相应的非极大值抑制幅值图。

3. 阈值化和边缘连接

阈值化是对非极大值抑制幅值图梯度图像进行双阈值处理生成二值化图像。高、低

阈值 T_k 和 T_l 设定方法是一种自适应动态阈值方法。对第一层生成的非极大值抑制幅值图梯度图像取两次阈值 T_k 和 T_l。首先将梯度值小于 T_l 的像素的梯设为0,得到二值化图像 I_{11};然后将梯度值大于 T_k 的像素的梯度设为1,得到二值化图像 I_{12}。对其他层生成的非极大值抑制幅值图梯度图像取一次阈值 T_l,生成相应二值化图像 I_K。图像 I_{12} 阈值较高,噪声较少,但造成了边缘信息损失;而图像 I_{11} 阈值较低,保留了较多信息,图像 I_K 是根据低分辨率图像生成的,受噪声影响小。因而可以以图像 I_{12} 为基础,以图像 I_{11} 和 I_K 为补充来连接图像的边缘。

根据多层边缘图连接边缘过程如下:

首先在图像 I_{12} 中扫描,当遇到一个非零的像素 P 时,跟踪以 P 为起始点的轮廓线,直到该线的终点 Q。然后根据以下准则判断终点 Q 的8邻近区域是否存在与终点 Q 相连的边缘点。

$$C(O) = \begin{cases} 1, & I_{11}(O) = 1 \\ 1, & I_k(O') = 1 \text{ 并且 } I_{11}(O) \text{ 是局部梯度最大点} \\ 0, & \text{其他} \end{cases} \qquad (10.13)$$

式中:O 是8-邻近区域中的点,O' 是 O 点在 I_k 中相对应的点。如果 $C(O) = 1$,表示 O 点是与 Q 点相连的边缘点,将其包括到图像 I_{12} 中,作为边缘点,然后继续跟踪,重复在图像 I_{12} 中继续寻找跟踪以 P 为开始点的轮廓线,这样循环下去直到无法继续为止。包含 P 的轮廓线的连接已经完成,可标记为已访问过。然后依次可以重复寻找图像中的每一条轮廓线,直到在图像 I_{12} 中再也找不到新的轮廓线为止。

采用根据多层边缘图连接边缘的方法的优点是利用了在高分辨率下边缘点的定位精确性,同时又利用了粗分辨率图像的抗噪性,使连接的边缘更加完整。

4. 小波基选择

小波的种类很多,如 Morlet 小波、Harr 小波、Marr 小波、Daubechies 紧支正交小波以及样条小波等,也可以自己构造。各种小波具有各自不同的特点和应用领域,因此应根据要解决问题的特点来选取(Castleman,1996)。一般而言,在图像边缘检测应用中,小波应满足以下准则。

准则一:紧支性。若函数 $\psi(x)$ 在 $[a,b]$ 外恒为零,则称该函数在这个区间上紧支。紧支性是小波的重要性质,支集越小的小波,局部化能力越强,不需要作截断,也就无截断误差,所以精度比较高,在图像的边缘检测中,紧支小波基是首要选择。

准则二:对称性。对称性能避免信号在分解与重构中的失真,基于人类的视觉系统对边缘附近对称的量化误差较非对称误差更不敏感。利用小波的对称性可以避免边界失真,同时,若小波具有对称性,则在频域上为线性相位,没有相位畸变而且计算方便。

准则三:适度的正则性。正则性一般用来刻画函数的光滑程度,正则性越高,函数越光滑,在频域中能量越集中。对非紧支集小波,小波滤波器越光滑则收敛越快,这样小波系数衰减就越快,截断误差就越小。尺度函数的正则性与小波函数的消失矩成对应关系,高阶正则性的尺度函数对应高阶消失矩的小波函数。但是正则性与计算效率常常是一对矛盾,正则性越高,小波消失矩越大,常常计算越复杂。

Wang 和 Cai(1995)证明从时频局部分析的角度在噪声抑制能力和边缘提取方面三

次 B 样条函数是渐进最优的。因此选用三次 B 样条函数作为平滑函数,其一阶导数作为小波函数。这是一个关于原点奇对称的小波,不会产生时间(或空间)的偏移,并且是紧支撑和连续可微的。

5. 自适应确定双阈值

传统 Canny 算法采用对整幅图像使用固定的高、低阈值设定方法,无法顾及图像中的局部特征信息,一方面无法消除局部噪声干扰,另一方面会丢失灰度值变化缓慢的局部边缘,导致目标物体的轮廓边缘不连续,或者一些目标检测不到。

同时对于一幅具体图像,传统 Canny 算法检测边缘时最佳的高、低阈值完全依赖人工获得,自动化程度低。本书采用一种自适应动态阈值方法,将整幅图像分割为若干子图像,为了使轮廓连续,可以令子图像之间有一定的重叠区域,再根据非极大值抑制后的结果自适应地设定各子图像的高、低阈值。

由于一般图像中只有少量的像素是边缘,所以图像中非边缘所占比例远大于边缘所占比例,因此梯度幅值分布一般是单峰分布,并可以认为单峰峰顶对应的像素集合一定是非边缘像素集合。将梯度幅值中拥有最多像素的梯度称为像素最值梯度 H_{max},计算子图像内全部像素的梯度相对于像素最值梯度 H_{max} 的方差,称之为像素最值梯度方差 σ_{max},即

$$\sigma_{max} = \sqrt{\sum_{i=0}^{N} (H_i - H_{max})^2 / N} \tag{10.14}$$

式中:N 为子图像的像素总数。

高阈值 T_k 必须在梯度直方图中非边缘区域以外选取,否则将给最终结果带来很多的假边缘噪声。本书的方法利用像素最值梯度 H_{max} 和像素最值梯度方差 σ_{max} 自适应地设定高阈值 T_k 的门限,像素最值梯度 H_{max} 反映了非边缘区域在梯度直方图中分布的中心位置,而像素最值梯度方差 σ_{max} 则反映了梯度直方图中梯度分布相对于像素最值梯度 H_{max} 的离散程度,也就是相对于非边缘区域的离散程度。我们近似认为如果高阈值 T_k 大于像素最值梯度 H_{max} 一定倍数的最值梯度方差 σ_{max} 时,就可以认为 T_k 在非边缘区域以外,这样可以很好地防止假边缘在轮廓图中出现,因此可以用像素最值梯度 H_{max} 和像素最值梯度方差 σ_{max} 计算出非边缘区域的范围,从而确定高阈值 T_k 的门限,然后根据高阈值 T_k 的门限确定低阈值 T_i 的门限。计算 T_k 和 T_i 的公式为

$$T_h = H_{max} + \beta \cdot \sigma_{max} \tag{10.15}$$

$$T_l = k \cdot T_h \tag{10.16}$$

式中:β 为一个调整因子,一般为 $2 \sim 5$;k 为高低阈值间的一个比例系数,一般为 0.4 左右。

采用自适应动态阈值方法设定阈值,可以减少局部图像灰度变化差异大小不同而引起目标物体的轮廓边缘不连续,或者一些目标检测不到的情况,同时也可以一定程度的提高提取边缘的自动化程度。

10.4.2　影像的粗配准与精配准

1. 三种基本变换与算法

(1)仿射变换。仿射变换是全局几何变换描述两图像间的关于旋转、缩放以及平移的差异。仿射变换可表示为

$$\begin{bmatrix} x' \\ y' \end{bmatrix} = k \begin{bmatrix} \cos\theta & \sin\theta \\ -\sin\theta & \cos\theta \end{bmatrix} \begin{bmatrix} x \\ y \end{bmatrix} + \begin{bmatrix} \Delta x \\ \Delta y \end{bmatrix} \qquad (10.17)$$

式中：(x', y')为变换后的坐标点对；(x, y)为变换前坐标点对；k为缩放尺度；θ为旋转角度；$(\Delta x, \Delta y)$分别为在x和y方向上的平移量。

仿射变换能够保持线段的直线性、距离比和平行性不变，即对直线进行仿射变换仍为直线。仿射变换只有 4 个参数。虽然适用于大多数情况，但不能反映非均匀尺度变换。不能纠正实际中由于平台移动、倾斜引起的剪切变换，以及系统引起的各种畸变。

(2)投影变换。投影变换的数字表达式为

$$x' = \frac{a_1 x + a_2 y + a_3}{c_1 x + c_2 y + 1}$$
$$y' = \frac{b_1 x + b_2 y + b_3}{c_1 x + c_2 y + 1} \qquad (10.18)$$

经过投影变换后一幅图像上的直线映射到第二幅图像上仍为直线，但平行关系基本不保持。投影变换可用多维空间上的线性（矩阵）变换表示，其表示方法很复杂，主要用于二维投影图像与三维立体图像之间的匹配。

(3)多项式变换。多项式变换是常用的一种方法，因为它的原理比较直观，并且计算较为简单，特别是对于地面相对平坦的情况，具有足够好的配准精度。二次多项式变换公式为

$$x' = a_0 x^2 + a_1 y^2 + a_2 xy + a_3 x + a_4 y + a_5$$
$$y' = b_0 x^2 + b_1 y^2 + b_2 xy + b_3 x + b_4 y + b_5 \qquad (10.19)$$

多项式一般均在三次以下，以保证在达到转换要求的同时不会有太高的计算复杂度。全局变换是将相同的空间变换适用到整个图像中，是对两图像之间的整体匹配变换的描述。因此，全局变换模型无法解决由于传感器的非线性、或是成像过程中视点的变化而产生的局部几何形变。

实验中，在第一步粗配准中，采用计算简单的仿射变换，能够满足粗配准的要求；在第二步精配准中，采用了二次多项式变换。

2. 基于 Hausdorff 距离的相似测度

相似测度是用来衡量图像最终配准的判定特征空间中的特征配准程度的依据，相似测度的计算可以基于全像素特征或从图像中提取的特征。刻画两幅图像之间相似程度的函数应具有下列的性质。

第一步，两幅图像之间的差别越大，函数值越大。

第二步,易于计算;Partial Hausdorff 距离即为满足上述性质的一种合理测度准则。

第三步,不必建立模板与待匹配图像特征点间的对应关系,只需计算两点集之间的最大距离即可。

第四步,可以有效处理图像中含有多特征点、伪特征点、噪声污染、缺失特征点(存在遮挡)以及匹配点有位置误差等情况,具有很强的鲁棒性。

第五步,计算复杂度小,实时性高。

本书采用从两幅图像中提取的边缘图像之间的 Partial Hausdorff 距离作为相似测度。

Hausdorff 距离是一种定义于两个点集上的最大最小(max-min)距离。给定两个有限点集 $A=\{a_1,a_2,\cdots,a_{Na}\}$ 和 $B=\{b_1,b_2,\cdots,b_{Nb}\}$,可以定义 Hausdorff 距离为

$$H(A,B)=\max[h(A,B),h(B,A)] \tag{10.20}$$

其中

$$h(A,B)=\max_{a\in A}\min_{b\in B}\|a-b\| \tag{10.21}$$

式中:$\|a-b\|$ 是 a 与 b 之间的某种距离范数,这里使用欧氏距离。$H(A,B)$ 取 $h(A,B)$、$h(B,A)$ 之间的最大值。$h(A,B)$ 称有向 Hausdorff 距离。如果 $h(A,B)=d$,则每一个 A 中的点离 B 中至少一个点的距离不大于 d,而且对于 A 中某些(至少一个)点来说,这个距离恰好是 d,这些点就是“最不匹配点”。所以,Hausdorff 距离表征了两个点集之间的最不相似程度,可用来衡量二值图像之间的相似度。

利用 Hausdorff 距离衡量二值图像之间的相似度与大多数二值图像匹配不同,在匹配过程中不需要点与点之间相互对应的关系,对物体局部的非刚性变形也不是很敏感。但是,因为 Hausdorff 距离是一种 max-min 距离,对图像中的噪声和干扰比较敏感,也许一个小小的干扰点或者噪声就会造成计算出来的 Hausdorff 距离严重偏离正确数值,尽管两个物体也许十分相似。显然,在这种情况下,匹配的准确程度会大大得降低。

为了获得更准确的目标匹配结果,通常采用由 Hausdorff 距离引申出的 partial Hausdorff 距离。对 A 集合中的每一点,其到 B 集合中点的最小距离进行排序,得到一个最小距离的序列:$d_B(a_1)<d_B(a_2)<,\cdots,<d_B(a_{Na})$,那么 A 集合的 partial Hausdorff 距离记为

$$h^f(A,B)=f^{\mathrm{th}}_{a\in A}\min_{b\in B}\|a-b\| \tag{10.22}$$

式中:$f^{\mathrm{th}}_{x\in X}g(x)$ 为将集合 X 上所有的 $g(x)$ 值按从小到大排序,取其中第 f 分位的值,f 值为 0~1。如 $f=1$ 时取最大值,$f=0.5$ 时取中间值。同理可得

$$h^f(B,A)=f^{\mathrm{th}}_{a\in B}\min_{b\in A}\|a-b\| \tag{10.23}$$

A 点集和 B 点集的 partial Hausdorff 距离定义为

$$H^f(A,B)=\max[h^f(A,B),h^f(B,A)] \tag{10.24}$$

partial Hausdorff 距离计算时,将那些最小距离较大的点去掉了,这样可以减少孤立点的影响,提高匹配的精度。

3. 影像配准基本技术流程

1)影像粗配准

实现粗配准是通过一个金字塔配准过程,先从最低分辨率影像配准,然后再逐层向

上配准,直到最高分辨率,这样可以加快配准速度。利用人工免疫网络算法进行影像粗配准步骤如下,如图 10.3 所示。

第一步,利用小波变换与 Canny 算法相结合的遥感影像大边缘检测方法检测多层边缘;

第二步,从分辨率最粗的那层利用人工免疫网络算法寻找最优解,当算法找到满足条件的解时,跳出搜索算法;

第三步,以这个解为中心,对高一分辨率的图层进行配准,直到原始分辨率图层。

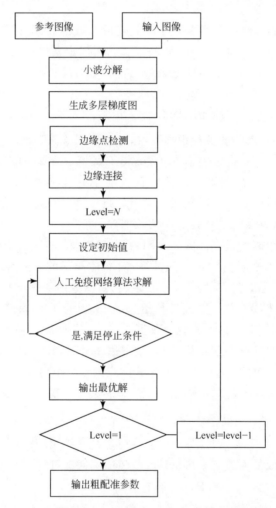

图 10.3　基于人工免疫网络算法的图像粗配准流程

2)影像精配准

影像精配准是在影像粗配准的基础上进行,粗配准提供了两幅影像大致的配准参数,但并不能满足遥感影像配准精度的要求,需要进一步进行影像精配准。

为了抑制影像那些与传感器有关的属性,保留不同传感器之间共有的属性,将影像转化成高通能量 Laplacian-能量图。高通能量图能很好地解决不同传感器之间的配准,因为它具有以下特点:方法不用阈值化,保留了影像的所有细节,没有丢失重要信息;在创建高通能量图时,去除了不同源遥感影像之间的不共有的信息,如与传感器有关的低分辨率信息和对比度相反,方法采用 4 个方向(水平、垂直、两个对角线)的方向导数对影像进行滤波,然后对 4 个方向滤波生成的方向导数图平方,得到高通能量图,这种方法保留了影像的方向信息。

根据 Irani 和 Anadan(1998)提供的影像精配准的方法,对影像采用方向求导生成高通能量图,再根据高通能量图的局部相关作为相似准则,求整幅影像的局部相关相似测度最大值。该方法能够实现不同传感器影像之间的精确配准,免疫禁忌网络精配准实现步骤如下。

第一步,局部相似测量。为了对齐高通能量图,采用了一种基于归一化的局部相关相似测量准则,并根据所有的局部相关系数估计全局变换参数。采用全局变换参数有一个优点就是可以通过全局变换参数约束局部匹配,避免局部匹配过程中产生的异常值影响全局配准的精度。

局部图像的变换采用二次多项式变换,即

$$\begin{bmatrix} \vec{u}(x,y;\vec{p}) \\ \vec{v}(x,y;\vec{p}) \end{bmatrix} = \begin{bmatrix} p_1 + p_2 x + p_3 y + p_7 x^2 + p_8 xy \\ p_4 + p_5 x + p_6 y + p_7 xy + p_8 x^2 \end{bmatrix} \quad (10.25)$$

式中:$\boldsymbol{P} = (p_1, p_2, p_3, p_4, p_5, p_6, p_7, p_8)^{\mathrm{T}}$ 为变换参数向量;$\boldsymbol{X} = \begin{bmatrix} 1 & x & y & 0 & 0 & 0 & x^2 & xy \\ 0 & 0 & 0 & 1 & x & y & xy & x^2 \end{bmatrix}$ 是与点 (x, y) 有关的矩阵。

第二步,利用局部相关的全局配准。给定 2 幅图像 f 和 g,以及它们的方向导数能量图 $\{f_i\}_{i=1}^4$、$\{g_i\}_{i=1}^4$,全局配准就是寻找变换参数 $\boldsymbol{P}$,使得所有的局部归一化相关系数之和最大。用 $S_i^{(x,y)}(u,v)$ 表示图像 f_i 上点 (x,y) 对应的表面相关系数,对于图像 g_i 相对图像 f_i 任一平移 (u,v),$S_i^{(x,y)}$ 可定义为

$$S_i^{(x,y)}(u,v)^{\mathrm{def}} = f_i(x,y) \quad \mathrm{ON} \quad g_i(x+u, y+v) \quad (10.26)$$

式中:ON 为在小窗口上计算出的归一化相关系数。用 $\vec{u} = [u(x,y;\vec{p}), v(x,y;\vec{p})]$ 表示变换参数 $\vec{P}$ 的变换,则配准问题可以定义为:

寻找参数 $\vec{P}$ 使全局相似测量 $M(\vec{p})$ 最大化,即

$$\begin{aligned} M(\vec{p}) &= \sum_{x,y} \sum_i S_i^{(x,y)}[u(x,y;\vec{p}), v(x,y;\vec{p})] \\ &= \sum_{x,y} \sum_i S_i^{(x,y)}[\vec{u}(x,y;\vec{p})] \end{aligned} \quad (10.27)$$

采用 Newton 方法通过迭代方式解决以上问题,假设当前估计的参数为 $\vec{P}_0$,则下式表示在 $\vec{P}_0$ 附近的 $M(\vec{p})$ 二次方程式近似,即

$$M(\vec{p}) = M(\vec{p}_0) + [\nabla_{\vec{p}} M(\vec{p}_0)]^{\mathrm{T}} \vec{\delta}_p + \vec{\delta}_p^{\mathrm{T}} H_M(\vec{p}_0) \vec{\delta}_p \quad (10.28)$$

式中:$\vec{\delta}_p = \vec{p} - \vec{p}_0$ 为 $\vec{P}_0$ 的变化;$\nabla_{\vec{p}} M$ 为 M 的梯度;H_M 为 M 的 Hessian 行列式(如矩阵的二次求导)。

在 Newton 方法中,$\vec{\delta}_p$ 采用以下公式近似,即

$$\vec{\delta}_p^* = -[H_M(\vec{p}_0)]^{-1} \cdot \nabla_{\vec{p}} M(\vec{p}_0) \quad (10.29)$$

在求最佳变换参数时,$\nabla_{\vec{p}} M$ 和 H_M 可采用以下公式,即

$$\nabla_{\vec{p}} M(\vec{p}) = \sum_{x,y,i} \nabla_{\vec{p}} S_i(\vec{u}) = \sum_{x,y,i} [\boldsymbol{X}^{\mathrm{T}} \nabla_{\vec{u}} S_i(\vec{u})] \quad (10.30)$$

$$H_M(\vec{p}) = \sum_{x,y,i} [\boldsymbol{X}^{\mathrm{T}} H_{S_i}(\vec{u}) \boldsymbol{X}] \qquad (10.31)$$

式中：$\nabla_{\vec{u}} S_i(\vec{u})$ 为系数表面 $S_i^{(x,y)}(\vec{u})$ 的梯度；H_{S_i} 为 $S_i^{(x,y)}(\vec{u})$ 的 Hessian 行列式。

将式(10.30)和式(10.31)代入式(10.29)，可得

$$\vec{\delta}_p^* = -\sum_{x,y,i}[\boldsymbol{X}^{\mathrm{T}} H_{S_i}(\vec{u}_0)\boldsymbol{X}]^{-1} \sum_{x,y,i}[\boldsymbol{X}^{\mathrm{T}} \nabla_{\vec{u}} S_i(\vec{u}_0)] \qquad (10.32)$$

计算步骤如下：

第一步，对于 $f_{il}(i=1,2,3,4)$ 中的任何一点 (x,y) 计算局部归一化系数表面 $S_i^{(x,y)}(\vec{u})$，即

$$S_i^{(x,y)}(\vec{u}) = f_{il}(x,y) \mathrm{ON} \quad g_{il}(x+u,y+v)$$

$$\forall \vec{u} = (u,v) \quad s.t. \quad \parallel \vec{u} - \vec{u}_0 \parallel \leqslant d$$

式中：d 为表面的半径。

第二步，利用公式，计算变换参数 $\vec{\delta}_p^*$。

第三步，更新 $\vec{P}_0 = \vec{P}_0 + \vec{\delta}_p^*$。

本节主要解决，相似测度的选择和搜索空间的确定问题。采用影像全局边缘作为匹配特征使得配准过程中受噪声影响小。在精配准过程中，选择了 Laplacian-能量图与归一化的局部相关相似测量准则，实现了不同尺度光学和主/被动影像的精配准。

10.5　禁忌人工免疫网络算法的影像自动融合

遥感图像配准就是用计算机图像处理技术使各种影像模式统一在一个公共坐标系里，并融合成一个新的影像模式显示在计算机屏幕上，使感兴趣地区或目标有明确的可视性。禁忌人工免疫网络算法的影像自动融合是在配准的基础上完成，空间和特性上形成新的影像模式。本节展示了我们选择不同传感器、不同分辨率遥感影像开展融合实验的部分结果。

10.5.1　不同分辨率光学影像的自动融合

不同分辨率光学影像的自动融合，包括彩色航空像片与全色正射像片之间配准与融合过程图，ASTER 影像与 TM 影像之间配准与融合过程图，如图 10.4 所示。

彩色航空像片与全色正射像片之间边缘配准与影像融合。图 10.4(a)全色正射像片 (256× 256)，图 10.4(b)彩色航空像片(256 ×256)，图 10.4(c)从图 10.4(a)中提取的边缘，图 10.4(d)从图 10.4(b)中提取的边缘，图 10.4(e)是图 10.4(c)和图 10.4(d)边缘配准，图 10.4(f)是图 10.4(a)和图 10.4(b)图像融合结果图。

图 10.5 为 ASTER 分辨率 15 m 影像与 TM 分辨率 30 m 影像之间边缘配准与影像融合。图 10.5(a)ASTER 影像(256× 256)，图 10.5(b)TM 影像(256 ×256)，图 10.5(c)从图 10.5(a)影像中提取的边缘，图 10.5(d)从图 10.5(b)影像中提取的边缘，图 10.5(e)是图 10.5(c)和图 10.5(d)边缘配准影像，图 10.5(f)是图 10.5(a)和图 10.5(b)融合影像。

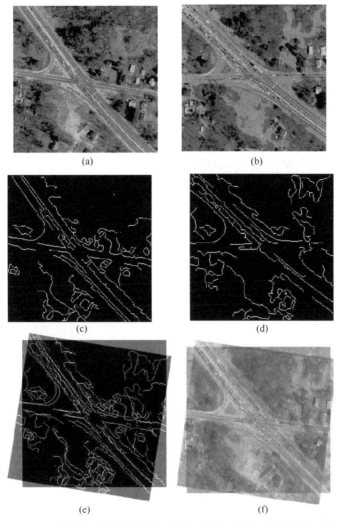

(a)   (b)

(c)   (d)

(e)   (f)

图 10.4 彩色航空像片与全色正射像片之间边缘配准与影像融合

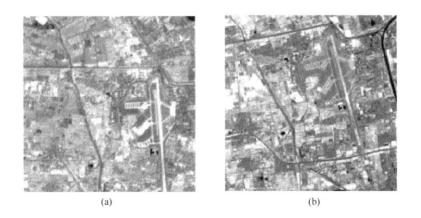

(a)   (b)

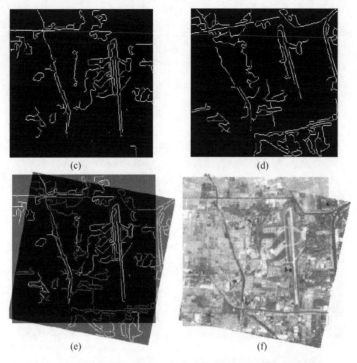

图 10.5　ASTER 影像与 TM 影像之间边缘配准与影像融合

图 10.6 不同时相 TM 影像之间边缘配准与影像融合。图 10.6(a)TM84 图像(400×400)，图 10.6(b)TM86 图像(400×400)，图 10.6(c)从图 10.6(a)影像中提取的边缘，图 10.6(d)从图 10.6(b)影像中提取的边缘，图 10.6(e)是图 10.6(c)和图 10.6(d)边缘配准图，图 10.6(f)是图 10.6(a)和图 10.6(b)影像融合。

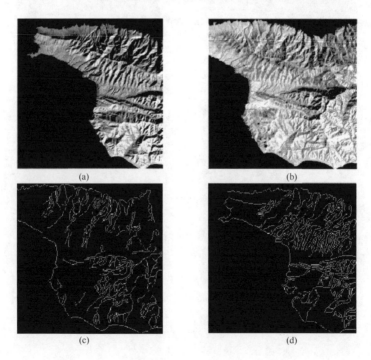

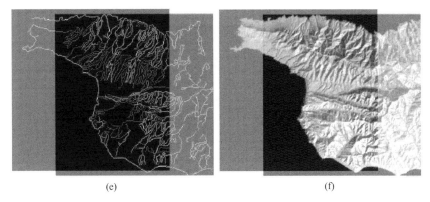

(e)   (f)

图 10.6   不同时相 TM 影像之间边缘配准与影像融合

10.5.2   光学与 SAR 影像的自动融合

图 10.7 ASTER 影像与 SAR 影像之间边缘配准与影像融合。图 10.7(a) ASTER 影像(256 ×256),图 10.7(b)SAR 影像(400×400),图 10.7(c)从图 10.7(a)影像中提取的边缘,图 10.7(d)从图 10.7(b)影像中提取的边缘,图 10.7(e)是图 10.7(c)和图 10.7(d)的边缘配准图像,图 10.7(f)是图 10.7(a)和图 10.7(b)的融合影像。

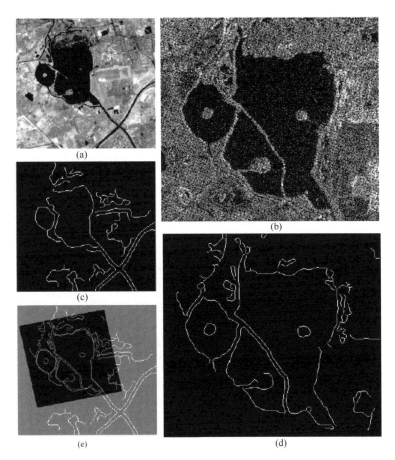

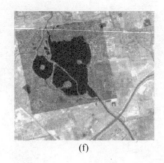
(f)

图 10.7　ASTER 影像与 SAR 影像之间边缘配准与影像融合

10.5.3　SPOT 和 ASTER 图像测试点与配准精度比较

为了进一步测试禁忌人工免疫网络算法自动配准与融合的性能，选择两幅更大的影像进行配准，然后与常规人工选点配准方法进行比较。这两幅影像分别是 SPOT 影像，像元行列数为 1155×1091，ASTER 影像像元行列数 1255×1090。禁忌人工免疫网络算法的配准结果如图 10.8 所示，配准时间大约用了 90s。常规人工选点配准方法是通过

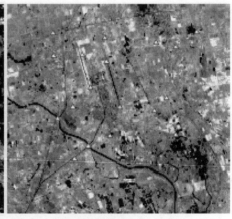

SPOT影像,图中三角形标志为测试点　　　　　ASTER影像,图中三角形标志为测试点

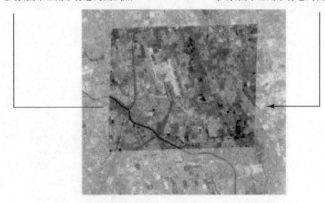

SPOT影像与ASTER影像融合结果图

图 10.8　SPOT 图像和 ASTER 图像测试点与配准影像图

ENVI图像处理软件人工选取 18 个同名点进行配准,选取这 18 个同名点大约用了 22 min。人工选点配准的点位均方根 0.65 像素,禁忌人工免疫网络算法的 18 个同名点均方根 0.90 像素。可见禁忌人工免疫网络算法在比较理想条件下也可以满足多源遥感数据配准与融合像素级精度要求,禁忌人工免疫网络算法自动配准与融合的最大优势是节省大量的时间,也避免了剔除控制点中质量差的点的无效工作。

10.5.4　人工与自动融合影像的精度比较

为了比较人工选取控制点配准与融合结果与免疫禁忌混合优化配准与融合结果精度比较,统计了均方差来衡量精度,数据获取过程如下所述。

1. 小于 500 个像元实验区域精度比较

假设通过自动配准得到参考影像(x, y)和待配准影像(X, Y)间的空间转换模型为

$$\begin{cases} x = f(X, Y) \\ y = g(X, Y) \end{cases} \tag{10.33}$$

假设人工选取 n 对测试点(x_i, y_i),(X_i, Y_i),$i = 1, 2, \cdots, n$,则测试点间的均方差 RMS 为

$$\text{RMS} = \sqrt{\frac{\sum_{i=1}^{n} \{ [x_i - f(X_i, Y_i)]^2 + [y_i - g(X_i, Y_i)]^2 \}}{n}} \tag{10.34}$$

由表 10.1 可看出我们的配准算法达到了良好的效果,特别是对于 ASTER 影像与 SAR 影像的配准精度略优于手工配准的精度。

人工选点的精度是通过 ENVI 人工选点配准时的 RMS,RMS 单位为像素。

表 10.1　人工选取控制点配准结果与禁忌人工免疫网络配准结果精度比较

图号	同名点数	粗配准 RMS	精配准 RMS	人工选点 RMS*
图 10.5	12	1.93	1.05	0.97
图 10.7	15	2.16	1.83	2.09
图 10.5	21	1.13	0.52	0.23
图 10.6	17	1.62	0.37	0.32

2. SPOT 图像和 ASTER 图像测试点与配准影像图精度比较

为了进一步测试本书提出的配准方法性能,对两幅更大的影像进行配准,然后与熟练人工选点配准方法进行比较。这两幅影像分别是某地区的 SPOT 影像(1155×1091),ASTER 影像(1255×1090),如表 10.2 所示。

表 10.2 SPOT 图像和 ASTER 图像测试点的配准精度

点号	ASTER		SPOT		转换后的坐标		RMS/像素
	X	Y	X	Y	X	Y	
1	412.25	269.50	312.00	239.25	312.73	239.44	0.75
2	458.25	437.00	380.00	492.50	379.23	493.36	1.15
3	925.50	686.50	1006.25	889.25	1005.57	889.68	0.80
4	810.50	560.00	849.75	693.25	849.19	694.10	1.02
5	278.75	602.75	149.00	734.50	148.08	735.21	1.16
6	255.25	155.75	101.00	61.50	100.49	61.13	0.63
7	536.25	178.00	472.25	107.75	473.33	107.42	1.13
8	1039.50	150.50	1138.75	88.25	1138.38	88.78	0.65
9	875.00	492.50	932.25	596.00	932.74	595.21	0.93
10	564.75	692.00	529.25	881.00	530.03	881.78	1.10
11	619.75	538.00	596.25	653.25	596.89	652.43	1.04
12	446.00	743.25	374.25	953.75	374.74	953.32	0.65
13	545.25	302.00	489.75	294.00	489.21	294.76	0.93
14	819.00	204.50	849.25	159.50	848.58	158.85	1.12
15	372.50	810.00	280.00	1050.75	279.64	1050.43	0.48
16	927.75	225.75	993.25	197.50	993.26	196.58	0.92
17	363.75	537.00	258.00	639.50	258.57	639.52	0.63
18	257.50	272.00	108.00	236.50	107.43	236.06	0.72
总误差							0.90

10.6 本章小结

在实现多星、多传感器影像自动配准与融合过程中,寻找待配准图像之间的最优配准参数是一个复杂的、非凸的最优化问题。为了解决这个问题,我们引入了禁忌人工免疫网络算法解决多星、多传感器影像的最优配准参数搜索,使不同影像模式统一在一个公共坐标系里,并融合成一个新的影像模式显示在计算机屏幕。禁忌人工免疫网络算法综合了人工免疫算法和禁忌搜索算法的优点,相对于人工免疫算法,该方法主要作了三点改进:利用禁忌搜索算法改进人工免疫网络;在人工免疫网络中增加免疫记忆;修改高斯变异。

在利用影像边缘信息完成影像的匹配时采取了全局边缘提取配准和高通能量图配准两个步骤的方案。最后给出了禁忌人工免疫网络算法的影像自动融合完整的技术路线和实验结果,并且对实验结果进行了比较和简单的评估。

本章主要介绍的是以影像的边缘和区域特征为基础实现多星、多传感器影像自动配准与融合,利用影像特征实现不同影像的自动配准与融合对特征识别和跟踪都将产生重要的影响。以影像边缘和区域特征为基础的光学影像与 SAR 影像自动配准与融合存在两个方面的主要问题:来自 SAR 后向散射中混合了地表物体的介电性和地表粗糙度两种参量;地形造成的比例压缩。目前地形造成的比例压缩可以利用 DEM 正射校正解决;理论上介电性和地表粗糙度可以通过模型利用水平极化和垂直极化两个物理量求解,虽然 Envi sat 已经可以提供多极化数据,但是至今还没有可靠的模型计算物体的介电特性,这成为融合光学影像的反射率与 SAR 影像介电性质来识别物体的一个瓶颈。

主要参考文献

贺一,刘光远.2002. 禁忌搜索算法求解旅行商问题研究. 西南师范大学学报(自然科学版),27(3): 341~345

黄志,黄文奇.2006. 一种基于禁忌搜索的作业车间调度算法. 计算机工程与应用,42(3):12~14

漆安慎,杜蝉英.1998. 免疫的非线性模型. 上海:上海科技教育出版社

王凌.2001. 智能优化算法及其应用. 北京:清华大学出版社

刑文训,谢金鑫.1999. 现代优化计算方法. 北京:清华大学出版社

张炯,郎茂祥.2004. 有时间窗配送车辆调度问题的禁忌搜索算法. 北方交通大学学报,28(2):103~106

张琨,王珩,刘凤玉等.2005. 一种基于禁忌搜索的时延约束组播路由算法. 计算机工程,31(11):22~24

Castleman K R. 1996. Digital Image Processing. New Jersey:Prenstice Hall

Hurink J,Lurisc B,Thole M. 1994. Tabu search for the job-shop scheduling problem with multipurpose machines. ORSpetrum,15:205~215

Irani M,Anadan P. 1998. Robust multi-sensor image alignment. Proceedings of 6th International Conference on Computer Vision,Bombay. India. 959~966

Liu H,Wang X. 2004. The application of nonlinear programming for multiuser detection in CDMA. IEEE Transactions on Wireless Communications,3(1):8~11

Tan P H,Rasmussen L K. 2002. Tabu search multuser detection in CDMA. Radio Vetenskapoch Kommunikation. Sweden;Stockholm. 744~748

Wang Y,Cai Y. 1995. Multi-scale B-spline wavelet edge detection operator. Science of China,25(4):426~437

Yin X,Germay N. 1993. A fast genetic algorithm with sharing scheme using cluster analysis methods in multimodal function optimization. *In*:Albrecht R F,Reeves C,Steele N C. Artificial Neural Networks and genetic Algorithms. Berlin,Germany:Springer-Verlag. 450~457

第11章　粒子滤波

在现代战场条件下,武器系统的隐身特性得到不断加强,如何保证在不暴露己方目标的前提下快速准确地检测到敌方活动,成为当前侦查武器发展的一大难题。红外搜索跟踪系统(IRST)因具有较好的大气窗口,能够在夜间和能见度较差的情况下搜索到目标,被动探测,具有隐蔽性好和抗电子干扰性强等特点,成为雷达警戒系统的有效补充。红外弱小目标检测跟踪算法是红外搜索跟踪系统的核心算法,是研制高性能红外搜索跟踪系统的关键技术。根据目标与背景信噪比的大小,可以将检测跟踪算法分为先跟踪后检测(DBT)和检测前跟踪(TBD)两大类,后者主要针对低信噪比目标。粒子滤波检测前跟踪算法采用混合状态贝叶斯滤波的思想,将目标出现概率引入了滤波框架,目标运动模型与量测模型均可以是非线性、非高斯的,目标运动不需要速度限定,能够利用单帧影像信息实现低信噪比下的弱小目标检测和跟踪。

11.1　引　　言

粒子滤波(particle filter)是求解贝叶斯概率的一种实用算法,其思想最早可以追溯到 20 世纪 60 年代,70 年代得到了一定的发展,但由于当时计算条件的限制以及所存在的样本退化(即少数样本的权值很大,而大多数样本的权值接近于零)问题,并未引起足够的重视。直到 90 年代,Gordon 等提出的在递推过程中重新抽样的思想使得粒子滤波技术得到了长足的发展,以后又有许多改进算法被相继提出,例如,Bootstrap Filter、Condensation(Isard and Blake,1996)、Monte Carlo Filters、Survival of the Fittest、Sequential Monte Carlo Methods(Doucet et al. ,2001)、Particle Filter(Doucet et al. ,2001)等。这些方法的提出大大地提高了粒子滤波技术应用的有效性,扩展了其应用空间。

粒子可以指目标状态空间分布中的一个采样值及其附带的概率密度值权重。滤波在估计理论中指由当前和以前的观测值来估计当前的状态。粒子滤波通过非参数化的蒙特卡罗模拟方法来实现递推贝叶斯滤波,适用于任何能用状态空间模型表示的非线性系统,精度可以逼近最优估计(Doucet and Crisan,2002)。通常情况下,粒子滤波使用数值解法计算量要远大于卡尔曼滤波等解析数学方程求解形式。但是,粒子滤波可以采用并行计算实现,随着处理器计算速度的提高以及并行架构的出现,粒子滤波比传统解析贝叶斯滤波器(如卡尔曼滤波器)更具有实用价值。

11.2　粒子滤波原理

目标跟踪问题可以看成是目标状态后验概率密度估计的问题,贝叶斯滤波是解决时间序列概率密度更新问题的有效数学工具。粒子滤波是贝叶斯滤波的数值解法,通过大量附带权值的离散状态来逼近目标状态的概率密度函数,分别对每个粒子进行时间和量测更新得到当前时刻的目标状态后验概率密度函数的近似。

11.2.1 贝叶斯滤波原理

贝叶斯滤波原理的实质是试图用所有已知信息来构造系统状态变量的后验概率密度,即用系统状态模型预测状态的先验概率密度,再使用最近的观测值进行修正,得到状态的后验概率密度。这样,通过观测数据 $z_{1:k}$ 来递推计算状态 x_k 取的概率密度函数 $p(x_k|z_k)$,由此获得状态的最优估计(Doucet et al. ,2000,2001),其基本步骤分为预测(prediction)和更新(updating)两步。

假设已知概率密度的初始值 $p(x_0|z_0)=p(x_0)$,并定义 x_k 为系统状态(如目标的运动状态:位移、速度、亮度等),z_k 为对系统的观测值(如获取的视频图像)。

递推过程分为两个步骤。

第一步:预测,即由系统的状态模型,在未获得 k 时刻的观测值时,实现上一时刻后验概率 $p(x_{k-1}|z_{k-1})$ 至当前时刻先验概率 $p(x_k|z_{1:k-1})$ 的推导。

假设在 $k-1$ 时刻,$p(x_{k-1}|z_{k-1})$ 是已知的,对于一阶马尔可夫过程(即当前时刻的概率仅与上一时刻的概率有关),由 Chapman-Kolmogorov(盛骤等,1989)方程,有

$$p(x_k \mid z_{1:k-1}) = \int p(x_k \mid x_{k-1}) p(x_{k-1} \mid z_{1:k-1}) \mathrm{d}x_{k-1} \tag{11.1}$$

由系统的状态模型 $p(x_k|x_{k-1})$ 积分进行计算。

第二步:更新,即由系统的观测模型,在获得 k 时刻的观测值 z_k 后实现当前时刻先验概率 $p(x_k|z_{1:k-1})$ 至后验概率 $p(x_k|z_{1:k})$ 的推导。

获得观测值 z_k 后,由贝叶斯准则可得

$$p(x_k|z_{1:k}) = \frac{p(z_k|z_{1:k-1},x_k) p(x_k|z_{1:k-1})}{p(z_k|z_{1:k-1})} \tag{11.2}$$

假设给定状态 x_k、z_k 和 k 时刻之前的各个观测是相互独立的,则有

$$p(z_k|z_{1:k-1},x_k) = p(z_k|x_k) \tag{11.3}$$

将式(11.3)代入式(11.2),得

$$p(x_k|z_{1:k}) = \frac{p(z_k|x_k) p(x_k|z_{1:k-1})}{p(z_k|z_{1:k-1})} \tag{11.4}$$

式中:$p(z_k|x_k)$ 为量测模型或似然度函数(likelihood),表征系统状态由 x_{k-1} 转移到 x_k 后与观测值的相似程度;$p(x_k|z_{1:k-1})$ 为上一步系统状态转移过程所得,称为先验概率(prior)。$p(z_k|z_{1:k-1})$ 一般是个归一化常数,根据全概率公式可写为

$$p(z_k \mid z_{1:k-1}) = \int p(z_k \mid x_k) p(x_k \mid z_{1:k-1}) \mathrm{d}x_k \tag{11.5}$$

这样式(11.1)和式(11.4)构成了最优贝叶斯估计的一般概念表达式,展示了一个由上一时刻后验概率 $p(x_{k-1}|z_{1:k-1})$ 推导至当前时刻后验概率 $p(x_k|z_{1:k})$ 的递推过程。首先由 $k-1$ 时刻的后验概率 $p(x_{k-1}|z_{1:k-1})$ 出发,利用系统状态转移模型来预测系统状态的先验概率密度 $p(x_k|z_{1:k-1})$,再使用当前的观测值 z_k 进行修正,得到 k 时刻的后验概率密度 $p(x_k|z_{1:k})$。

由上两步求得状态变量 $x_{0:k}$ 的后验概率分布 $p(x_{0:k}|z_{1:k})$ 后,那么任意以 $x_{0:k}$ 为自变量的函数 $g(\cdot)$ 的数学期望可以表示为

$$E[g(x_{0:k})] = \int g(x_{0:k}) p(x_{0:k}|z_k) dx_{0:k} \tag{11.6}$$

由式(11.1)和式(11.4)可以得到一种求后验概率的递推方法,但这只是理论上的处理方法,实际上由于式(11.1)的积分是很难实现的,而且状态的后验概率很多情况下无法解析表达,因此不可能进行精确的分析。在某些限制性条件下,有几种可以实现的方法,如卡尔曼滤波器和网格滤波器(Arulampalam and Ristic,2000)。对许多问题,解析解是不存在的,而数值解要求高维的积分,不得不采用一些逼近方法,如 EKF、UKF、粒子滤波等方法。

11.2.2 粒子滤波器

使用卡尔曼滤波器的前提条件是系统为线性,过程噪声和量测噪声为高斯分布。这些条件在实际应用中通常很难满足。随着近年硬件计算能力的加强,出现了用数值方法来解决贝叶斯滤波的粒子滤波方法(Ford,2002)。粒子滤波是一种基于蒙特卡罗仿真的滤波算法,它摆脱了解决非线性滤波问题时随机量必须满足高斯分布的制约条件。其基本思想是利用一组带有相关权值的随机样本,以及基于这些样本的估算来表示后验概率密度。当样本数非常大时,这种估计将逼近后验概率密度。

1. 蒙特卡罗思想

粒子滤波的基本思想是基于蒙特卡罗采样仿真,假设我们能够独立从状态的后验概率分布 $p(x_k|z_{1:k})$ 中抽取 N 个样本 $\{x_{0:k}^{(i)}\}_{i=1}^{N}$,则状态后验概率密度分布可以通过下面的经验公式近似得

$$\hat{p}(x_{0:k}|z_{1:k}) = \frac{1}{N}\sum_{i=1}^{N}\delta(x - x_i) \tag{11.7}$$

式中:$\delta(\cdot)$ 为 Dirac 函数。

由式(11.7)和式(11.6)可知,对于任何关于 $g(x_{0:k})$ 的期望可以通过以下形式的估计来逼近,即

$$\overline{E[g(x_{0:k})]} = \frac{1}{N}\sum_{i=1}^{N}g(x_{0:k}^{i}) \tag{11.8}$$

由大数定律可以保证其收敛性,而且收敛性不依赖于状态维数,可以很容易应用到高维情况。

2. 贝叶斯重要性采样(BIS)

一个函数的后验分布可以用一系列离散的粒子来近似表示,近似的程度高低依赖于粒子的数量 N。通常函数的后验分布密度是无法直接得到的,而贝叶斯重要性采样定理描述了这个问题的求解方法(Moral,1998)。

贝叶斯重要性采样定理(bayesian importance sampling,BIS)是先从一个已知的,容易采样的重要性函数分布 $q(x_{0:k}|z_{1:k})$ 中采样,通过对重要性函数的采样粒子点进行加权

来近似 $p(x_{0:k}|z_{1:k})$。

对式(11.6)做一变形可得

$$E[g(x_{0:k})] = \int g(x_{0:k}) \frac{p(x_{0:k}|z_{1:k})}{q(x_{0:k}|z_{1:k})} q(x_{0:k}|z_{1:k}) dx_{0:k} \tag{11.9}$$

由贝叶斯公式可以得到下式,即

$$p(x_{0:k}|z_{1:k}) = \frac{p(z_{1:k}|x_{0:k}) p(x_{0:k})}{p(z_{1:k})} \tag{11.10}$$

将式(11.10)代入式(11.9)得

$$E[g(x_{0:k})] = \int g(x_{0:k}) \frac{p(z_{1:k}|x_{0:k}) p(x_{0:k})}{p(z_{1:k}) q(x_{0:k}|z_{1:k})} q(x_{0:k}|z_{1:k}) dx_{0:k}$$

$$= \int g(x_{0:k}) \frac{w_k(x_{0:k})}{p(z_{1:k})} q(x_{0:k}|z_{1:k}) dx_{0:k} \tag{11.11}$$

式中:$w_k(x_{0:k})$是归一化权值,即

$$w_k(x_{0:k}) = \frac{p(z_k|x_{0:k}) p(x_{0:k})}{q(x_{0:k}|z_{1:k})} \tag{11.12}$$

式中:$p(z_{1:k})$可以表示为

$$p(z_{1:k}) = \int p(z_{1:k}, x_{0:k}) dx_{0:k}$$

$$= \int \frac{p(z_{1:k}|x_{0:k}) p(x_{0:k}) q(x_{0:k}|z_{1:k})}{q(x_{0:k}|z_{1:k})} dx_{0:k} \tag{11.13}$$

$$= \int w_k(x_{0:k}) q(x_{0:k}|z_{1:k}) dx_{0:k}$$

将式(11.13)代入式(11.11)得

$$E[g(x_{0:k})] = \frac{\int [g(x_{0:k}) w_k(x_{0:k})] q(x_{0:k}|z_{1:k}) dx_{0:k}}{\int w_k(x_{0:k}) q(x_{0:k}|z_{1:k}) dx_{0:k}} \tag{11.14}$$

从重要性函数中采样后(李庆扬等,2000),数学期望近似表示为

$$\overline{E[g(x_{0:k})]} = \frac{\frac{1}{N}\sum_{i=1}^{N} g(x_{0:k}^i) w_k(x_{0:k}^i)}{\frac{1}{N}\sum_{i=1}^{N} w_k(x_{0:k}^i)} = \sum_{i=1}^{N} g(x_{0:k}^i) \widetilde{w}_k(x_{0:k}^i) \tag{11.15}$$

式中:$\widetilde{w}_k^i(x_{0:k}^i) = \dfrac{w_k[x_{0:k}^{(i)}]}{\sum\limits_{i=1}^{N} w_k[x_{0:k}^{(i)}]}$为归一化权值,$x_{0:k}^i$是从$q(x_{0:k}|z_{1:k})$中抽取的。

3. 序贯重要性采样(SIS)

重要性采样方法是一种简单常用的蒙特卡罗积分方法,还不足以用来进行递推估计。这主要是由于,估计当前时刻后验概率密度 $p(x_{0:k}|z_{1:k})$ 需要用到以往所有的观测数据 $z_{1:k}$,当获取到新的观测数据 z_{k+1} 时,需要重新计算整个状态序列的重要性权值,因此它的计算量随着时间推移而不断增加。为了解决这个问题,产生了序贯重要性采样方法,它在 $t+1$ 时刻采样时不改动过去的状态序列样本集 $\{x_{0:k}^{(i)}\}_{i=1}^{N}$,并且采用递推的形式计算重要性权值。为了对后验分布进行递推形式的估计,将上节中 BIS 算法写成序列形

式,即 SIS 算法。此时参考分布 $q(x_{0:k}|z_{1:k})$ 改写为

$$q(x_{0:k}|z_{1:k}) = q(x_k|x_{0:k-1},z_{1:k})q(x_{0:k-1}|z_{1:k-1}) \tag{11.16}$$

假设系统的观测模型服从马尔可夫过程,那么通过由 $q(x_{0:k-1}|z_{1:k-1})$ 得到的支撑点集 $x_{0:k-1}^{(i)}$ 和由 $q(x_k|x_{0:k-1},z_{1:k})$ 得到的支撑点 x_k^i,可以获得新的支撑点 $x_{0:k}^i$。则权值更新公式可以做进一步推导,将式(11.16)代入式(11.12)得

$$w_k = \frac{p(z_{1:k}|x_{0:k})p(x_{0:k})}{q(x_k|x_{0:k-1},z_{1:k})q(x_{0:k-1}|z_{1:k-1})} \tag{11.17}$$

又由式(11.12)可得

$$w_{k-1} = \frac{p(z_{1:k-1}|x_{0:k-1})p(x_{0:k-1})}{q(x_{0:k-1}|z_{1:k-1})} \tag{11.18}$$

合并式(11.17)和式(11.18)可得

$$\begin{aligned}w_k &= w_{k-1}\frac{p(z_{1:k}|x_{0:k})}{p(z_{1:k-1}|x_{0:k-1})}\frac{p(x_{0:k})}{p(x_{0:k-1})}\frac{1}{q(x_k|x_{0:k-1},z_{1:k})}\\ &= w_{k-1}\frac{p(z_k|x_k)p(x_k|x_{k-1})}{q(x_k|x_{0:k-1},z_{1:k})}\end{aligned} \tag{11.19}$$

进一步,如果状态估计的过程是最优估计,则重要性函数概率密度分布只依赖于 x_{k-1} 和 z_k,即

$$q(x_k|x_{0:k-1},z_k) = q(x_k|x_{k-1},z_k) \tag{11.20}$$

进行抽样之后,对每个粒子赋予权值 w_k^i,得

$$w_k^i = w_{k-1}^i\frac{p(z_k|x_k^i)p(x_k^i|x_{k-1}^i)}{q(x_k^i|x_{k-1}^i,z_k)} \tag{11.21}$$

重要性函数 $q(x_k|x_{k-1}^i,z_k)$ 的选择是一个非常关键的问题,选取原则之一就是使得重要性权值的方差最小。选取以下重要性函数可以满足重要性权值方差最小的原则 (Doucet et al. ,2000),即

$$q(x_k|x_{k-1}^i,z_k)_{opt} = p(x_k|x_{k-1}^i,z_k) \tag{11.22}$$

在这种选择下,重要性函数 $q(x_k|x_{k-1}^i,z_k)$ 等于真实分布,则对于任意粒子 x_{k-1}^i,都有权重 $w_{k-1}^i = 1/N, \mathrm{Var}(w_k^i) = 0$,此时有

$$w_k^i = w_{k-1}^i \int p(z_k|x_k')p(x_k'|x_{k-1}^i)\mathrm{d}x_k' \tag{11.23}$$

但上述重要性函数的最优选择方法有两个严重缺陷,首先无法直接从最优分布上采样,其次上式积分一般无法求解。

因此最常见的参考分布选择为先验密度,即

$$q(x_k|x_{k-1}^i,z_k) = p(x_k|x_{k-1}^i) \tag{11.24}$$

代入式(11.21)得

$$w_k^i = w_{k-1}^i p(z_k|x_k^i) \tag{11.25}$$

这种重要性函数尽管不是最优的,但是较容易实现。

4. 退化现象

理想情况下重要性函数应当是后验分布本身 $p(x_{0:k}|z_{1:k})$。对于形如式(11.16)的重要性函数,Doucet 等(2000)研究表明重要性权重的方差会随着时间而不断增大。重要性

权重方差增大对于精度有不利的影响,并且导致了 SIS 算法的一个通病:退化现象。在实际应用中这意味着经过一定的迭代步骤,许多粒子的权重变得非常小,只有少数几个粒子具有较大权值,大量的计算负担用于更新对后验概率 $p(x_{0:k}|z_{1:k})$ 的计算贡献几乎为零的粒子。退化现象在 SIS 算法中是不可避免的,因此是序贯蒙特卡罗方法发展中的一个主要的绊脚石。

一种有效量测粒子退化程度的方法是计算有效采样粒子数 N_{eff}(Kong et al.,1994),其计算公式为

$$N_{eff} = \frac{N}{1 + \mathrm{Var}(w_k^{*i})} \qquad (11.26)$$

式中:$w_k^{*i} = p(x_k^i|z_{1:k})/q(x_k^i|x_{k-1}^i,z_k)$ 作为真实权重,N_{eff} 很难精确计算,但是其估计值 $\hat{N}_{eff}$ 通过下式可以计算得出,即

$$\hat{N}_{eff} = \frac{1}{\sum_{i=1}^{N}(\widetilde{w}_k^i)^2} \qquad (11.27)$$

式中:$\widetilde{w}_k^i$ 为归一化权重。可以验证,在范围内有两种极限情况:①当权重为均匀分布时(即 $\widetilde{w}_k^i = \frac{1}{N}$,$\forall i = 1, \cdots, N$),有效粒子数为 $\hat{N}_{eff} = N$;②当有且仅有一个粒子权重为 1,而其余粒子权重为 0 时,$\hat{N}_{eff} = 1$。较小的有效粒子数意味着较严重的粒子退化现象,反之亦然。当有效粒子数 $\hat{N}_{eff}$ 小于一定的阈值 N_{thr} 时,可以认为发生了比较严重的粒子退化现象。

解决粒子退化问题一般采用重采样方法,其基本思想是通过对后验概率密度再采样 Ns 次,产生新的粒子点集 $(x_{0:k}^j)_{j=1}^{Ns}$,在采样过程中保留或复制具有较大权重的粒子,剔除掉权重较小的粒子,使得原来的带权样本集 $\{x_{0:k}^i, \widetilde{w}_{0:k}^i\}$ 映射为等权重样本集 $\{x_{0:k}^j, Ns^{-1}\}$,这样式(11.15)变化为

$$\overline{E[g(x_{0:k})]} = \frac{1}{Ns}\sum_{j=1}^{Ns} g(x_{0:k}^{ji}) \qquad (11.28)$$

另外,解决退化现象的方法还有残差重采样算法(residual resampling)、多项式重采样算法(systematic resampling)等。在实际应用中,残差重采样算法速度要比随机重采样算法快,且能有效减少粒子分布的方差。

基本粒子滤波算法描述:

第一步,$t-1$ 时刻量测更新。$t-1$ 时刻的先验概率由 N 个权值均等的预测粒子近似表示,粒子集为 $\{\widetilde{x}_{t-1}^i, N^{-1}\}_{i=1}^N$。获得了当前时刻的系统量测 z_t 后,重新计算每个粒子 $\{\widetilde{x}_t^i\}_{i=1}^N$ 的权重 $\widetilde{w}_t^i = w_{t-1}^i \frac{p(z_t|x_t^i)p(x_t^i|x_{t-1}^i)}{q(x_t^i|x_{t-1}^i,z_t)}$。与实际量测较符合的粒子(即波峰处的粒子)被赋予较大的权值(图中用较大的粒子面积来表示),而与实际量测偏离的粒子(即波谷处的粒子)被赋予较小的权值(图中用较小的粒子面积来表示)。

归一化粒子权值:$\widetilde{w}_t^i = \dfrac{w_t}{\sum\limits_{i=1}^{N} w_t}$

第二步,粒子重采样。

计算有效粒子：$\hat{N}_{\mathrm{eff}} = \dfrac{1}{\sum_{i=1}^{N}(\widetilde{w}_k^i)^2}$

如果 $\hat{N}_{\mathrm{eff}} < N_{\mathrm{thr}}$，那么重采样新的粒子集 $\{\widetilde{x}_t^i, N^{-1}\}_{i=1}^{N}$。

权值大的粒子衍生出较多的"后代"粒子（被复制的次数较多），而权值小的粒子相应的"后代"粒子也较少（被复制的次数较少，某些权重很小的被剔除），并且"后代"粒子的权值被重新设置为均等的 N^{-1}。

第三步，t 时刻系统状态转移。利用系统状态转移方程来预测每个粒子在 t 时刻的状态。

第四步，t 时刻量测更新。同第一步。

5. 粒子滤波存在的问题

粒子滤波器还存在两个难以解决的问题。

(1)采样枯竭（Ristic et al.，2004）。尽管重采样在一定程度上解决了退化问题，但它却引来了其他问题。首先，由于所有的粒子必须集中到一起，所以它限制了并行化执行的可能；其次，重采样是根据权值大小来进行的，这就导致权值较大的粒子被复制了多次，进而导致粒子之间多样性的损失，这就是采样枯竭问题。在过程噪声较小的情况下这个问题非常严重。采样枯竭常常导致经过有限次迭代过程所有的粒子都收缩到单个点上。

(2)重要性函数的选择（Godsill and Clapp，2000）。目前最常见的重要性函数选取方法是令 $q(x_k|x_{0:k-1},z_k) \sim p(x_k|x_{k-1})$。这种方法很显然丢失了 k 时刻的观测值，使状态变量严重依赖于动态模型。如果动态模型不能准确描述状态转移，或者观测噪声突然增大，则这种重要性函数不能有效表示真实分布。同时在这种分布下，计算权重时没有考虑系统的过程噪声，因此考虑在样本产生后，先用当前时刻的观测对样本进行更新，然后再进行重采样。但是现有的方法在更新样本时必须对系统状态方程线性化，这使得粒子滤波器没有从根本上绕开线性化的问题。

11.3 粒子滤波检测前跟踪框架

粒子滤波算法由于能够解决非线性非高斯状态滤波问题，已被广泛应用于目标跟踪、机器人定位、导航和金融等领域。一些学者在深入研究的基础上，将粒子滤波思想引入弱小目标检测前跟踪领域，以解决低信噪比小目标的检测和跟踪问题（程建等，2006；康莉等，2007；凌建国等，2007；于勇和郭雷，2008）。粒子滤波检测前跟踪框架包括两种主要的方法：其一是由英国学者 Salmond 带领的团队推导得出的，简称为 Salmond-TBD 框架（Salmond and Birch，2001；Boers and Dviessen，2001；Boers，2003）；其二是由澳大利亚学者 Rutten 带领的团队推导得出的，简称为 Rutten-TBD 框架（Rutten et al.，2004；Rutten et al.，2005a；Samuel and Rutten，2007；Samuel et al.，2008）。两套框架的主要区别在于：一是对粒子目标存在状态的建模不同；二是对目标检测概率的推导方式不同。对于粒子目标存在状态，Salmond 框架根据相邻时刻粒子目标存在状态，将粒子分为目标出现粒子、目标消失粒子、目标连续存在粒子和目标连续不存在粒子四类，分别进行状态转移和权值更新;而 Rutten 框架只考虑了目标出现粒子和目标连续存在粒子两类。对于目标检测概率的推导方式,Salmond 框架将重采样后的粒子集中目标存在状态的粒子占所有粒子的比例近似作为检测概率;而 Rutten 框架则用解析的方法直接计算出目标存在的检测概率,从原理上更为精确。

11.3.1 粒子滤波 TBD 算法解决目标检测跟踪问题的思路

在红外弱小目标检测和跟踪问题中,传感器获取数据的背景像素可看作是具有未知分布的随机噪声,要检测的目标为信号,从背景中检测出运动目标可以建模为从噪声中检测出信号并估计其状态的问题。粒子滤波通过随机采样得到粒子集,每个粒子代表系统的一种可能状态,可以得到状态的最优估计,并且不受模型的线性和高斯假设约束,适用于任意非线性非高斯动态系统。因此,粒子滤波 TBD 框架解决弱小目标检测跟踪问题的思路是使用混合状态滤波来估计运动目标的检测概率及其运动特征。描述目标信号的状态 s_k 可以使用包括目标自身特征如亮度、直方图和图像矩等,以及目标的运动特征(如坐标、速度、加速度等)。同时,可以用二值变量 E_k 来表征目标是否处于检测区域的图像内。信号处于噪声之中,目标是否出现,其状态如何是不确定的,可以用初始分布 $p_0(s_0, E_0)$ 来描述。同时对目标的动态过程及与传感器之间的量测关系进行建模,分别建立状态转移概率和量测似然函数。在获取到量测数据的情况下,通过贝叶斯滤波过程可以计算出每一个时刻目标状态的后验概率分布 $p_k(s_k, E_k | Z_{1:k})$。当目标存在概率 $p_k(E_k | Z_{1:k})$ 大于一定的阈值时,可以判定传感器检测区域中出现了目标,并进一步估计出目标的状态均值 $E[p_k(s_k | E_k, Z_{1:k})]$。

1. 目标模型

假设目标在 k 时刻的状态为 s_k,向量 s_k 的元素可以表示为 x 和 y 方向上目标的坐标、运动速度及目标的亮度幅值等。如果目标出现在传感器视场中,则其离散形式的动态模型为

$$s_k = f(s_{k-1}, v_k) \tag{11.29}$$

式中:$f(\cdot)$ 为系统动态函数;v_k 为服从某个已知分布的系统噪声。

二值目标存在状态可以表示为 $E_k \in \{e, \bar{e}\}$。其中,e 为 k 时刻目标出现在检测视场内,$\bar{e}$ 为目标没有出现在检测视场内,同时 E_k 服从一阶 Markov 转移过程。因此,可定义 k 时刻目标开始出现及突然消失时 E_k 的转移概率,为

$$P_b \triangleq P(E_k = e | E_{k-1} = \bar{e}) \tag{11.30}$$

$$P_d \triangleq P(E_k = \bar{e} | E_{k-1} = e) \tag{11.31}$$

则目标连续出现及目标连续未出现时的转移概率为

$$P(E_k = e | E_{k-1} = e) = 1 - P_d \tag{11.32}$$

$$P(E_k = \bar{e} | E_{k-1} = \bar{e}) = 1 - P_b \tag{11.33}$$

即可得出状态 E_k 的转移概率矩阵,即

$$\boldsymbol{\pi} = \begin{bmatrix} 1 - P_b & P_b \\ P_d & 1 - P_d \end{bmatrix} \tag{11.34}$$

可以看出,式(11.29)描述了目标在 $k-1$ 及 k 时刻连续出现时状态 s_k 转移的情况,即知道了状态的转移概率 $p(s_k|s_{k-1},E_k=e,E_{k-1}=e)$。若目标在 $k-1$ 时刻未出现,不能应用式(11.29)获得 k 时刻的状态,此时,需要给出目标状态的初始分布 $p(s_k|E_k=e, E_{k-1}=\bar{e})$,可以假设服从状态空间中的均匀分布。

2. 量测模型

假设仿真系统采用凝视光学传感器对 $X\text{-}Y$ 平面上的区域进行扫描,传感器含有 $N \times M$ 个矩形分辨单元,像元分辨率为 $\Delta x \times \Delta y$。粒子滤波检测前跟踪框架认为每一时刻采集到的整幅图像可以表达每一个粒子的量测,因此,在每一个时刻传感器完整的量测可以定义为

$$Z(k)=\{z_{ij}(k):i=1,\cdots,N,j=1,\cdots,M\}$$

式中:$z_{ij}(k)$ 为 k 时刻像素 (i,j) 的亮度值;$Z_{1:k}=\{Z_1,Z_2,\cdots Z_k\}$ 代表了 $1\sim k$ 时刻的历史量测数据。图 11.1 为整幅图像作为每个粒子量测的示意图。

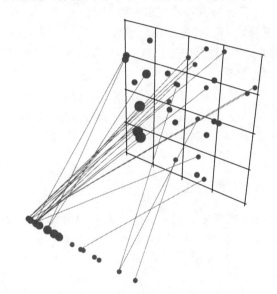

图 11.1　粒子图像量测示意图

对于每一个像素的量测模型可以表达为

$$z_{ij}(k)=I_{ij}[k|(x,y)]+n_{ij}(k) \tag{11.35}$$

式中:$I_{ij}[k|(x,y)]$ 为采样时刻当目标位于 (x,y) 时,单元 (i,j) 处传感器接收的信号亮度;$n_{ij}(k)$ 为加性量测噪声,并符合已知分布 $p_{n_{ij}}(\cdot)$。

将目标用扩展模型进行建模,点源目标对周围像素的贡献可以用截断高斯点扩散函数进行建模,即

$$I_{ij}[k|(x,y)]=\frac{I_k\Delta x\Delta y}{2\pi\Sigma^2}\exp\left[-\frac{(i\Delta x-x)^2+(j\Delta y-y)^2}{2\Sigma^2}\right] \tag{11.36}$$

式中:参数 Σ 代表模糊度。

量测图像帧与帧之间、像素与像素之间的噪声过程相互独立,则 k 时刻量测的似然度函数可以表示为

$$p(Z_k \mid s_k, E_k) = \begin{cases} p(Z_k \mid s_k, E_k = e) = \prod_{i,j \in C(x)} p_{n_{ij}} \{z_{ij}(k) - I_{ij}[k \mid (x,y)]\} \prod_{i,j \notin C(x)} p_{n_{ij}}[z_{ij}(k)] \\ p(Z_k \mid E_k = \bar{e}) = \prod_{i=1}^{N} \prod_{j=1}^{M} p_{n_{ij}}[z_{ij}(k)] \end{cases}$$

$$(11.37)$$

式中: $C(x)$ 为受目标影响的像素的坐标。

在实际的工程计算中,可以用量测似然度比值的形式来简化计算,即

$$l[z_{ij}(k)] = p_{n_{ij}} \{z_{ij}(k) - I_{ij}[k \mid (x,y)]\} / p_{n_{ij}}[z_{ij}(k)] \qquad (11.38)$$

式(11.38)表示量测亮度 $z_{ij}(k)$ 包含了目标和噪声,则似然度量测式(11.37)转化为以下似然度比值的形式,即

$$L(Z_k \mid x_k, E_k) = \begin{cases} \prod_{i,j \in C(x)} l[z_{ij}(k)], E_k = e \\ 1, E_k = \bar{e} \end{cases} \qquad (11.39)$$

除了量测似然度函数,TBD 框架推导过程中其他函数的似然度比值可表示为如下形式,即

$$L(\cdot) = \frac{P(\cdot)}{P(Z_k \mid E_k = \bar{e})} \qquad (11.40)$$

11.3.2　Salmond TBD 框架

1. Salmond TBD 框架的公式推导

若 k 时刻目标未出现,即 $E_k = \bar{e}$,不定义目标的状态;当 $E_k = e$ 时,目标出现,则目标联合状态 (s_k, E_k) 的预测概率密度函数 $p(s_k, E_k \mid Z_{1:k-1})$ 可展开为

$$p(s_k, E_k = e \mid Z_{1:k-1}) = \sum_{E_{k-1} \in \{e, \bar{e}\}} p(s_k, E_k = e, E_{k-1} \mid Z_{1:k-1}) \qquad (11.41)$$

式中

$$p(s_k, E_k = e, E_{k-1} = e \mid Z_{1:k-1})$$
$$= \int p(s_k, E_k = e \mid s_{k-1}, E_{k-1} = e, Z_{1:k-1}) p(s_{k-1}, E_{k-1} = e \mid Z_{1:k-1}) \mathrm{d}s_{k-1}$$

$$(11.42)$$

式(11.42)又可进一步分解为

$$p(s_k, E_k = e \mid s_{k-1}, E_{k-1} = e, Z_{1:k-1}) \qquad (11.43)$$
$$= p(s_k \mid s_{k-1}, E_k = e, E_{k-1} = e) P(E_k = e \mid E_{k-1} = e)$$

式中:状态的转移概率 $p(s_k \mid s_{k-1}, E_k = e, E_{k-1} = e)$ 由目标状态模型式(11.29)给出,式(11.32)给出了目标连续出现状态的转移概率 $P(E_k = e \mid E_{k-1} = e)$,与目标 $k-1$ 之前时刻的量测无关。

式(11.41)中的另外一项

$$p(s_k, E_k = e, E_{k-1} = \bar{e} \mid Z_{1:k-1})$$
$$= \int p(s_k, E_k = e \mid s_{k-1}, E_{k-1} = \bar{e}, Z_{1:k-1}) p(s_{k-1}, E_{k-1} = \bar{e} \mid Z_{1:k-1}) \mathrm{d}s_{k-1}$$

$$(11.44)$$

而

$$p(\boldsymbol{s}_k, E_k = e \mid \boldsymbol{s}_{k-1}, E_{k-1} = \bar{e}, Z_{1:k-1}) = p(\boldsymbol{s}_k \mid \boldsymbol{s}_{k-1}, E_k = e, E_{k-1} = \bar{e}) P_b \qquad (11.45)$$

式中：$p(\boldsymbol{s}_k \mid \boldsymbol{s}_{k-1}, E_k = e, E_{k-1} = \bar{e})$ 为目标开始出现时的初始分布，为已知的。

则贝叶斯框架下的更新过程为

$$p(\boldsymbol{s}_k, E_k \mid Z_{1:k}) = \frac{p(z_k \mid \boldsymbol{s}_k, E_k = e) \, p(\boldsymbol{s}_k, E_k = e \mid z_{1:k-1})}{p(z_k \mid z_{1:k-1})} \qquad (11.46)$$

式中：$p(\boldsymbol{s}_k, E_k = e \mid z_{1:k-1})$ 由式(11.41)至式(11.44)的预测过程给出。

2. Salmond TBD 框架算法实现

Salmond TBD 框架的算法具体实现步骤如下所述(图11.2)。

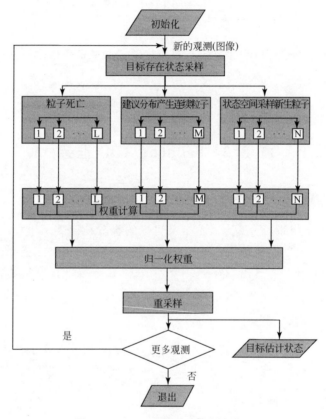

图 11.2　Salmond TBD 算法流程图

1)初始化

初始时刻设定目标不存在,即 $\{E_0^i = \bar{e}\}_{i=1}^N$,所有粒子的状态均不定义,所有粒子的权重为 $\{w_0^i = 1/N\}_{i=1}^N$。

2)目标存在状态转移

给定目标当前时刻出现的概率 P_b,对当前时刻每个粒子的目标存在状态在状态空间中进行随机采样,得到 $\{E_k^i\}_{i=1}^N$。采样过程为,取 $r_i \sim U[0,1]$,如果 $E_{k-1}^i = \bar{e}$,即上一时刻该粒子的目标存在状态为不存在,则当 $r_i < P_b$ 时,$E_k^i = e$,表明当前时刻目标也不存在;否

则 $E_k^i = e$,表明当前时刻目标突然出现。如果 $E_{k-1}^i = e$,即上一时刻该粒子的目标存在状态为存在,则当 $r_i < P_d$ 时,$E_k^i = \bar{e}$,表明当前时刻目标突然消失;否则 $E_k^i = e$,表明当前时刻目标仍然存在。

3)目标特征状态时间更新

对于每一个粒子,

(1)如果 $E_{k-1}^i = \bar{e}$,$E_k^i = e$,则从目标特征状态的初始分布随机采样粒子的状态,即 $s_k \sim U[u_1, u_2]$;

(2)如果 $E_{k-1}^i = e$,$E_k^i = e$,则根据目标特征状态的状态转移函数对 s_k 进行时间更新,$s_k = f(s_{k-1}, v_k)$;

(3)如果 $E_{k-1}^i = e$,$E_k^i = \bar{e}$,或者 $E_{k-1}^i = \bar{e}$,$E_k^i = \bar{e}$,则当前时刻的目标特征状态不定义。

4)目标特征状态量测更新

根据式(11.47)计算粒子的似然度比权重,即

$$
\widetilde{w}_k^i = L(Z_k \mid s_k, E_k) = \begin{cases} \prod_{i,j \in C(x)} l[z_{ij}(k)], E_k^i = e \\ 1, E_k^i = \bar{e} \end{cases} \tag{11.47}
$$

进行权重归一化,有

$$
w_k^i = \frac{\widetilde{w}_k^i}{\sum_{i=1}^{N} \widetilde{w}_k^i} \tag{11.48}
$$

5)重采样

计算有效粒子数,如果 $\hat{N}_{\mathrm{eff}} < N_{\mathrm{thr}}$,那么重采样新的粒子集 $\{s_k^i, E_k^i, N^{-1}\}_{i=1}^{N}$。

6)输出检测跟踪结果

统计 k 时刻目标出现状态 $E_k^i = e$ 的粒子个数占所有粒子数的比例,作为目标出现的概率,即

$$
\hat{p}(E_k^i = e \mid z_{1:k}) = \frac{\sum_{i=1}^{N} E_k^i}{N}。
$$

当 $\hat{p}(E_k^i = e \mid z_{1:k})$ 大于某一设定阈值 p_T 时,可以判定检测到目标,这时可以估计目标的特征状态,即

$$
\hat{s}_k = \sum_{i=1}^{N} s_k^i \cdot w_k^i \tag{11.49}
$$

11.3.3 Rutten TBD 框架

1. Rutten TBD 框架的公式推导

混合状态 (s_k, E_k) 的后验概率密度 $p(s_k, E_k \mid Z_{1:k})$ 可表示为

$$
p(s_k, E_k \mid Z_{1:k}) = p(s_k \mid E_k, Z_{1:k}) p(E_k \mid Z_{1:k}) \tag{11.50}
$$

如式(11.50)表示那样,要得到 $p(s_k, E_k \mid Z_{1:k})$ 就需要分别计算状态 s_k 的后验概率密度 $p(s_k \mid E_k, Z_{1:k})$ 和目标出现状态 E_k 的后验概率密度 $p(E_k \mid Z_{1:k})$。由于 $p(E_k = \bar{e} \mid Z_{1:k})$

$=1-p(E_k=e\,|\,Z_{1:k})$，而且如果 k 时刻目标没有出现，$p(s_k\,|\,E_k=\bar{e},Z_{1:k})$ 值没有实际的物理意义，所以，只需计算 $E_k=e$ 时状态的后验概率密度 $p(s_k\,|\,E_k=e,Z_{1:k})$ 及目标出现概率 $p(E_k\,|\,Z_{1:k})$。

1）目标特征状态的后验概率密度

将 k 时刻目标出现时的状态后验概率密度 $p(s_k\,|\,E_k=e,Z_{1:k})$ 展开为

$$p(s_k\,|\,E_k=e,Z_{1:k})=\sum_{E_{k-1}\in\{e,\bar{e}\}}p(s_k\,|\,E_k=e,E_{k-1},Z_{1:k})p(E_{k-1}\,|\,E_k=e,Z_{1:k})$$

(11.51)

对式(11.51)由贝叶斯理论，得

$$\begin{aligned}p(s_k\,|\,E_k=e,E_{k-1},Z_{1:k})&=\frac{p(z_k\,|\,s_k,E_k=e,E_{k-1},z_{1:k-1})p(s_k\,|\,E_k=e,E_{k-1},z_{1:k-1})}{p(z_k\,|\,E_k=e,E_{k-1},z_{1:k-1})}\\&=\frac{L(z_k\,|\,s_k,E_k=e)p(s_k\,|\,E_k=e,E_{k-1},z_{1:k-1})}{L(z_k\,|\,E_k=e,E_{k-1},z_{1:k-1})}\\&\propto L(z_k\,|\,s_k,E_k=e)p(s_k\,|\,E_k=e,E_{k-1},z_{1:k-1})\end{aligned}$$

(11.52)

现对预测概率密度函数 $p(s_k\,|\,E_k=e,E_{k-1},Z_{1:k-1})$ 分两种情况进行讨论。

(1) $k-1$ 和 k 时刻目标连续出现：假设已经知道 $k-1$ 时刻目标状态的后验概率 $p(s_{k-1}\,|\,E_{k-1},Z_{1:k-1})$，根据状态方程式(11.29)，得 k 时刻状态的预测概率密度

$$\begin{aligned}&p(s_k\,|\,E_k=e,E_{k-1}=e,z_{1:k-1})\\&=\int p(s_k\,|\,s_{k-1},E_k=e,E_{k-1}=e)p(s_{k-1}\,|\,E_{k-1}=e,z_{1:k-1})\mathrm{d}s_{k-1}\end{aligned}$$

(11.53)

(2) $k-1$ 时刻目标没有出现：运动状态的先验概率密度服从初始分布，即

$$p(s_k\,|\,E_k=e,E_{k-1}=e,z_{1:k-1})=p(s_k\,|\,E_k=e,E_{k-1}=\bar{e})$$

(11.54)

似然比 $L(z_k\,|\,e_k,\bar{e}_{k-1})$ 可由式(11.39)给出。

式(11.51)中的第二项可以称为混合项，由贝叶斯理论推导得

$$\begin{aligned}P(E_{k-1}\,|\,E_k,z_{1:k})&=\frac{p(E_k=e,z_k\,|\,E_{k-1},z_{1:k-1})p(E_{k-1}\,|\,z_{1:k-1})}{p(z_k,E_k=e\,|\,z_{1:k-1})}\\&=\frac{L(z_k\,|\,E_k=e,E_{k-1},z_{1:k-1})p(E_k=e\,|\,E_{k-1})p(E_{k-1}\,|\,z_{1:k-1})}{L(z_k,E_k=e\,|\,z_{1:k-1})}\\&\propto L(z_k\,|\,E_k,E_{k-1},z_{1:k-1})p(E_k=e\,|\,E_{k-1})p(E_{k-1}\,|\,z_{1:k-1})\end{aligned}$$

(11.55)

式中：$p(E_{k-1}\,|\,z_{1:k-1})$ 为 $k-1$ 时刻目标出现概率；$p(E_k=e\,|\,E_{k-1})$ 为目标出现状态转移概率，参见式(11.30)和式(11.31)；混合参数 $L(z_k\,|\,E_k,E_{k-1},z_{1:k-1})$ 可以表示为

$$L(z_k\,|\,E_k=e,E_{k-1},z_{1:k})=\int L(z_k\,|\,s_k,E_k=e)p(s_k\,|\,E_k=e,E_{k-1},z_{1:k-1})\mathrm{d}s_{k-1}$$

(11.56)

归一化项 $L(z_k,E_k=e\,|\,z_{1:k-1})$ 可以表示为

$$L(z_k,E_k=e\,|\,z_{1:k-1})=\sum_{E_{k-1}=\{e,\bar{e}\}}L(z_k\,|\,E_k=e,E_{k-1},z_{1:k-1})p(E_k=e\,|\,E_{k-1})p(E_{k-1}\,|\,z_{1:k-1})$$

(11.57)

2）当前时刻目标存在概率

根据贝叶斯原理，目标出现概率 $p(E_k=e\mid Z_{1:k})$ 可以分解为

$$p(E_k=e\mid z_{1:k})=p(E_k=e,E_{k-1}=e\mid z_{1:k})+p(E_k=e,E_{k-1}=\bar{e}\mid z_{1:k}) \qquad (11.58)$$

式中：$p(E_k=e,E_{k-1}=e\mid z_{1:k})$ 为连续时刻目标都存在的概率；$p(E_k=e,E_{k-1}=\bar{e}\mid z_{1:k})$ 为当前时刻目标突然出现的概率。以上两项进一步分解为

$$p(E_k=e,E_{k-1}=e\mid z_{1:k})=\frac{L(z_k\mid E_k=e,E_{k-1}=e,z_{1,k-1})p(E_k=e\mid E_{k-1}=e)p(E_{k-1}=e\mid z_{1,k-1})}{L(z_{1:k})}$$

$$\propto L(z_k\mid\mid E_k=e,E_{k-1}=e,z_{1:k-1})(1-P_d)P_{k-1}^e \qquad (11.59)$$

$$p(E_k=e,E_{k-1}=\bar{e}\mid z_{1:k})=\frac{L(z_k\mid E_k=e,E_{k-1}=\bar{e})p(E_k=e\mid E_{k-1}=\bar{e})p(E_{k-1}=\bar{e}\mid z_{1:k-1})}{L(z_{1:k})}$$

$$\propto L(z_k\mid\mid E_k=e,E_{k-1}=\bar{e})P_b[1-P_{k-1}^e] \qquad (11.60)$$

则

$$p(E_k=e\mid z_{1:k})$$

$$\propto L(z_k\mid\mid E_k=e,E_{k-1}=e,z_{1:k-1})(1-P_d)P_{k-1}^e+L(z_k\mid\mid E_k=e,E_{k-1}=\bar{e},z_{1:k-1})P_b[1-P_{k-1}^e]$$

$$(11.61)$$

同理，对当前时刻目标不存在的概率也可以进行推导，得出

$$p(E_k=\bar{e}\mid Y_{1:k})\propto P_d P_{k-1}^e+(1-P_b)[1-P_{k-1}^e] \qquad (11.62)$$

则经过归一化的当前时刻目标存在的概率可以表示为

$$P_k^e=\frac{p(E_k=e\mid Y_{1:k})}{p(E_k=e\mid Y_{1:k})+p(E_k=\bar{e}\mid Y_{1:k})} \qquad (11.63)$$

2. Rutten TBD 框架算法实现

Rutten TBD 框架将粒子分为目标连续存在粒子和目标新生粒子两部分，两部分均有固定的粒子数，并分别对其状态进行时间更新和量测更新（图11.3）。

1）初始化

设有 N_c 个目标连续存在粒子，对于这部分粒子从目标特征状态的初始分布随机采样粒子的状态，即 $s_0^c\sim U[u_1,u_2]$；所有粒子的权重为 $\{w_0^{c,(i)}=1/N_c\}_{i=1}^{N_c}$；设有 N_b 个目标新生粒子，初始时刻这部分粒子的状态均不定义，所有粒子的权重为 $\{w_0^{b,(i)}=1/N_b\}_{i=1}^{N_b}$。

2）目标连续存在粒子的时间和量测更新

（1）根据目标特征状态的状态转移函数对 s_k^c 进行时间更新，$s_k^c=f(s_{k-1}^c,v_k)$；

（2）对粒子进行量测更新，计算权重，得

$$\overline{w}_k^{(c)n}\propto\frac{1}{N_c}L[Y_k\mid x_k^{(c)n}] \qquad (11.64)$$

（3）归一化，得 $w_k^{(c)n}$。

3）目标新生粒子的时间和量测更新

（1）从目标特征状态的初始分布随机采样目标新生粒子的状态，即 $s_k^b\sim U[u_1,u_2]$；

（2）对粒子进行量测更新，计算权重，得

$$\overline{w}_k^{(b)n}=\frac{L[Y_k\mid s_k^{(c)n}]}{N_b V_T q[s_k^{(b)n}\mid E_k=e,E_{k-1}=e,y_k]} \qquad (11.65)$$

(3)归一化,得 $w_k^{(b)n}$。

4)计算混合项

(1)上一时刻目标存在混合项,即

$$\overline{M}_c = (1 - p_d)P(E_{k-1} = e \mid y_{1:k-1}) \sum_{i=1}^{N_c} \overline{w}_k^{c,(i)} \tag{11.66}$$

(2)上一时刻目标不存在混合项,即

$$\overline{M}_b = p_b P(E_{k-1} = \overline{e} \mid y_{1:k-1}) \sum_{i=1}^{N_b} \overline{w}_k^{b,(i)} \tag{11.67}$$

(3)对 $\overline{M}_c$ 和 $\overline{M}_b$ 归一化,得

$$P(E_{k-1} = e \mid E_k, y_{1:k}) = M_c = \frac{\overline{M}_c}{(\overline{M}_c + \overline{M}_b)} \tag{11.68}$$

$$P(E_{k-1} = \overline{e} \mid E_k, y_{1:k}) = M_b = \frac{\overline{M}_b}{(\overline{M}_c + \overline{M}_b)} \tag{11.69}$$

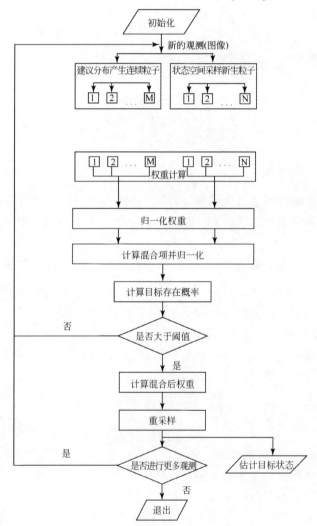

图 11.3 Rutten-TBD 算法流程图

5）计算目标出现概率

$$P_k^e = \frac{(1-p_d)P_{k-1}^e \sum\limits_{i=1}^{N_c} \overline{w}_k^{c,i} + p_b[1-P_{k-1}^e] \sum\limits_{i=1}^{N_b} \overline{w}_k^{b,i}}{(1-p_d)P_{k-1}^e \sum\limits_{i=1}^{N_c} \overline{w}_k^{c,i} + p_b[1-P_{k-1}^e] \sum\limits_{i=1}^{N_b} \overline{w}_k^{b,i} + p_d P_{k-1}^e + (1-p_b)[1-P_{k-1}^e]}$$

(11.70)

6）状态估计

如果 P_k^e 大于某一概率阈值 p_T 时，判定检测到目标，然后对目标特征状态进行估值：

（1）计算混合后的权重，有

$$\hat{w}_k^{c,i} = M_c w_k^{c,i} \qquad (11.71)$$

$$\hat{w}_k^{b,i} = M_b w_k^{b,i} \qquad (11.72)$$

（2）重采样。将 N_c 个目标连续存在粒子和 N_b 个目标新生粒子合并起来进行重采样得到 N_c 个新的粒子，作为目标连续存在粒子构成目标状态的近似后验概率密度函数，即

$$\{\boldsymbol{s}_k^{(j)i}, \hat{w}_k^{(j)i} \mid i \in \{1, \cdots, N_j\}, j \in \{c, b\}\} \rightarrow \{\boldsymbol{s}_k^i, \hat{w}_k^i \mid i \in \{1, \cdots, N_c\}\}.$$

（3）计算目标状态估值，即

$$\hat{\boldsymbol{s}}_k = \sum_{i=1}^{N} \boldsymbol{s}_k^i \cdot w_k^i$$

11.3.4 仿真效果

将 Salmond 和 Rutten 两种粒子滤波检测前跟踪算法应用到 20 帧仿真图像数据中以检验它们性能。设目标的运动模型为协同转弯模型（CT）（赵艳丽等，2003；李涛等，2005；李菲和潘平俊，2007；王华楠等，2008；彭冬亮等，2008；孙福明等，2008），图像大小为 20×20，$\Delta x = \Delta y = 1$，采样拍数 $T = 1$。

$$\begin{bmatrix} x \\ \dot{x} \\ y \\ \dot{y} \\ \omega \end{bmatrix}_k = \begin{bmatrix} 1 & \dfrac{\sin(\omega T)}{\omega} & 0 & -\dfrac{1-\cos(\omega T)}{\omega} & 0 \\ 0 & \cos(\omega T) & 0 & -\sin(\omega T) & 0 \\ 0 & \dfrac{1-\cos(\omega T)}{\omega} & 1 & \dfrac{\sin(\omega T)}{\omega} & 0 \\ 0 & \sin(\omega T) & 0 & \cos(\omega T) & 0 \\ 0 & 0 & 0 & 0 & 1 \end{bmatrix} \begin{bmatrix} x \\ \dot{x} \\ y \\ \dot{y} \\ \omega \end{bmatrix}_{k-1} + \begin{bmatrix} \dfrac{1}{2}T^2 & 0 & 0 \\ T & 0 & 0 \\ 0 & \dfrac{1}{2}T^2 & 0 \\ 0 & T & 0 \\ 0 & 0 & T \end{bmatrix} \begin{bmatrix} w_1 \\ w_2 \\ w_3 \end{bmatrix}_k$$

(11.73)

式中：$\boldsymbol{s}_k = [x, \dot{x}, y, \dot{y}, \omega]$ 为目标的状态向量，分别代表目标在 X-Y 平面的横坐标、横向分速度、纵坐标和纵向分速度；T 为采样间隔；$\boldsymbol{W}_k = [w_1, w_2, w_3]$ 为系统过程噪声，服从已知分布；设定仿真目标为点源目标，其亮度幅值 I_k 在采样间隔间波动，并符合如下波动模型（Tonissen and Bar-shalom，1998），即

$$I_k = \alpha_T I_{k-1} + (1-\alpha_T)I_T + \nu(k) \qquad (11.74)$$

式中：$I_0 \sim N(I_T, \sigma_T^2)$，$I_T$ 为目标亮度较为可能的均值；α_T 为连续观测时间目标亮度幅值的相关度，取值接近 1，并随着采样间隔 T 的增大而减小，或者减小而增大。噪声分布符

合 $\nu(k) \sim N(0,(1-\alpha_T^2)\sigma_T^2)$。

已知噪声的量测模型符合零均值高斯分布 $p_N(y_{ij}|x) = N(y_{i,j};0,\sigma^2)$，则目标出现位置的亮度幅值分布符合以该位置亮度幅值为均值的高斯分布 $p_{S+N}(y_{ij}|x) = N(y_{i,j};I,\sigma^2)$，则量测似然比通过推导可以表示为

$$q(p) \propto \begin{cases} \exp\left[\dfrac{-I(I-2z_{ij})}{2\sigma^2}\right], E=e \\ 1, E=\bar{e} \end{cases} \tag{11.75}$$

设图像信噪比为 $\mathrm{SNR} = 10\log\left[(1/2\pi\sum^2)^2/\sigma^2\right] = 3.0\mathrm{dB(A)}$，传感器量测噪声符合高斯分布 $n_{ij} \sim N(0,\sigma^2)$，$\sigma=0.15$。仿真目标从第 3 帧开始出现，第 19 帧消失，初始状态为 $x_0 = [8,0.8,1,0.2,0.1]^T$。目标模糊度为 $\sum = 0.7$，目标亮度最有可能均值为 $I_T = 2\pi\sum^2 \sigma \sqrt{10^{\mathrm{SNR}/10}} \approx 0.65$，目标亮度幅值相关度 $\alpha_T=0.9$，亮度幅值噪声方差为 $\sigma_T=0.2$。目标状态模型过程噪声协方差矩阵为 $Q = \mathrm{diag}[0.05^2,0.05^2,0.05^2,(1-0.9^2)\times 0.2^2]^T$，目标速度符合 $\dot{x},\dot{y} \sim U[-1,1]$，亮度阈值为 $\gamma=0.1$。粒子总数为 8000，粒子新生概率为 $P_b=0.1$，粒子死亡概率为 $P_d=0.1$。对于 Rutten-TBD 框架，连续概率密度函数粒子数为 7200，新生概率密度函数粒子数为 800。初始目标存在概率为 $p_0(E_0|Z_0)=0$，当 $p_k(E_k|Z_{1:k})>P_T=0.6$ 时，判定目标出现。

图 11.4 为第 1,3,6,9,12,15,18,20 帧仿真图像序列，并针对图像像素的亮度进行了拉伸。图 11.5 为每幅图像对应的像素亮度高程图，可以看出在目标存在的帧目标所在的位置都有非常突出的亮度高峰。

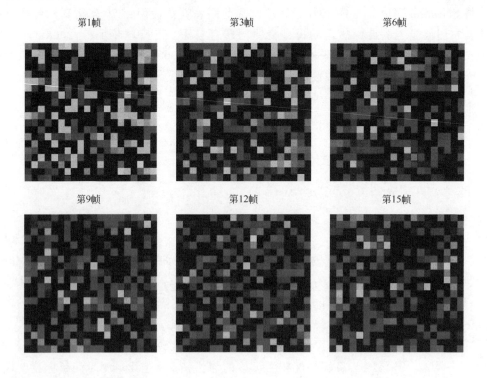

第1帧　　　　　　　　第3帧　　　　　　　　第6帧

第9帧　　　　　　　　第12帧　　　　　　　　第15帧

第18帧　　　　　　　　　　第20帧

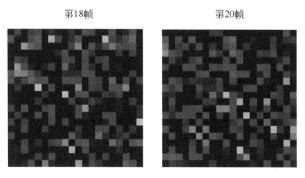

图 11.4　仿真图像序列第 1,3,6,9,12,15,18,20 帧

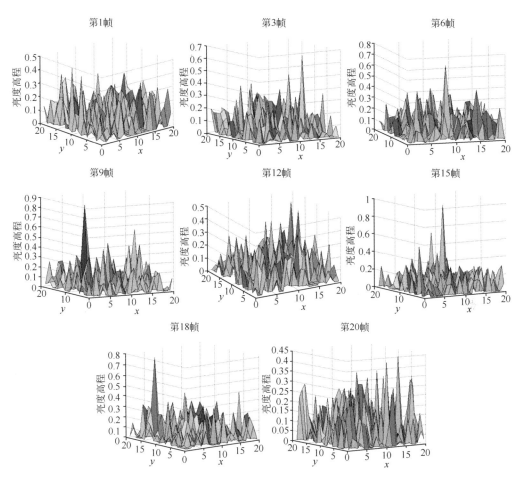

图 11.5　仿真图像序列第 1,3,6,9,12,15,18,20 帧亮度高程图

图 11.6 为用 Salmond TBD 框架对低信噪比小目标进行检测跟踪仿真实验时,在第 1,3,6,9,12,15,18,20 帧图像粒子云分布图。可以看出,第 1 帧时粒子是发散的;第 3 帧当目标出现时,粒子云还没有聚合到目标所在的位置;第 6,9,12,15,18 帧中,粒子云开始聚合在目标出现的位置;第 20 帧目标已经消失,此时粒子云发散。

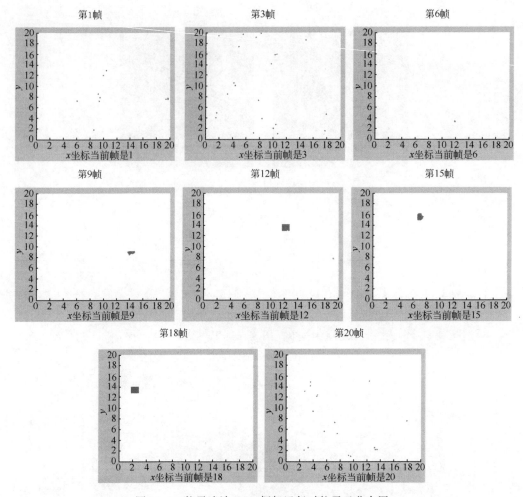

图 11.6　粒子滤波 TBD 框架运行时粒子云分布图

　　图 11.7 和图 11.8 分别表示了 Salmond-TBD 和 Rutten-TBD 算法的单次蒙特卡罗仿真结果,同时给出了 20 帧所对应的目标出现概率 $p_k(E_k|Z_{1:k})$ 以及检测到的目标轨迹。对图 11.7 的第一幅图,第 1、2 帧目标没有出现,目标出现概率接近于零,表明这两帧没有检测到目标,从第 3 帧开始目标出现,一直到第 18 帧,除第 8 帧目标出现概率接近于零,目标出现时刻的目标出现概率都大于 P_T,表示检测到了目标,第 19 帧目标消失,目标出现概率曲线陡然下降,由接近于 1 降为接近于 0,说明目标检测从出现到消失没有出现延迟。第二幅图给出了检测和估计到的目标的运动轨迹,其中 * 代表真实目标位置,○表示估计的目标位置。对图 11.8 的第一幅图,目标出现概率从第 4 帧开始大于 P_T,除第 5 帧降为接近于 0 以外,在此后一直到第 18 帧目标出现概率接近于 1,到第 19 帧时曲线急剧下滑,表示目标消失,检测没有出现延迟。第二幅图同样给出了检测和估计到的目标的运动轨迹。

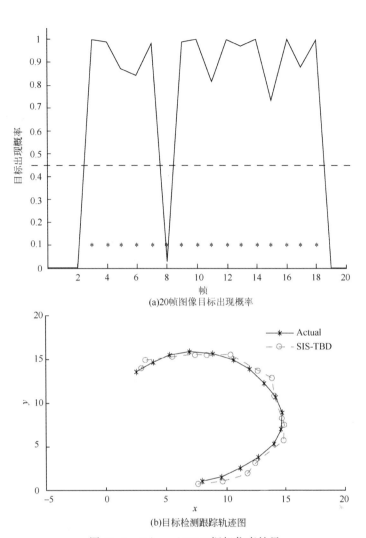

(a)20帧图像目标出现概率

(b)目标检测跟踪轨迹图

图 11.7 Salmond-TBD 框架仿真结果

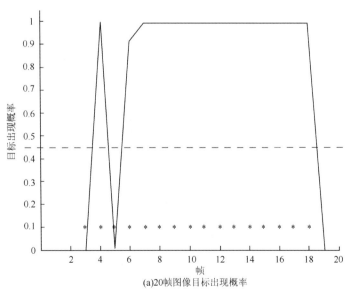

(a)20帧图像目标出现概率

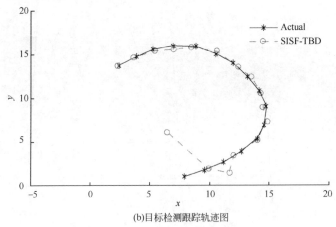

(b)目标检测跟踪轨迹图

图 11.8　Rutten-TBD 框架仿真结果

11.4　结合背景预测算法的粒子滤波检测前跟踪框架

11.4.1　目标与观测模型

图 11.9 中给出了红外视频流中出现目标的一帧中,目标所在的一行的亮度数据。这里,目标呈现为一个陡峭的幅度信号,属于高频成分。图像中的目标,即使在整个图像中强度不是最强的,但在它所处的小区域中与局域背景的差别较明显。而强度较高的背景中的像素,虽然灰度值较大,但在它所处的局域中与周围背景无明显差异。图像中的任何一个像素点,如果是属于背景中的点,那么它的灰度值一定可以用周围区域的像素点的灰度值来预测。也就是说,它跟周围的某些点是属于同一背景的,或者说它的灰度值与周围像素点的灰度值相关性较强(徐军,2003)。而对于属于目标上的像素点,它的灰度值与周围像素点的灰度值相关性较差,在图像局部会形成一个或几个异常点。利用这样的差异来分离目标与背景是空间域背景预测方法的出发点。

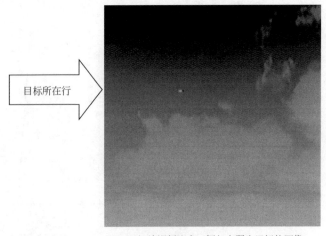

(a)红外视频流中一幅包含弱小目标的图像

目标所在行

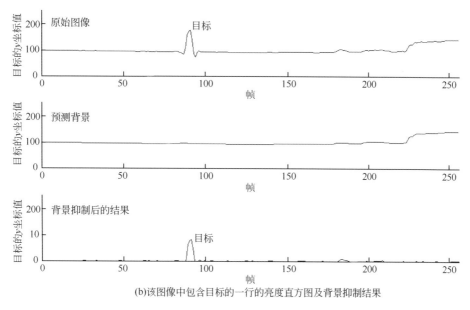

(b)该图像中包含目标的一行的亮度直方图及背景抑制结果

图 11.9　包含弱小目标的红外图像

此外,受信号传感器以及传输介质的限制,红外图像中还存在着很多噪声,通常认为它们是时间空间都不相关的零均值高斯噪声,也表现为尖脉冲,但幅值远小于目标。

一幅红外图像可用式(11.76)中的模型来描述,即

$$Z(r,s)=S(r,s)+B(r,s)+V(r,s) \tag{11.76}$$

式中:$r=(x,y)$为图像的二维空间坐标;$S(r)$为目标;$B(r)$为视场背景(杂波的空间分布);$V(r)$为时间和空间上都互不相关的测量噪声;s代表随机样本。

通常认为一定时间内,背景是变化不动的。因此引入时间参数 k 后,红外图像可用式(11.77)中的模型表示,即

$$Z(r,k,s)=S(r,k,s)+B(r,s)+V(r,k,s) \tag{11.77}$$

式中:k 为离散的时间采样点。

传感器或者搭载传感器的平台会发生运动或者抖动,进而引起视场范围的变化。针对这种情况有

$$Z(r,k,s)=S[r+\Delta(r,k),k,s]+B[r+\Delta(r,k),s]+V(r,k,s) \tag{11.78}$$

式中:$\Delta(r,k)$为对于参考坐标系,在 k 时刻因为传感器抖动而在像素位置上产生的位移量。

以上是在不同环境下图像序列观测模型,还可以有其他形式。观测模型不同,其处理方法也不同。

通常,检测器是基于信号加噪声模型的。然而,由传感器摄入的图像含有丰富的背景信息,这些背景信息都是高度相关的(徐军,2003)。由于目标往往都是隐藏在背景及噪声之中,因此直接在含有丰富背景信息的图像中检测微弱点状运动目标几乎是不可能的。所以在进行检测操作以前,我们先去除图像序列中帧内和帧间相关性,即杂波滤除。

可见,去除杂波是目标检测中的重要环节,它是将图像序列变成信号加噪声模型,使之可以应用于检测器。总之,杂波抑制中要将输入图像序列变换成背景已被消除了的新的图像序列,其中只剩下目标和噪声,噪声至少是独立同分布随机过程。

背景估计的方法包括空间域和时间域两大类,分别从图像的空间信息和时间相关信息上加以考虑。空间域方法包括线性背景预测和非线性预测方法,在大量实验的基础上,本章将介绍效果较好的时间域背景预测方法。

11.4.2　时域背景预测方法

1. 运动补偿背景抑制方法的问题提出

本节中介绍一种背景抑制方法,基于背景在连续几帧中基本静止不动的原理,精确补偿相邻帧间的视场移动,再稍作处理之后作为预测的背景。这种方法具有残余背景少,噪声分布呈高斯型,运算速度快等优势。

通常情况下,背景变化相当缓慢,而且在空间范围内相关性很强。但在红外弱小目标检测中,通常红外传感器安装在可移动的平台上,或者即使平台固定不动,传感器也会因各种震动产生抖动导致视场发生平移。此时的背景可以用式(11.79)描述,即

$$B_{\text{cur}}(m,n) = B_{\text{pre}}(m+\text{d}x, n+\text{d}y) + V \tag{11.79}$$

式中:$B_{\text{cur}}(m,n)$为当前帧的背景;$B_{\text{pre}}(m,n)$为前一帧的背景;V为时间空间上都不相关的噪声,$(\text{d}x, \text{d}y)$为B_{pre}相对B_{cur}在空间上的位移向量。

这种相邻两帧之间,因为红外传感器位置变化而导致的视场移动,不但使相邻两帧之间背景的位置发生相对变化,还会对检测算法的运动估计模型产生扰动。

本章中介绍的方法可以快速检测这种视场平移的方向与距离,并准确的配准前后两帧图像,使其视场范围一致。然后将配准后两帧图像做差,并做一些后期处理,得到只含有目标及噪声的图像。

2. 运动补偿背景抑制算法流程

基于运动补偿方法的背景抑制算法流程如图 11.10 所示。

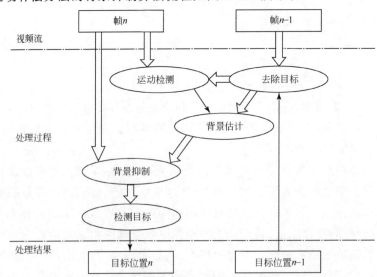

图 11.10　基于运动补偿方法的背景抑制算法流程图

检测目标的设计不属于背景抑制范畴,此处列出仅为便于陈述流程

3. 算法实现

1)运动检测补偿前的预处理

对于时域上亮度变化较大的视频源,进行运动检测前应通过当前帧的亮度校准前一帧的亮度。

红外影像中每帧应包含目标、背景以及噪声。预测 n 帧的背景时,应先将第 $n-1$ 帧的目标去除。去除目标要依靠第 $n-1$ 帧中粒子滤波器输出的目标位置。虽然理论上背景中不能出现前一帧的目标,但只要目标仍然在运动,这个前一帧的残留目标就不会在背景抑制时抵消当前帧中待检测的目标。

由于目标是一个半径很小(通常认为在 3px 以内)的点状亮斑,在粒子滤波器检测出的目标位置上,通过统计周围像素亮度就可以获得目标的准确位置及半径。然后依据目标的位置和半径,建立一个比目标半径大两倍的低通卷积模板,并在目标的每一个像元上应用这个模板,可以达到去除目标的效果如图 11.1 所示。

2)二分查找运动检测

运动检测的过程是通过前后两帧图像的对比,将前后两帧图像的相对位移,也就是由镜头移动产生的视场的位移求出。这部分是本章所述方法的关键。

该部分实现时采用二分查找(binary search)的思想,具体的实现方法是,首先将待比较的两幅图像进行金字塔采样,第 n 级采样的图像长宽是 $n-1$ 级采样的图像长宽的一半,级别越高分辨率越小。由于重采样时长宽均缩小为原来的 1/2,第 $n-1$ 级采样图像的每 4 个像素综合成第 n 级采样的 1 个像素,该过程不涉及插值,运算速度较快。

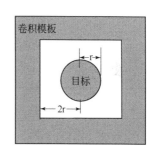

图 11.11 用于去除目标的卷积模板和目标的大小关系示意图

金字塔采样的过程可以用下式描述,即

$$I_n(x,y) = \frac{1}{4} \times [I_{n-1}(2x,2y) + I_{n-1}(2x+1,2y) + I_{n-1}(2x,2y+1) + I_{n-1}(2x+1,2y+1)]$$

$$(11.80)$$

式中: I_n 为第 n 级采样的图像,当 $n=0$ 时表示原始大小的图像。如图 11.12 所示

$n=0$

$n=1$

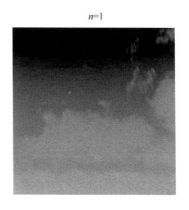

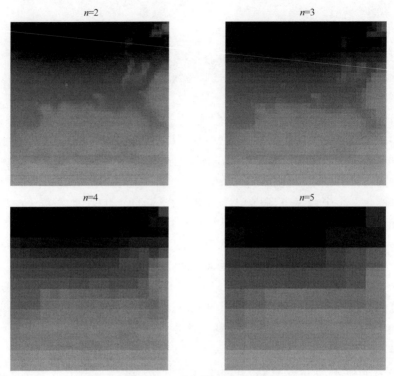

图 11.12　金字塔采样示意图

　　然后按采样级别从高到低的顺序,比较两个重采样后的图像。每一级别进行比较时,保持一幅图像不动,另一幅图像向周围 8 方向各平移一个像素单位长度,取平移后两幅图像最相似的方向向量为该级别的移动方向,并将该方向向量乘 2 传递给下一级。

　　最后,当比较完第 1 级图像(原始大小的图像)时,该级图像的平移向量就是这前后两帧的位移。

　　用 C 表示当前视频流中待处理的第 n 帧图像,P 表示第 $n-1$ 帧。P_i 和 C_i 分别表示 P 和 C 经过第 i 级金字塔采样后的图像。P_{idxdy} 则是 P_i 向 $(\mathrm{d}x,\mathrm{d}y)$ 方向平移的结果。$(\mathrm{d}x,\mathrm{d}y)$ 是在第 $i+1$ 级采样中检测到的平移量 $(\mathrm{d}x',\mathrm{d}y')$ 的二倍的基础上,附加上本级采样中将要检测的平移量 $(\mathrm{t}x,\mathrm{t}y)$ 得到的,即

$$\mathrm{d}x=2\mathrm{d}x'+\mathrm{t}x$$
$$\mathrm{d}y=2\mathrm{d}y'+\mathrm{t}y$$
$$\mathrm{t}x,\mathrm{t}y=-1,0,1 \tag{11.81}$$

P_{idxdy} 可以表示为

$$P_{idxdy}(x,y)=P_i(x+\mathrm{d}x,y+\mathrm{d}y) \tag{11.82}$$

定义 $\mathrm{Diff}()$ 为对比两幅图像重合部分相似程度的函数,有

$$\mathrm{Diff}(A,B)=\sum_{x,y}\big|A(x,y)-B(x,y)\big| \tag{11.83}$$

对于能使得 $\mathrm{Diff}(P_{idxdy},C_i)$ 有最小值的一组 $(\mathrm{d}x,\mathrm{d}y)$,称作是第 i 级采样的移动量。

　　重复以上过程,直到检测完第 0 级的金字塔采样图像,最终得到的 $(\mathrm{d}x,\mathrm{d}y)$ 即是前后两帧图像的平移量,有

$$C(x,y)＝P(x＋\mathrm{d}x,y＋\mathrm{d}y)＋V \tag{11.84}$$

本算法检测图像平移时,精度以指数级收敛,速度很快。设 n 为图像的长宽,则这种运动检测的方法的时间及空间复杂度均近似为 $O(\log n \times n^2)$。编程时迭代实现可达到较高的效率。

表 11.1 演示了一维环境中应用二分法进行运动检测的过程。图像 A、B 分别为 16 个像素的序列,其重采样后的序列如图中所示,分别为 8 像素及 4 像素。级别 2 中,对待选偏移量为 -1、0、1 进行了比较,选取最相似的 -1 作为本级的解。级别 1 中,将级别 2 中的偏移量(-1)扩大二倍,作为该级别的基准偏移量。并选取了 -3、-2、-1 作为本级别的待选偏移量,经比较后选取了 -2 作为级别 1 的解。级别 0 中,将级别 1 中的偏移量(-2)扩大二倍,作为该级别的基准偏移量。并选取了 -5、-4、-3 作为级别 0 的待选偏移量,经比较后选取了 -5 作为级别 0 的解。

表 11.1　二分法进行运动检测的图示

级别	图像 A	图像 B	比较过程	运动检测偏移量
2			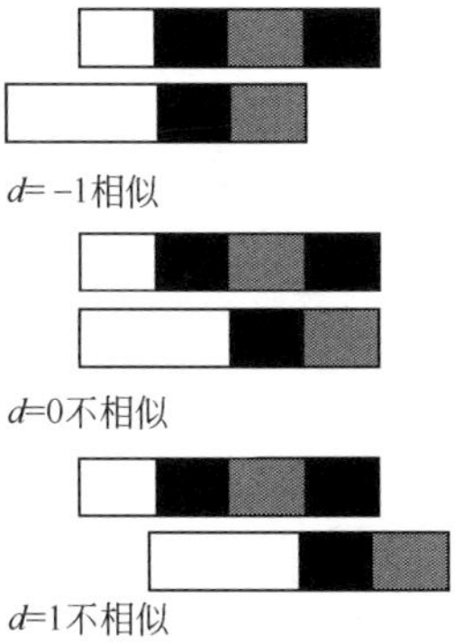 $d=-1$相似 $d=0$不相似 $d=1$不相似	-1
1			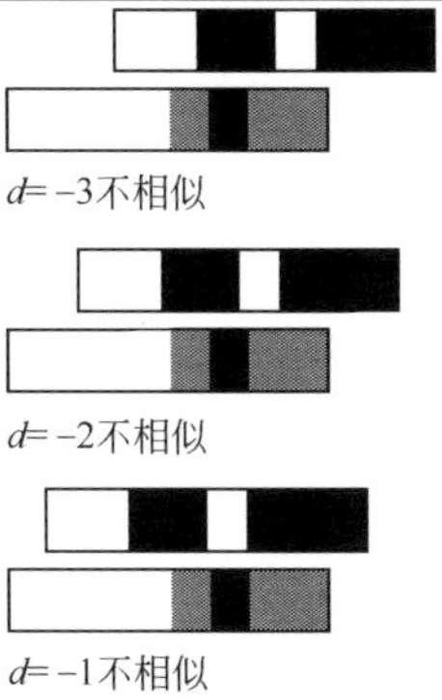 $d=-3$不相似 $d=-2$不相似 $d=-1$不相似	-2
0			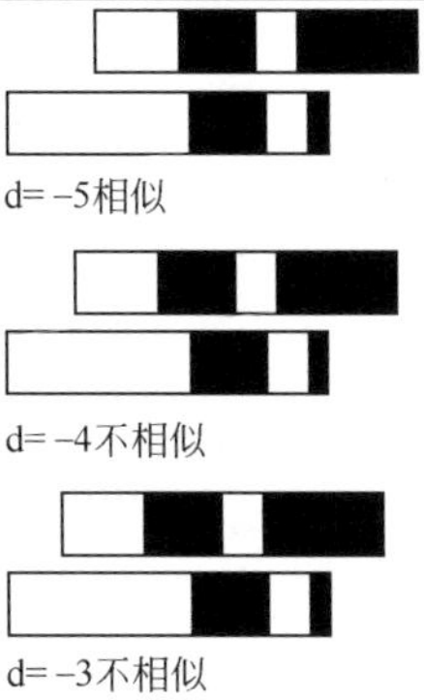 $d=-5$相似 $d=-4$不相似 $d=-3$不相似	-5

本算法中像素比较的次数为:级别 2 中 12 次,级别 1 中 24 次,级别 0 中 48 次,共 84 次。而如果使用朴素的枚举法,将总共比较 256 次。二分法的优势相当明显,而且这种优势在二维空间大尺度图像中将更明显。

3)通过运动补偿进行背景抑制及其残余背景的处理

经过运动检测后,将相邻前一帧按照位移向量反向平移,前一帧和当前帧之间就能做到基本重合。此时得到的去除目标并平移的前一帧图像就是预测背景。将该预测背景与当前帧做差,得到的便是背景抑制后,只含有目标和高频噪声的图像。

由于运动检测得到的位移向量横纵坐标均为整数,这一平移过程中不会因图像插值产生信息丢失。但由于运动检测仅提供了一个整数解,而现实中视场的平移量是一个连续的量,该方法存在 0.5 个像素以内的残余误差。这个残余误差在图像上常表现为一条宽度为 1 像素的或亮或暗的残余背景。

事实上,在通过重采样、非线性内插等方法可以将两幅图像的配准误差降低到 0.5 像素以下。但配准时无论采用何种插值方法,都将不可避免地导致图像信息的丢失,使图像中原来较硬的边缘变得模糊。这不但不会消除边缘造成的残余背景,反而有可能产生更多的残余背景。

残余背景的处理可以应用 3×3 的卷积模板。

由于经过运动补偿方法背景抑制后,图像中残余背景常常为宽度为 1 像素的线状;而目标的大小一般都在直径 3 像素以上。3×3 的卷积模板可以很好的参与背景模糊,而目标基本不受影响。

模板的形式有

$$W(i,j) = \frac{1}{4} \times \begin{bmatrix} 0 & 1 & 0 \\ 1 & 0 & 1 \\ 0 & 1 & 0 \end{bmatrix} \tag{11.85}$$

或

$$W(i,j) = \frac{1}{8} \times \begin{bmatrix} 1 & 1 & 1 \\ 1 & 0 & 1 \\ 1 & 1 & 1 \end{bmatrix} \tag{11.86}$$

或

$$W(i,j) = \frac{1}{5} \times \begin{bmatrix} 1 & 0 & 1 \\ 0 & 0 & 0 \\ 1 & 0 & 1 \end{bmatrix} \tag{11.87}$$

11.4.3　背景预测方法与粒子滤波检测前跟踪框架在实际视频中的应用

粒子滤波检测前跟踪算法是假设图像由目标加噪声组成,认为背景作为噪声,目标作为信号,在应用于实际红外视频时,由于把图像用目标加背景加噪声的模型来建模,所以需要对红外图像进行一定的预处理,使之符合粒子滤波检测前跟踪算法的前提假设。这里我们使用了背景估计的算法来估计每帧图像的背景部分,然后将背景部分从图像中减掉,那么红外图像只剩下目标加噪声的部分,符合粒子滤波检测前跟踪算法的假设条件。

在图 11.13 中针对仿真数据对两种粒子滤波检测前跟踪算法进行了仿真,图 11.14 针对仿真数据对两种检测前跟踪算法进行了改进,在本节中通过结合背景估计预处理步骤,将粒子滤波检测前跟踪算法应用于实际红外视频中,验证了两种检测前跟踪算法的性能。流程如图 11.13 所示

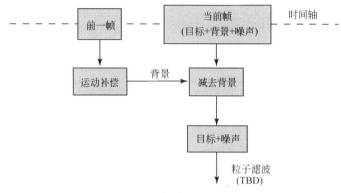

图 11.13　目标检测跟踪流程图

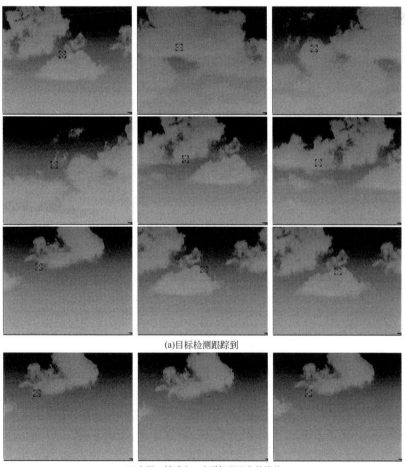

(a)目标检测跟踪到

(b)中间一帧丢失,由于粒子退化的缘故

图 11.14　粒子滤波检测前跟踪算法效果

粒子滤波检测前跟踪算法的特性在于,用两部分粒子来保证目标检测和跟踪的效果,一部分连续粒子用模型来模拟目标的运动轨迹,同时另一部分新生粒子在状态空间中随机采样,当运动模型不符合目标运动轨迹特性时,连续粒子权重减小,这时只要新生粒子中能够符合目标状态量测值,那么新生粒子就会获得较大的权重,在下一个时刻转变为连续粒子,所以一旦目标机动跟丢之后,可以在很短的时间内重新检测并跟踪到目标。

本节采用红外灰度视频(25 帧/s)来做实验,图像大小为 352×288,跟踪目标为飞机,目标与背景信噪比约为 7dB,实验平台为 MATLAB 7.01,由于视频中目标没有做大范围机动,所以采用常速度模型(CV)作为目标运动轨迹模型。目标运动过程中,背景中会出现大量的云层,会增加到目标检测跟踪的难度,本节实验中采用运动补偿背景估计方法来估计背景,用每一时刻传感器获取的图像减去估计得到的背景,然后递交给粒子滤波检测前跟踪算法进行目标检测和跟踪。粒子滤波检测前跟踪算法采用了 40 000 个粒子,计算量较大。跟踪算法效果如图 11.14 所示。

通常情况下,由于粒子滤波器的特性,只能提供目标的近似位置,即上图中方框状定位框的位置。而目标的具体位置是靠求解近似位置周边像素的灰度值重心得到的,即十字叉丝的位置。可用公式表示为

$$x_0 = \frac{\sum\limits_{i=x-n}^{x+n} \sum\limits_{j=y-n}^{y+n} [G(i,j) \times i]}{\sum\limits_{i=x-n}^{x+n} \sum\limits_{j=y-n}^{y+n} [G(i,j)]}, y_0 = \frac{\sum\limits_{i=x-n}^{x+n} \sum\limits_{j=y-n}^{y+n} [G(i,j) \times j]}{\sum\limits_{i=x-n}^{x+n} \sum\limits_{j=y-n}^{y+n} [G(i,j)]} \tag{11.88}$$

式中:(x,y) 为粒子滤波器提供的位置;(x_0, y_0) 为目标的精确位置;n 为查找邻域的半径;G 为背景抑制后的残差图像。通常情况下背景抑制后,除了目标的亮度较高,其余像素均接近 0,故此法可快速准确的找到目标的实际位置,如图 11.15 所示。

图 11.15 粒子滤波检测前跟踪算法粗定位与灰度加权平均精定位

11.5 本 章 小 结

红外弱小目标检测跟踪算法是红外搜索跟踪系统的核心算法,是研制高性能红外搜索跟踪系统的关键技术。基于混合状态粒子滤波算法的检测前跟踪框架是当前低信噪比红外弱小目标检测跟踪领域的研究热点。

粒子滤波算法利用蒙特卡罗仿真的思想解决了非线性非高斯噪声分布下的贝叶斯滤波递推问题。基于粒子滤波算法的 Salmond 和 Rutten 检测前跟踪框架将目标存在概

率引入了滤波范围,在协同转弯模型和低信噪比目标亮度幅值波动的情况下取得了较好的仿真效果。针对粒子滤波检测前跟踪算法描述图像的目标背景模型,将实际的红外视频图像用目标加背景加噪声的模型加以描述,通过结合线性、非线性空域背景预测算法和基于运动补偿的时域背景预测算法,用实际红外视频图像减去预测得到的背景图像,将差值图像提交给粒子滤波检测前跟踪器,可以准确地估计到每帧图像中目标所在的大致区域。同时,在此基础上,应用像素亮度距离值加权平均的方式可以对目标所在的位置进行精确定位,取得了较好的目标检测跟踪效果。

主要参考文献

程建,周越,蔡念等.2006. 基于粒子滤波的红外目标跟踪. 红外与毫米波学报,25(2):113~117

康莉,谢维信,黄敬雄.2007. 基于 unscented 粒子滤波的红外弱小目标跟踪. 系统工程与电子技术,29(1):1~4

李菲,潘平俊.2007. 机动目标模型的研究进展. 火力与指挥控制,32(10):17~21

李庆扬,关冶,白峰杉.2000. 数值计算原理. 北京:清华大学出版社

李涛,王宝树,乔向东.2005. 曲线模型的半自适应交互多模型跟踪方法. 电子学报,33(2):332~335

凌建国,刘尔琦,梁海燕等.2007. 基于正则化观测矢量的 H 无穷粒子滤波红外目标跟踪方法. 红外与激光工程,36(4):534~538

彭冬亮,郭云飞,薛安克.2008. 三维高速机动目标跟踪交互式多模型算法. 控制理论与应用,25(5):831~836

盛骤,谢式千,潘承毅.1989. 概率论与数理统计. 北京:高等教育出版社

孙福明,吴秀清,王鹏伟.2008. 转弯机动目标的两层交互多模型跟踪算法. 控制理论与应用,25(2):233~241

王华楠,刘高峰,顾雪峰.2008. 自适应转弯模型的交互多模型算法研究. 弹箭与制导学报,28(5):241~248

徐军.2003. 红外图像中弱小目标检测技术研究. 西安电子科技大学博士论文

于勇,郭雷.2008. 基于粒子滤波的红外运动目标跟踪. 计算机应用,28(6):1543~1545

赵艳丽,刘剑,罗鹏飞.2003. 自适应转弯模型的机动目标跟踪算法. 现代雷达,25(11):14~16

Arulampalam S,Ristic B. 2000. Comparison of the particle filter with range parameterized and modified polar EKF's for angle-only tracking. Signal and Data Processing of Small Targets,SPIE,4048:288~299

Boers Y. 2003. A particle-filter-based detection scheme. IEEE Signal Processing Letters,10(10):300~302

Boers Y,Driessen J N. 2001. Particle filter based detection for tracking. Proceedings of the American Control Conference. Arlington,VA,USA. 4393~4397

Doucet A,Crisan D. 2002. A Survey of convergence results on practice filtering methods for practitioners. IEEE Trans Speech and Audio Proc,10(3):173~185

Doucet A, Godsill S, Andrieu C. 2000. On sequential Monte Carlo sampling methods for Bayesian filtering. Statist Computer,10:197~208

Doucet A,Freitas N D,Gordon N. 2001. Sequential Monte Carlo Methods in Practice. New York:Springer-Verlag

Ford J J. 2002. Non-linear and robust filtering:from the Kalman filter to the particle filter. DSTO Aeronautical and Maritime Research Laboratory

Godsill S,Clapp T. 2000. Improvement strategies for Monte Carlo particle filters. Signal Processing Group,Cambridge:University of Cambridge

Isard M,Blake A. 1996. Contour tracking by stochastic propagation of conditional density. Proc European

Conference on Computer Vision,1:343~356

Kong A,Liu J S,Wang W H. 1994. Sequential imputations and Bayesian missing data Problems. Journal of the American Statistical Association,89(425):278~288

Moral P D. 1998. Measure valued processes and interacting particle systems. Application to nonlinear filtering problems. Ann Appl Probab,8(2):438~495

Ristic B,Arulampalam S,Gordon N. 2004. Beyond the Kalman Filter-particle Filters for Tracking Applications. Boston:Artech House

Rutten M G,Ristic B,Gordon N. 2005a. A comparison of particle filters for recursive track-before-detect. 7th International Conference on Information Fusion. 169~175

Rutten M G,Gordon N,Maskells 2004. Efficient particle-based track-before-detect in Rayleigh noise. Proceedings of the 7th International Conference on Information Fusion,Stockholm,Sweden. 693~700

Rutten M G,Gordon N,Maskells. 2005b. Recursive track-before-detect with target amplitude fluctuations. IEEE Proceedings Radar Sonar and Navigation,152(5):345~352

Salmond D J,Birch H. 2001. A particle filter for track-before-detect. Proceedings of the American Control Conference,Arlington,VA,USA. 3755~3760

Samuel J D,Rutten M G,Cheung B. 2008. A comparison of detection performance for several track-before-detect algorithms. EURASIP Journal on Advances in Signal Processing,2008:1~10

Samuel J D,Rutten M G. 2007. A comparison of three algorithms for tracking dim targets. IEEE Transactions on Information,Decision and Control,7:342~347

Tonissen S M,Bar-shalom Y. 1998. Maximum likelihood track-before-detect with fluctuating target amplitude. IEEE Transactions on Aerospace and Electronic Systems,34(3):796~809

彩　图

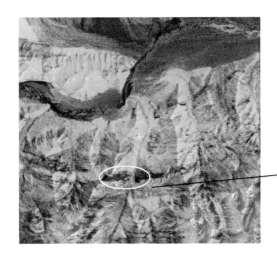

彩图1　剩余分量3R7G5B合成图像

彩图2　1998年8月野外照片

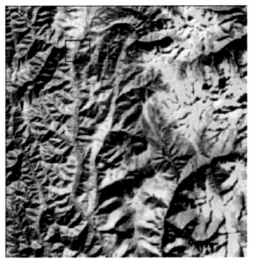

彩图3　融合前合成图像（左图），融合后合成图像（右图）

（a）放大6倍后的原始波段图

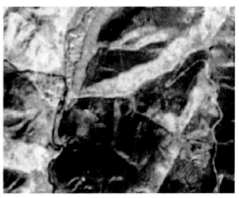

（b）放大6倍后的融合图

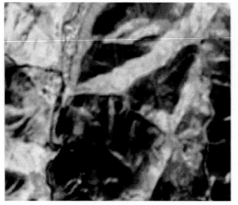
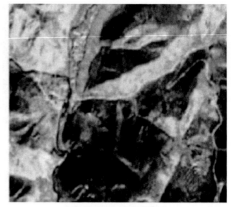

(c) 放大8倍后的原始波段图　　　　　　　　(d) 放大8倍后的融合图

彩图4　选定区的原始波段和融合后比较

(a) 1996年5月29日研究区TM原始图像　　　　　　(b) 2001年5月19日研究区TM原始影像

彩图5　TM原始影像5、4、3波段的合成影像图

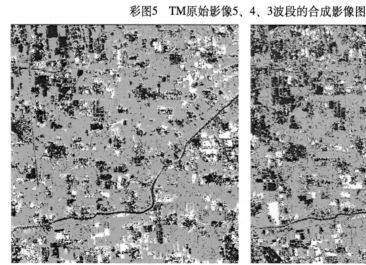
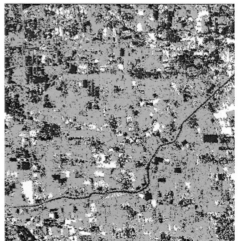

　■ 城镇用地　　耕地　　□ 荒地　　■ 水体　　裸地

(a) 1996年5月29日　　　　　　　　(b) 2001年5月19日

彩图6　贝叶斯网络分类结果

河湖　　海水　　浓悬浮物　　淡悬浮物　　湿地　　城镇　　植被

彩图7　ASTER数据的贝叶斯网络分类结果图

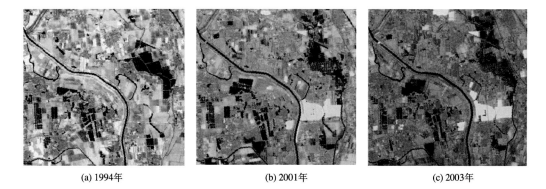

(a) 1994年　　　　　　　　(b) 2001年　　　　　　　　(c) 2003年

彩图8　1994年、2001年和2003年研究区域的5、4和3波段合成影像图

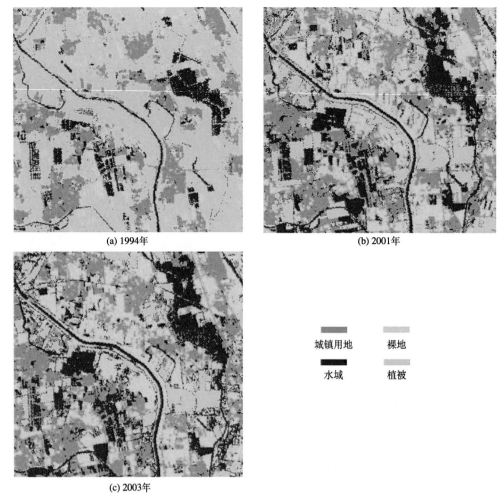

(a) 1994年   (b) 2001年

(c) 2003年

城镇用地   裸地

水域   植被

彩图9 实验1中三个时相的土地覆盖类型计算结果图

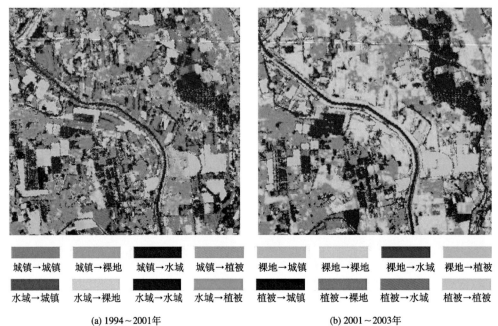

城镇→城镇   城镇→裸地   城镇→水域   城镇→植被   裸地→城镇   裸地→裸地   裸地→水域   裸地→植被

水域→城镇   水域→裸地   水域→水域   水域→植被   植被→城镇   植被→裸地   植被→水域   植被→植被

(a) 1994~2001年   (b) 2001~2003年

彩图10 实验1中三个时相的土地覆盖变化检测类型结果图

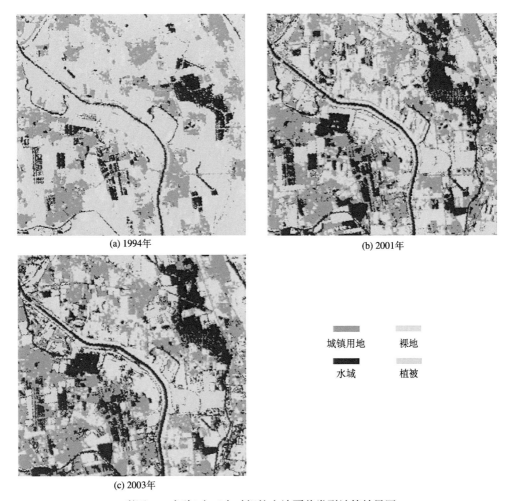

(a) 1994年   (b) 2001年

(c) 2003年

城镇用地   裸地

水域   植被

彩图11　实验2中三个时相的土地覆盖类型计算结果图

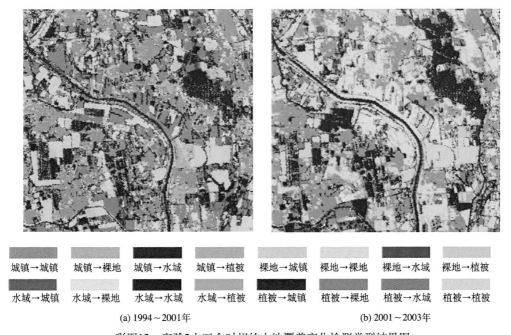

城镇→城镇　城镇→裸地　城镇→水域　城镇→植被　裸地→城镇　裸地→裸地　裸地→水域　裸地→植被

水域→城镇　水域→裸地　水域→水域　水域→植被　植被→城镇　植被→裸地　植被→水域　植被→植被

(a) 1994~2001年   (b) 2001~2003年

彩图12　实验2中三个时相的土地覆盖变化检测类型结果图

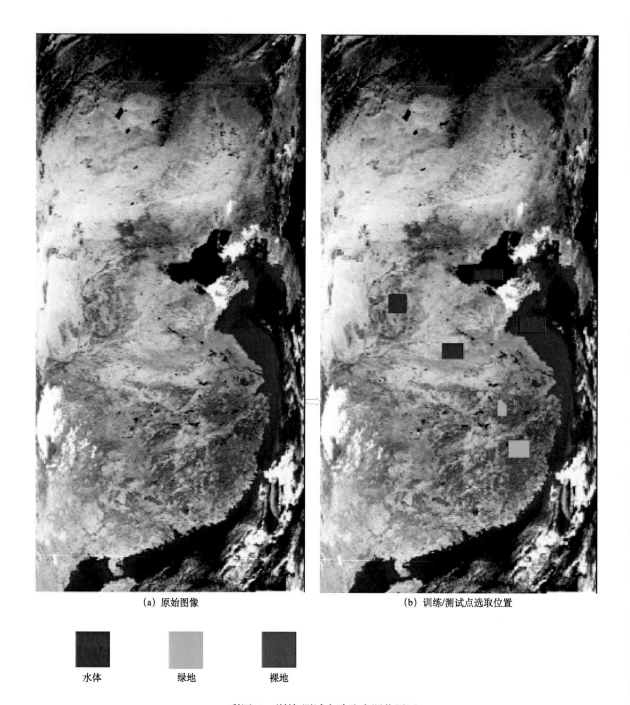

(a) 原始图像   (b) 训练/测试点选取位置

水体   绿地   裸地

彩图13 训练/测试点选取实际位置图

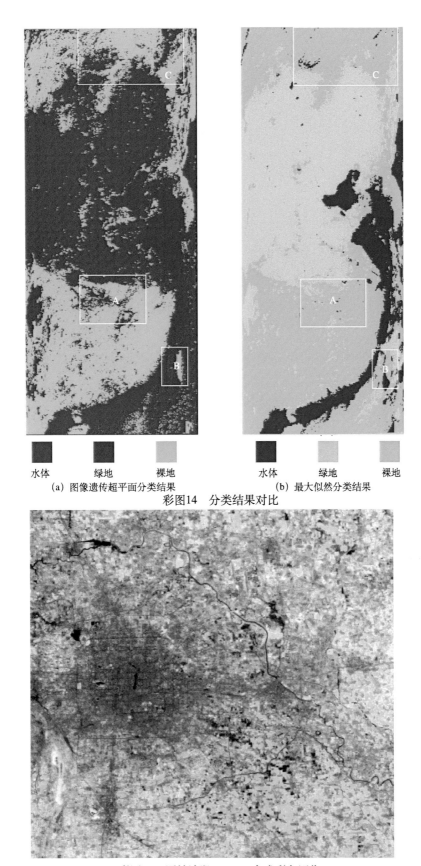

（a）图像遗传超平面分类结果　　　　　　（b）最大似然分类结果

彩图14　分类结果对比

水体　　　绿地　　　裸地

水体　　　绿地　　　裸地

彩图15　原始波段5、4、3合成彩色图像

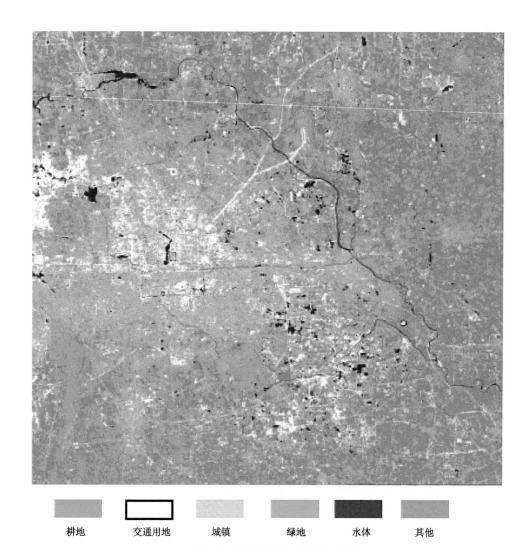

| 耕地 | 交通用地 | 城镇 | 绿地 | 水体 | 其他 |

彩图16 遗传超平面分类结果图像

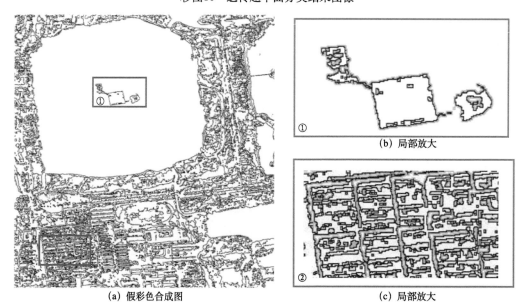

(a) 假彩色合成图

① (b) 局部放大

② (c) 局部放大

彩图17 边缘-1（R）、边缘-2（G）和边缘-3（B）的假彩色合成图像

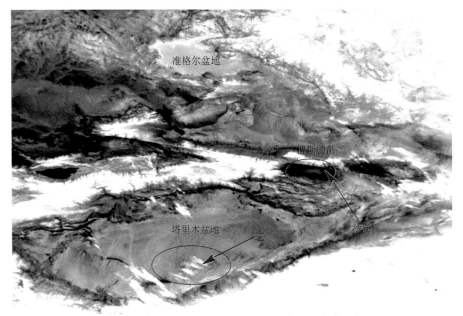

彩图18　AVHRR CH5、CH4和CH3合成图像

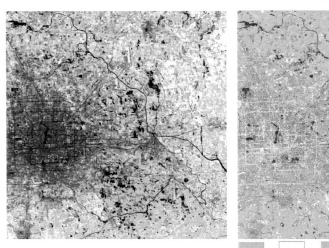

彩图19　ETM+5、ETM+4、ETM+3
波段合成图

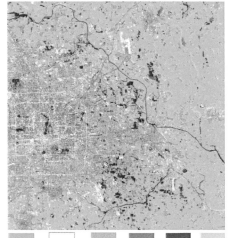

| 耕地 | 交通用地 | 城镇 | 绿地 | 水体 | 其他 |

彩图20　ETM数据的SOFM网络分类
结果图

（a）3N、2、1合成图

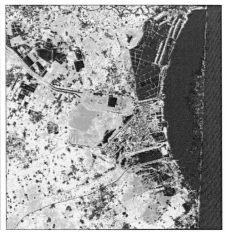

（b）MLH分类图

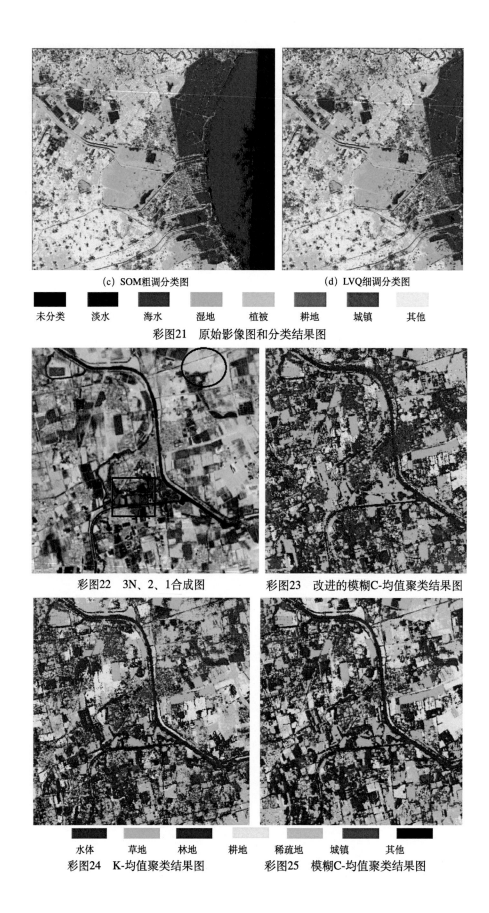

(c) SOM粗调分类图　　　　　　　　(d) LVQ细调分类图

未分类　淡水　海水　湿地　植被　耕地　城镇　其他

彩图21　原始影像图和分类结果图

彩图22　3N、2、1合成图　　　　彩图23　改进的模糊C-均值聚类结果图

水体　草地　林地　耕地　稀疏地　城镇　其他

彩图24　K-均值聚类结果图　　　　彩图25　模糊C-均值聚类结果图

彩图26　TM 5、4、3 波段合成图

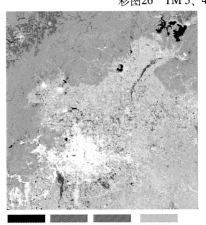

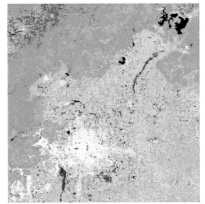

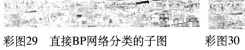

水体　森林　树木　耕地

绿化　山区盆地　城市　机场　道路

彩图27　直接BP网络分类图　　　　彩图28　容差粗糙集BP网络分类图

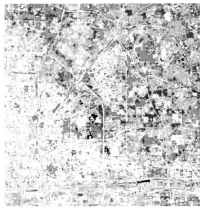

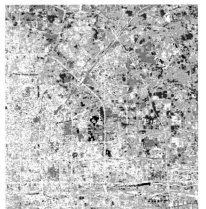

彩图29　直接BP网络分类的子图　　　彩图30　容差粗糙集BP网络分类的子图

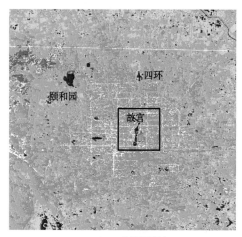

(a)P-SVM分类效果图

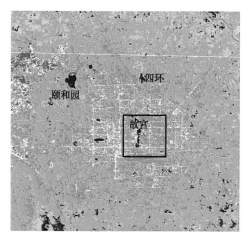

(b)SVM分类效果图

(c)P-SVM分类a局部放大图

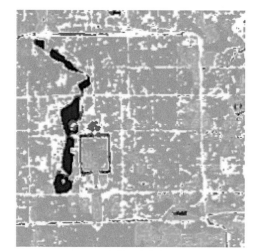

(d)SVM分类b局部放大图

彩图31　ASTER实验分类效果图

	水体
	植被
	耕地1
	耕地2
	城市
	裸地
	交通
	其他

(a)P-SVM分类效果图

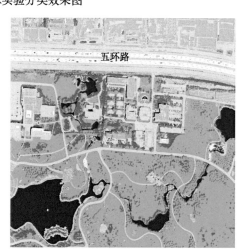

(b)SVM分类效果图

	水体
	草地
	树木
	公路
	内部道路
	房屋

彩图32　实验2分类效果图